浙江科学技术史研究丛书

History of Science and Technology in Zhejiang Province

浙江科学技术史

晚清卷

王淼 编著

ZHEJIANG UNIVERSITY PRESS
浙江大学出版社

图书在版编目(CIP)数据

浙江科学技术史. 晚清卷 / 王淼编著. —杭州：
浙江大学出版社，2014.10
ISBN 978-7-308-11001-3

Ⅰ. ①浙… Ⅱ. ①王… Ⅲ. ①自然科学史－浙江省－
清后期 Ⅳ. ①N092

中国版本图书馆 CIP 数据核字(2013)第 007818 号

浙江科学技术史·晚清卷

王　淼　编著

丛书策划	朱　玲	
责任编辑	田　华　朱　玲	
封面设计	奇文云海	
出版发行	浙江大学出版社	
	（杭州市天目山路 148 号　邮政编码 310007）	
	（网址：http://www.zjupress.com）	
排　　版	杭州中大图文设计有限公司	
印　　刷	浙江印刷集团有限公司	
开　　本	710mm×1000mm　1/16	
印　　张	18	
字　　数	325 千	
版 印 次	2014 年 10 月第 1 版　2014 年 10 月第 1 次印刷	
书　　号	ISBN 978-7-308-11001-3	
定　　价	55.00 元	

化传统的独特性,正在于它令人惊叹的富于创造力的智慧和力量。

浙江文化中富于创造力的基因,早早地出现在其历史的源头。在浙江新石器时代最为著名的跨湖桥、河姆渡、马家浜和良渚的考古文化中,浙江先民们都以不同凡响的作为,在中华民族的文明之源留下了创造和进步的印记。

浙江人民在与时俱进的历史轨迹上一路走来,秉承富于创造力的文化传统,这深深地融汇在一代代浙江人民的血液中,体现在浙江人民的行为上,也在浙江历史上众多杰出人物身上得到充分展示。从大禹的因势利导、敬业治水,到勾践的卧薪尝胆、励精图治;从钱氏的保境安民、纳土归宋,到胡则的为官一任、造福一方;从岳飞、于谦的精忠报国、清白一生,到方孝孺、张苍水的刚正不阿、以身殉国;从沈括的博学多识、精研深究,到竺可桢的科学救国、求是一生;无论是陈亮、叶适的经世致用,还是黄宗羲的工商皆本;无论是王充、王阳明的批判、自觉,还是龚自珍、蔡元培的开明、开放,等等,都展示了浙江深厚的文化底蕴,凝聚了浙江人民求真务实的创造精神。

代代相传的文化创造的作为和精神,从观念、态度、行为方式和价值取向上,孕育、形成和发展了渊源有自的浙江地域文化传统和与时俱进的浙江文化精神,她滋育着浙江的生命力、催生着浙江的凝聚力、激发着浙江的创造力、培植着浙江的竞争力,激励着浙江人民永不自满、永不停息,在各个不同的历史时期不断地超越自我、创业奋进。

悠久深厚、意韵丰富的浙江文化传统,是历史赐予我们的宝贵财富,也是我们开拓未来的丰富资源和不竭动力。党的十六大以来推进浙江新发展的实践,使我们越来越深刻地认识到,与国家实施改革开放大政方针相伴随的浙江经济社会持续快速健康发展的深层原因,就在于浙江深厚的文化底蕴和文化传统与当今时代精神的有机结合,就在于发展先进生产力与发展先进文化的有机结合。今后一个时期浙江能否在全面建设小康社会、加快社会主义现代化建设进程中继续走在前列,很大程度上取决于我们对文化力量的深刻认识、对发展先进文化的高度自觉和对加快建设文化大省的工作力度。我们应该看到,文化的力量最终可以转化为物质的力量,文化的软实力最终可以转化为经济的硬实力。文化要素是综合竞争力的核心要素,文化资源是经济社会发展的重要资源,文化素质是领导者和劳动者的首要素质。因此,研究浙江文化的历史与现状,增强文化软实力,为浙江的现代化建设服务,是浙江人民的共同事业,也是浙江各级党委、政府的重要使命和责任。

2005 年 7 月召开的中共浙江省委十一届八次全会,作出《关于加快建

浙江文化研究工程成果文库总序

有人将文化比作一条来自老祖宗而又流向未来的河,这是说文化的传统,通过纵向传承和横向传递,生生不息地影响和引领着人们的生存与发展;有人说文化是人类的思想、智慧、信仰、情感和生活的载体、方式和方法,这是将文化作为人们代代相传的生活方式的整体。我们说,文化为群体生活提供规范、方式与环境,文化通过传承为社会进步发挥基础作用,文化会促进或制约经济乃至整个社会的发展。文化的力量,已经深深熔铸在民族的生命力、创造力和凝聚力之中。

在人类文化演化的进程中,各种文化都在其内部生成众多的元素、层次与类型,由此决定了文化的多样性与复杂性。

中国文化的博大精深,来源于其内部生成的多姿多彩;中国文化的历久弥新,取决于其变迁过程中各种元素、层次、类型在内容和结构上通过碰撞、解构、融合而产生的革故鼎新的强大动力。

中国土地广袤、疆域辽阔,不同区域间因自然环境、经济环境、社会环境等诸多方面的差异,建构了不同的区域文化。区域文化如同百川归海,共同汇聚成中国文化的大传统,这种大传统如同春风化雨,渗透于各种区域文化之中。在这个过程中,区域文化如同清溪山泉潺潺不息,在中国文化的共同价值取向下,以自己的独特个性支撑着、引领着本地经济社会的发展。

从区域文化入手,对一地文化的历史与现状展开全面、系统、扎实、有序的研究,一方面可以藉此梳理和弘扬当地的历史传统和文化资源,繁荣和丰富当代的先进文化建设活动,规划和指导未来的文化发展蓝图,增强文化软实力,为全面建设小康社会、加快推进社会主义现代化提供思想保证、精神动力、智力支持和舆论力量;另一方面,这也是深入了解中国文化、研究中国文化、发展中国文化、创新中国文化的重要途径之一。如今,区域文化研究日益受到各地重视,成为我国文化研究走向深入的一个重要标志。我们今天实施浙江文化研究工程,其目的和意义也在于此。

千百年来,浙江人民积淀和传承了一个底蕴深厚的文化传统。这种文

设文化大省的决定》,提出要从增强先进文化凝聚力、解放和发展生产力、增强社会公共服务能力入手,大力实施文明素质工程、文化精品工程、文化研究工程、文化保护工程、文化产业促进工程、文化阵地工程、文化传播工程、文化人才工程等“八项工程”,实施科教兴国和人才强国战略,加快建设教育、科技、卫生、体育等“四个强省”。作为文化建设“八项工程”之一的文化研究工程,其任务就是系统研究浙江文化的历史成就和当代发展,深入挖掘浙江文化底蕴、研究浙江现象、总结浙江经验、指导浙江未来的发展。

浙江文化研究工程将重点研究“今、古、人、文”四个方面,即围绕浙江当代发展问题研究、浙江历史文化专题研究、浙江名人研究、浙江历史文献整理四大板块,开展系统研究,出版系列丛书。在研究内容上,深入挖掘浙江文化底蕴,系统梳理和分析浙江历史文化的内部结构、变化规律和地域特色,坚持和发展浙江精神;研究浙江文化与其他地域文化的异同,厘清浙江文化在中国文化中的地位和相互影响的关系;围绕浙江生动的当代实践,深入解读浙江现象,总结浙江经验,指导浙江发展。在研究力量上,通过课题组织、出版资助、重点研究基地建设、加强省内外大院名校合作、整合各地各部门力量等途径,形成上下联动、学界互动的整体合力。在成果运用上,注重研究成果的学术价值和应用价值,充分发挥其认识世界、传承文明、创新理论、咨政育人、服务社会的重要作用。

我们希望通过实施浙江文化研究工程,努力用浙江历史教育浙江人民、用浙江文化熏陶浙江人民、用浙江精神鼓舞浙江人民、用浙江经验引领浙江人民,进一步激发浙江人民的无穷智慧和伟大创造能力,推动浙江实现又快又好发展。

今天,我们踏着来自历史的河流,受着一方百姓的期许,理应负起使命,至诚奉献,让我们的文化绵延不绝,让我们的创造生生不息。

2006 年 5 月 30 日于杭州

《浙江文化研究工程》序

赵洪祝

　　浙江是中国古代文明的发祥地之一,历史悠久、人文荟萃,素称"文物之邦",从史前文化到古代文明,从近代变革到当代发展,都为中华民族留下了众多弥足珍贵的文化遗产。勤劳智慧的浙江人民历经千百年的传承与创新,在保留自身文化特质的基础上,兼收并蓄外来文化的精华,形成了具有鲜明浙江特色、深厚历史底蕴、丰富思想内涵的地域文化,这是浙江人民共同创造的物质财富和精神财富的结晶,是中华文化中的一朵奇葩。如何更好地使这一文化瑰宝为我们所用、为时代服务,既是历史传承给我们的一项艰巨任务,也是时代赋予我们的一项神圣使命。深入挖掘、整理、探究,不断丰富、发展、创新浙江地域文化,对于进一步充实浙江文化的内涵和拓展浙江文化的外延,进一步增强浙江文化的创新能力、整体实力、综合竞争力,进一步发挥文化在促进浙江经济、政治和社会建设中的作用,具有重要的现实意义和深远的历史意义。

　　改革开放以来,历届浙江省委始终高度重视社会主义文化建设。早在1999年,浙江省委就提出了建设文化大省的目标;2000年,制定了《浙江省建设文化大省纲要》;2005年,作出了《关于加快建设文化大省的决定》,经过全省上下的共同努力,浙江文化大省建设取得了显著成效。

　　浙江文化研究工程是浙江文化建设"八项工程"的重要内容之一,也是迄今为止国内最大的地方文化研究项目之一。该工程旨在以浙江人文社会科学优势学科为基础,以浙江改革开放与现代化建设中的重大理论、现实课题和浙江历史文化为研究重点,着重从"今、古、人、文"四个方面,梳理浙江文明的传承脉络,挖掘浙江文化的深厚底蕴,丰富与时俱进的浙江精神,推出一批在研究浙江和宣传浙江方面具有重大学术影响和良好社会效益的学术成果,培养一支拥有高水平学科带头人的学术梯队,建设一批具有浙江特色的"当代浙江学术"品牌,进一步繁荣和发展哲学社会科学,提升浙江的文化软实力,为浙江全面建设惠及全省人民的小康社会和实现社会主义现代化,提供强大的精神动力、正确的价值导向和有力的智力支持,为提升浙江文化影响力、丰富中华文化宝库作出贡献。

浙江文化研究工程开展三年来,专家学者们潜心研究,善于思考,勇于创新,在浙江当代发展问题研究、浙江历史文化专题研究、浙江名人研究、浙江历史文献整理等诸多研究领域都取得了重要成果,已设立 10 余个系列400 余项研究课题,完成 230 项课题研究,出版 200 余部学术专著,发表大量的学术论文,产生了广泛而深远的社会影响。这些阶段性成果,对于加快建设文化大省提供了新的支撑力和推动力。

党的十七大突出强调了加强文化建设、提高国家文化软实力的极端重要性,并对兴起社会主义文化建设新高潮、推动社会主义文化大发展大繁荣作出了全面部署。为深入贯彻落实党的十七大精神,浙江省第十二次党代会提出"创业富民、创新强省"总战略,并坚持把建设先进文化作为推进创业创新的重要支撑。2008 年 6 月,省委召开工作会议,对兴起文化大省建设新高潮、推动浙江社会主义文化大发展大繁荣进行专题部署,制定实施了《浙江省推动文化大发展大繁荣纲要(2008-2012)》,明确提出:今后一个时期我省兴起文化大省建设新高潮、推动文化大发展大繁荣的主要任务是,在加快建设教育强省、科技强省、卫生强省、体育强省的同时,继续深入实施文明素质工程、文化精品工程、文化研究工程、文化保护工程、文化产业促进工程、文化阵地工程、文化传播工程、文化人才工程等文化建设"八项工程",着力建设社会主义核心价值体系、公共文化服务体系、文化产业发展体系等"三大体系",努力使我省文化发展水平与经济社会发展水平相适应,在文化建设方面继续走在前列。

当前,浙江文化建设正站在一个新的历史起点上,既面临千载难逢的机遇,也面对十分严峻的挑战。如何抓住机遇,迎接挑战,始终保持浙江文化旺盛的生命力,更好地发挥文化软实力的重要作用,是需要我们认真研究、不断探索的重大新课题。我们要按照科学发展观的要求,全面实施"创业富民、创新强省"总战略,以更深刻的认识、更开阔的思路、更得力的措施,大力推进浙江文化研究工程,努力回答浙江经济、政治、文化、社会建设和党的建设遇到的各种新问题,努力回答干部群众普遍关心的热点问题,努力形成一批有较高学术价值和社会效益的研究成果。

继续推进浙江文化研究工程,是一件功在当代、利在千秋的事业。我们热切地期待有更多的优秀成果问世,以展示浙江文化的实力,增强浙江文化的竞争力,扩大浙江文化的影响力。

2008 年 9 月 10 日于杭州

编首语

（一）

科学技术是人类认识自然、改造自然的有力武器，科学技术史是人类文明史的基础和主干，在人类社会发展历史中具有十分重要的地位。浙江地处中国东南沿海，历来人文荟萃，科技人才辈出，创造了辉煌的科学技术成就，在中国科技史、东亚科技史乃至世界科技史上都具有重要的地位。

开展浙江科学技术史研究，对于认识和了解浙江科技的历史发展进程，对于浙江的现代科技文化建设具有重要的理论价值和现实意义。一方面，浙江科学技术史是浙江文化史的重要组成部分，探讨浙江科学技术史多元丰富的内涵和鲜明独特的传统，对于挖掘浙江文化的深刻内涵和丰富底蕴具有重要的理论价值；另一方面，研究浙江科学技术史不仅能够帮助人们认识和了解浙江科学技术的发展进程，同时也有助于总结浙江科学技术发展的历史经验和教训，从而为规划浙江科学技术发展和推动科学文化传播提供有益的借鉴，为浙江全面建设物质富裕、精神富有的现代化社会提供强大的精神动力和智力支持。

然而，科学技术史如同人类的其他历史，头绪繁杂纷纭，材料无限丰富且还在不断被挖掘和充实，如何剪裁布局是见仁见智的事情。综观各种科技史版本，有专门讨论观念发展的思想史，有侧重科技活动的社会史，有关注人物事件的专题史，有着墨区域民族的地方史等等，各有千秋，精彩纷呈。2005 年，在中共浙江省委作出实施"浙江文化研究工程"重大战略部署时，我们根据自己的研究基础和力量，设计了三卷本"浙江近代科技文化史研究"项目,计划以明末清初到民国为时间范围,对近代浙江科学技术发展与文化发展的互动和关联进行专题史性质的研究。

项目计划送审时,浙江省哲学社会科学发展规划办公室的领导提出,对浙江科学技术发展进行通史式研究一直是学界空白,与具有悠久历史的浙江文化传统很不相称,也在一定程度上影响了浙学研究的深入。因此希望我们拓展研究视野,开展对浙江科学技术史从古代贯通到现代的研究,写出一部自上古到20世纪末的浙江科学技术通史,以填补这方面研究的空白。

这是一个高难度的任务,具有极大的挑战性。能否承接?我们经过深入研读文献,并多方讨教,反复讨论,最后终于鼓起勇气,尝试吃一下"螃蟹",并且做好了当"铺路石"的心理准备。总要有人跨出第一步,即使这一步走得不够理想,也可以为他人以后继续走下去、走得更好提供基础和借鉴。这样,我们重新设计了"浙江科学技术史系列研究"(上古到当代)的课题,并在2005年年底经浙江历史文化研究工程专家委员会论证后,获得浙江省社会科学规划领导小组批准。

系列研究被列为浙江省哲学社会科学规划重点课题,许为民为课题总负责人,王淼任课题组秘书。下面设置7个单项课题,分别由龚缨晏、张立、王淼、王彦君、许为民负责。作为系列研究的最后成果,就是出版7卷本的"浙江科学技术史研究丛书"。由于历史研究需要大量查阅文献,且年代越早文献越难寻找和获得,我们根据研究力量和文献情况,把丛书的完成由近及远分为两个阶段:第一阶段的研究范围确定为清代到现代,开展4个单项课题的研究,完成研究文稿后先行提交评审和出版;第二阶段的研究范围确定为上古到明代,分为3个单项课题,完成文稿后再评审出版。

(二)

一般来说,一部科学技术通史的编撰可以按照历史阶段和学科门类两种思路展开,鉴于浙江科学技术史研究的一些特点,我们采用了断代分期的方式撰写。"浙江科学技术史研究丛书"各卷断代分期的设计主要考虑了以下因素:与一般历史分期基本相当,与各时期相关文献的多寡和影响大小相联系,保持各卷研究内容相对均衡。这样的分卷考虑虽然不一定是最合理的,有厚今薄古的倾向,但也是从实际出发的一种可行设计。

丛书各卷的名称、年代和编著者分别是:

浙江科学技术史·上古到五代卷(上古至 960 年),编著者:项隆元,龚缨晏;

浙江科学技术史·宋元卷(960—1368 年),编著者:张立;

浙江科学技术史·明代卷(1368—1644 年),编著者:王淼;

浙江科学技术史·清代前期和中期卷(1644—1840 年),编著者:张立;

浙江科学技术史·晚清卷(1840—1911 年),编著者:王淼;

浙江科学技术史·民国卷(1912—1949 年),编著者:王彦君;

浙江科学技术史·当代卷(1949—2000 年),编著者:许为民等。

各卷的主要内容简介如下:

上古到五代卷

史前时代,浙江的先民们创造出了发达的稻作农业、独特的干栏式建筑、精湛的治玉工艺等,从而为中华文明的形成作出了贡献。进入文明时代后,从商周时代出现的原始青瓷到唐五代的"秘色瓷",从越国的青铜宝剑到东晋六朝的造纸术,从魏伯阳的《周易参同契》到喻皓的《木经》,从虞喜的"岁差说"到吴越国的天文图,都反映了浙江在中国早期科技史中的重要地位。需要指出的是,浙江的科学技术自史前时代开始,就具有海洋文化的印记。中国现知最早的独木舟,即出现在 8000 年前的钱塘江南岸。史前浙江的稻作农业,还漂洋过海,传播到朝鲜半岛和日本列岛。汉唐时代的"海上丝绸之路",则有力地促进了浙江与海外的科技文化交流。

宋元卷

宋元时期是中国也是浙江古代科学技术发展的高峰时期,经济的繁荣为科学技术的发展提供了必要的物质基础与技术需求,很多传统的科学技术在这一时期达到了古代的最高水平。浙江的科学技术在这一时期取得了许多突出的成就,涌现了一批杰出的人物,例如:被誉为"中国科学史上的坐标"的沈括和发明活字印刷术的毕昇生活于北宋时期,中国数学史上"宋元四大家"之一的杨辉生活于南宋时期,中国医学史上"金元四大家"之一的朱震亨则生活于元代。尤为值得重视的是,在南宋时期,汉族中央政治和文化中心从中原地区转移到浙江杭州,南宋社会的发展更多地打上了浙江文化的烙印。

明代卷

明代是浙江科学技术史上的重要时期,传统科学在这一时期经历了从衰退到复兴的发展历程,传统技术出现了一些重要的创新性成果,中医药学也获得了新的发展。与此同时,明代浙籍学人在中外科学技术交流领域表现活跃,特别是为促进西方科技的传入、揭开中国近代科技发展的序幕作出了积极贡献。本卷对明代浙江在天文历算、地学、生物学、医药学、技术和中外科学技术交流等领域涌现出的杰出人物、重要著作以及取得的成就作了较为全面和深入的探讨。基于对相关科学技术内容的介绍,简要分析了这一时期浙江科学技术发展的特征以及与社会的互动关系。

清代前期和中期卷

明末清初被科学技术史界认为是中国近代科学技术史的起点。西方科学技术传入到清初中断,清代中叶中国学者在科学技术方面的工作重点转为挖掘、整理和考辨古代文献,但西学的影响无法中断,西学的传入使中国科学技术的发展道路发生了重要改变。这一时期,浙江地区传统的科学技术持续发展,在地理学、生物学与农学、医药学以及手工业技术和水利工程等方面的成就比较突出。西方科学技术也随着传教士的进入得到初步传播,浙江的杭州、宁波等地是当时西学传播的重要地区。清代前期的西学初步传播为浙江在晚清全面走向近代化打下了重要基础。

晚清卷

晚清时期,随着西方近代科学技术的广泛传播和普及,浙江初步实现了科学技术近代化。与此同时,浙江在传统科学技术领域也取得了一些新进展。本卷描述了第一次鸦片战争前后、洋务运动时期以及清末时期浙江的科学技术传播和研究活动以及科技教育的演进历程,同时叙述了晚清时期浙江在传统中医药学、民间传统工艺技术方面获得的新发展。在此基础上,简略概括晚清浙江科学技术发展的特点,并从科学技术与社会互动的角度出发,对晚清时期制约和促进浙江科学技术发展的因素以及科学技术对晚清浙江社会发展的影响作了简要探讨。

民国卷

中华民国时期是现代科学技术在浙江省的起步阶段。在大批归国留学生的支持和努力下,以浙江大学为代表,浙江省在自然科学、农学、工业技术等领域取得了丰硕成果,尤其在物理学、遗传学、化学工程等学科培养了大批人才,支持了地方以及全国的经济建设。1929 年,西湖博览会的召开标志着浙江省工农业技术达到了较高水平。1948 年中央研究院遴选的第一批 81 位院士中有 20 位是浙江籍(理工类);新中国成立后中国科学院遴选的第一批 172 名学部委员中有 27 位是浙江籍。浙籍院士在新中国科学技术事业领军人才中占据了重要份额。

当代卷

本卷把从新中国成立到 20 世纪末半个世纪间从边缘走向中心的浙江当代科学技术历程,分为"新中国成立初期到'文革'的曲折前进"和"改革开放到 20 世纪 90 年代的快速发展"两个时期,每个时期又分为特点明显的三个阶段。全书按照概述、考古研究、基础研究、农学农业、医学医疗、工业技术和科普科协活动的逻辑,对该期间浙江大地上发生的重大科学技术事件及其背景、经过和影响进行了比较系统的梳理,对该时期在浙江科技发展方面作出重要贡献的机构和人物进行了较为深入的挖掘,并特别探讨了浙江科学技术体制化的进程和经验,分析了当代浙江科学技术发展与社会的互动关系,以揭示当代浙江科技发展的自身特点与内在规律。

(三)

编撰 7 卷本"浙江科学技术史研究丛书"是一项工程较大、历时较长、需要多人分工合作的事业。研究中既要目标一致体现整体性,又要各扬所长展示独特性。为此,我们集思广益,在课题研究和书稿撰写的过程中,首先确定统一的目标:尽最大可能搜集和整理浙江科学技术史素材,积累基本资料;理清浙江历史上科学技术发展的基本问题,拓展研究视野,提升研究水平;争取在探索浙江科学技术发展的基本史实、内在机制、外在影响等方面有所突破。研究中力求贯彻"三个结合"的原则:考古资料与文献资料相结合,挖掘实物资料包含的科学技术内涵;专题研究与归纳分析相结合,探究浙江科学技术发展的原创精神和基本特征;内史研究与外史探究相结合,突破传统成就描述,使研究成果更具解释功能。

关于如何取舍浩如烟海的文献资料,我们认为,由于历史过程的不可逆性和无限丰富性,对它的任何描述都将是不完备的。为此我们确定了"求准不求全"的史料使用原则,要求入书的内容无误或少误。虽然"求准不求全"可能导致一些本该介绍的事件、机构、人物因史料不足没有介绍或介绍过略,但是以后可以补充修订;介绍错误虽然也可以订正,而造成的不良影响会更大,甚至将以讹传讹,贻笑大方。

就每个单项课题研究过程来说,基本上是从搜集、整理和分析重要的研究文献和科学技术史料入手,通过不断汇集和反复筛选,梳理浙江历史上各个时期重大的科学技术成就和科学技术事件,编写并不断完善各个时期的大事记,力争比较完整地勾勒出该时期浙江科学技术发展的全貌。同时,围绕影响较大的成就、人物、机构和活动,开展一系列综合研究和案例研究。此外,还特别关注科学技术的社会史、文化史、思想史和跨学科研究,探讨科技与社会文化的互动机制,揭示这一时期浙江科学技术发展的内在逻辑,使研究成果更具启发意义。

在写作体例方面,丛书有基本的规范要求,每卷除了正文还有相对比较完备的附录,主要包括参考文献,人物、著作索引和大事记,有的卷册因时代特点不同还有其他附录。撰稿技术规范是以中国科学院自然科学史研究所的规范为底本统一制定的。尽管有统一要求,由于存在着时代、文献、编著者等方面的差异性,各卷之间的不平衡是客观存在的。这一不平衡只能留待以后在修订时解决了。

"浙江科学技术史研究丛书"的撰写和出版,要感谢的人很多,无法一一罗列,这里特别需要提及的有:感谢浙江大学何亚平教授、黄华新教授,内蒙古师范大学罗见今教授,中国科技大学石云里教授,他们作为系列研究的首席专家给了我们悉心的指导;感谢浙江省哲学社会科学发展规划办公室原主任曾骅,她为课题的策划和立项给予了热情的鼓励;感谢浙江大学出版社傅强社长、徐有智总编辑和朱玲编辑,他们对于丛书的编辑和出版给予了大力的支持。此外还有许许多多的学者和同行，各位的指导、鼓励和支持是我们终于能够完成系列研究任务的强大动力。与此同时，我们也真诚地希望学界对于丛书存在的问题和谬误不吝赐教。

编委会
2013 年 12 月

前　言

一

　　本卷试图叙述晚清时期即从 1840 年的鸦片战争到 1911 年清王朝覆灭的这段 70 多年时间内浙江科学技术发展的情形。晚清时期，经历两次鸦片战争、甲午中日战争、八国联军入侵以及太平天国农民起义、义和团运动，清王朝内忧外患，古老中华面临"数千年来未有之变局"，社会发生了前所未有的大动荡。为抵抗侵略，挽救社会危机，中国人不断进取，学习西方文明，追求富强，历经洋务运动、戊戌变法、清末"新政"，但却仍然远远落后于西方文明。辛亥革命的爆发，终于推翻了清王朝的封建专制统治。从第一次鸦片战争前后起，西方近代科学技术继明末清初之后又开始大规模传入我国，至清末时，中国科学技术的发展基本上步入了近代化的轨道。在晚清时期中国科学技术走向近代化的历程中，地处东南沿海的浙江一直走在前列并扮演了重要的角色。伴随着西方近代科学技术在浙江的广泛传播和普及，浙江初步实现了科学技术的近代化。与此同时，浙江在传统科学技术领域也取得了一些新进展。

　　总体来看，晚清时期浙江科学技术发展的情形，大致可以划分为如下三个阶段：

　　第一阶段，19 世纪 40 年代年至 19 世纪 60 年代的大约 20 年时间里，也就是两次鸦片战争之间。在此期间，一方面，受到经世实学思潮的影响，浙江涌现了项名达、戴煦、徐有壬、李善兰、夏鸾翔、汪曰桢等天算名家，对中国传统天算和明末清初已传入中国的某些欧洲天文学和数学问题进行了深入研究,产生了一批优秀的研究成果;另一方面,这一阶段也是西方近代科学技术继明末清初之后大规模传入中国的发端期,在"师夷长技以制夷"思想的影响下,浙江出现了学习、引进和介绍西方军事技术的具体实践活动,但实质上是一种仅仅限于器物层面的学习和引进。同时,这一时期进入浙江的来华新教传教士,在宁波华花圣经书房印刷传布宗教著作的同时,也编译出版了《地球说略》、《博物通书》、《天文问答》等多部介绍西方科学技术知识的著作,客观上起到了促进西方科学技术在浙江乃至全国传播的作用。

第二阶段,19世纪60年代至19世纪90年代中期,史称"洋务运动"时期。在"中体西用"以及"求富"、"求强"思想的引导下,西方科学技术在这一时期大规模传入浙江。具体体现为:在军事技术领域、民用技术领域均出现了一些较为重要的科技引进活动,促进了近代企业在浙江的诞生和发展。如洋务派代表人物之一左宗棠在杭州进行过蒸汽船试验;浙江巡抚刘秉璋创办浙江机器局,进行过炮船制造的工作。此外,这一时期浙江开始出现了宁波通久源机器轧花厂、萧山通惠公纱厂、杭州通益公纱厂、慈溪火柴厂和杭州蒸汽石印厂等引进并使用西方近代技术的民用企业。这一阶段的科技引进活动,虽然对浙江经济发展有一定的促进作用,对社会公众而言具有一种示范性作用,营造了必须大规模移植西方科学技术的社会环境和氛围,但是,我们也看到,这一阶段对西方科学技术的认识,总体上仍然停留在器物和应用层面,尚难以触及更深层面的根本性问题。

第三阶段,19世纪90年代中期开始至清末。随着甲午战败、戊戌维新运动和清末"新政"的推行,浙江科学技术的发展进入了新的历史阶段。首先,浙江学者的科学技术研究工作继续推进,如方克猷笃嗜测算,著有《方子壮数学》以及多部未刊行数学著作,大体上是李善兰某些工作的继续;诸可宝完成了《畴人传三编》的编撰工作,收录了清初至道光年间52位天算学家的传记,反映了他对当时天算知识传承的理解和认识;温州人洪炳文曾写过航空科学启蒙方面的著作《空中飞行原理》,运用他通过阅读当时书刊杂志所积累的航空新知识,对有关问题进行了注释与发挥,提出了自己的看法,并将书稿进呈时任浙江巡抚增韫阅览。20世纪初,陆续回国的浙江留学生已经开始了近代自然科学研究工作,与此同时,一些留学生在国外的科学研究活动也取得了相关成果,浙籍人士在《浙江潮》上发表了若干篇早期科学研究成果。其次,科学技术的传播和普及活动在浙江继续得以开展。浙江出现了瑞安天算学社等若干仿照西方自然科学学会建立起来的近代科学社团,在促进科学知识的传播方面起到了一定的作用。《利济堂学报》和《算学报》等科学报刊的发行,《西学大成》、《中西算学大成》、《算学丛书》、《农学丛书》、《科学丛书》等丛书的出版,都对清末科技传播和普及起到了重要的作用。同时,在技术引进方面,浙江延续了洋务运动期间引进西方科技的做法,并在技术引进的领域和规模上均有所拓展,尤其在交通运输工具的变革、近代信息技术的应用和农业技术的推广等方面表现突出。再次,这一时期浙籍学者对科学方法和科学精神进行了阐述,促进了科学方法和科学精神在浙江乃至全国的传播。我们看到,这一阶段浙籍学者对西方近代科学技术的认识开始突破知识和器物层面的认识,努力关注科学方法、科学精神以及科学技术的社会运行等更深层面的认识。通过办报刊、组织科学社团等渠道,探讨科学问题,发表科学成果,向社会公众广泛传播科学技术知识,促进公众理解科学,实际上初步实现了科学技术的近代化和本土化。

二

晚清时期,除上述提及的浙籍学者对中国传统历算和明末清初传入天算知识的研究活动以及西方科学技术在浙江的传播和普及之外,还有一些科技活动值得关注,它们跨越和贯穿了上述两个阶段或三个阶段。例如:

第一,医学领域的活动。晚清时期,传统中医药学在浙江继续得到了发展,出现了王士雄、吴尚先、陆以湉等中医名家。浙江学者对经典医籍的研究著作以及利济医学著作也值得从医学史角度作进一步深入研究。杭州胡庆余堂的建立,在传统制药技术的发展史上具有重要地位。与此同时,西方医学在这一时期得以较为广泛地传入浙江。宁波华美医院的建立与西医活动、刘廷桢《医方汇编》的编译以及早期归国医学留学生都在传播西方医学方面起到了重要的作用。

第二，浙江的民间传统工艺技术，在晚清期间也出现了新的特色和亮点。如桐乡"丰同裕"蓝印花布的制作工艺技术、乌镇"张宝源"银楼银饰的制作工艺技术、杭州"王星记"扇子的制作工艺技术都是在晚清达到鼎盛之时，并延续到现在的颇富特色的民间传统工艺技术。

第三，晚清期间，浙江还实现了科技教育的初步近代化。从1840年到1894年间，浙江的科技教育处于初建阶段，包括俞樾、黄炳垕、陈虬等在科技教育方面的活动；戊戌维新前后，属于浙江近代科技教育的发展阶段，主要有求是书院、杭州蚕学馆、绍兴中西学堂等学校的科技教育活动；伴随清末"新政"的推出，以及壬寅学制的颁布、癸卯学制的实施、科举制度的废除、留学生的派遣等活动，浙江近代科技教育逐步进入了制度化和规范化的轨道。科技教育的近代化是科学技术近代化的重要内容，只有将科学技术内容纳入教育系统之中，科学技术才能获得可持续发展的必不可少的人才保障，获得应有的社会认同和社会地位。

三

晚清时期，浙江人除了在本地积极展开科学技术研究工作并推进科学技术的近代化外，还从浙江走向上海等地，成为近代科技著作翻译、科技研究、科技传播和科技教育领域的先驱。例如，浙籍学人李善兰到上海参与了墨海书馆和江南制造局译书馆的译书活动，成绩斐然。李善兰与传教士合作翻译了《几何原本》后9卷、《重学》20卷附《圆锥曲线说》3卷、《谈天》18卷、《代数学》13卷、《代微积拾级》18卷、《植物学》8卷和《数理格致》等科学著作共7种近90卷。浙籍学人张福僖在上海墨海书馆与传教士合作翻译的《光论》，是流传至今的最早把西方近代光学知识介绍到我国的译著。浙籍学人郑昌棪、周郁以及舒高第等也应邀参加江南制造局译书馆的翻译工作，翻译了《电学纲目》、《格致启蒙》、《炮法求新》、《前敌须知》、《水雷秘要》、《农务全书》、《种葡萄法》、《产科》、《妇科》、《探矿取金》、《矿学考质》等著作。浙籍学者谢洪赉还在上海美华书馆与传教士合作翻译了《格物质学》、《代形合参》、《八线备旨》等著作。这些科技译著在西学东渐史上占有重要的地位,有的甚至传到了日本,对日本学习西方科学知识产生了一定的影响。李善兰在京师同文馆担任算学总教习期间发表的中国第一部素数论专著——《考数根法》,历来受到人们的高度评价。1896 年,罗振玉等人在上海发起成立务农会,创办和发行《农学报》,以及编辑出版《农学丛书》。近代音韵学家、浙江桐乡人劳乃宣,出于对中国古算的特殊爱好,在担任河北地方官员时,利用余暇钻研古算问题,撰写了《古筹算考释》等多部古算著作,对于古筹算的传承具有积极意义。1898 年,时任江宁(今南京)江南储材学堂督办的杨兆鋆完成《须蔓精庐算学》一书,包含了对当时传入的不少西方数学知识和一些中国传统数学内容的探讨。1900 年,杜亚泉到上海,自费创办亚泉学馆,创办并编辑出版了我国较早的一种综合性科技刊物——《亚泉杂志》。1905 年,时任上海商务印书馆编辑的杜亚泉,编译了《化学新教科书》,提出了化学无机物命名方案,是中国学者发表的第一个化合物的系统命名方案。1909 年,虞和钦出版了《有机化学命名草》一书,是在中国最早尝试制订有机化合物系统名称的专著。虞辉祖、钟观光和虞和钦在上海创办了科学仪器馆,并创办《科学世界》杂志,介绍多方面的自然科学知识和新工艺、新技术,对促进我国科学教育事业和民族工业的发展起到了积极作用。

四

综上所述,我们看到,晚清时期浙江在科学技术领域还是获得了一些新的发展,不但传统科学技术得以延续并有所创新,而且为西方自然科学和生产领域的应用技术的引进和利用作出了贡献,进而为浙江科学技术的可持续发展打下了初步的基础。特别值得指出的是,李善兰在晚清浙江和中国科技史上的重要地位。他早期对传统数学和明末清初欧洲传入的数学知识的研究,代表了当时中国数学研究的最高水平,并且逐步与近代数学接轨;他从事的科技翻译活动,不但引进了西方科学技术知识,而且传播了近代科学观念,如强调对技术中的科学思想和数学原理的关注等;他晚年从事科学教育工作,培养科学人才,并独立发表科学研究论文。李善兰的科学技术活动颇具典型性和代表性,反映了晚清时期中国科学技术从传统向近代转化的历程。

对于上述晚清浙江科学技术发展过程中的某些重要人物和活动以及当时的社会文化背景,早已在国内外学界相关领域的研究成果中有所涉及。首先,在浙江地方通史和专题史研究领域,已出版诸如《浙江通史》(清代卷中下册)[1]、《从传统到近代:晚清浙江学术的转型》[2]、《浙江文化史》[3]、《浙江教育史》[4]、《浙江丝绸史》[5]、《浙江医药曲折历程(1840—1949)》[6]、《学贯中西——李善兰传》[7]等著作,对晚清浙江科技史内容有所论及。其次,在中国科技史研究领域,继世界著名科技史家、英国剑桥大学李约瑟(Joseph Needham,1900—1995)博士于20世纪50年代主持撰著的《中国科学技术史》[8]陆续出版以来,中国科学院自然科学史研究所相继组织编撰出版多卷本《中国科学技术史》和"中国近现代科学技术史研究丛书",其中多卷和多本著作对晚清时期浙江科技人物和活动有所论及。还有《中国近现代科学技术史》[9]、《中国近代技术史》[10]、《中国清代科技史》[11]、《中国近代科学的先驱——李善兰》[12]、《李善兰:19世纪后期西方数学在中国的影响》[13]等论著,亦程度不同地关涉晚清浙江科技人物和活

〔1〕 赵世培,郑云山.浙江通史(第9卷),清代卷(中).杭州:浙江人民出版社,2005;汪林茂.浙江通史(第10卷),清代卷(下).杭州:浙江人民出版社,2005.

〔2〕 汪林茂.从传统到近代:晚清浙江学术的转型.北京:中国社会科学出版社,2011.

〔3〕 滕复,徐吉军,徐建春.浙江文化史.杭州:浙江人民出版社,1992;沈善洪.浙江文化史.杭州:浙江大学出版社,2009.

〔4〕 张彬.浙江教育史.杭州:浙江教育出版社,2006.

〔5〕 朱新予.浙江丝绸史.杭州:浙江人民出版社,1985.

〔6〕 朱德明.浙江医药曲折历程(1840—1949).北京:中国社会科学出版社,2012.

〔7〕 杨自强.学贯中西——李善兰传.杭州:浙江人民出版社,2006.

〔8〕 Needham, Joseph, *et al*. *Science and Civilisation in China*:Cambridge:Cambridge University Press, 1954-.

〔9〕 董光璧.中国近现代科学技术史.长沙:湖南教育出版社,1997.

〔10〕 吴熙敬.中国近代技术史.北京:科学出版社,2000.

〔11〕 沈毅.中国清代科技史.北京:人民出版社,1994.

〔12〕 王渝生.中国近代科学的先驱——李善兰.北京:科学出版社,2000.

〔13〕 Horng Wanshen(洪万生). *Li Shanlan:The Impact of Western Mathematics in China during the Late 19th Century*. Unpublished dissertation submitted to the Graduate Faculty in History for the degree of Doctor in Philosophy, The City University of New York, 1991.

动。第三,在中国科学社会文化史研究领域,《洋务运动与中国近代科技》[1]、《中国科学百年风云:中国近现代科学思想史论》[2]、《中国近代科技文化史论》[3]、《中日文化交流史大系》(科技卷)[4]、《西学东渐——科学在中国的传播》[5]、《以他们自己的方式:科学在中国,1550—1900》[6]、《中国近代科学的文化史》[7]等著作亦涉及有关晚清浙江科技活动和人物方面的内容。第四,在中国社会文化史研究领域,则有《中国社会史》[8]、《剑桥中国晚清史》[9]、《近代中国社会的新陈代谢》[10]、《西学东渐与晚清社会》[11]、《中华文明史》(清代后期卷)[12]、《中西体用之间——晚清文化思潮述论》[13]、《晚清经世实学》[14]、《晚清文化史》[15]等著作,对晚清时期的社会和文化背景进行了深入的分析。我们对晚清浙江科学技术发展的探讨,必须基于对当时社会文化背景的理解,因而这些研究成果与我们的研究工作之间的关系甚为密切。除此之外,还有许多学科史著作以及相关学术论文,对晚清时期浙江的某些科技活动及其社会文化背景亦有所涉及,恕不一一列举。

从已有的相关研究成果看,或者侧重于专题性质的个案研究,或者只是零散分布于某一专题史学或科技史著作之中,到目前为止,尚未见到针

〔1〕 杜石然,林庆元,郭金彬.洋务运动与中国近代科技.沈阳:辽宁教育出版社,1991.
〔2〕 郭金彬.中国科学百年风云:中国近现代科学思想史论.福州:福建教育出版社,1991.
〔3〕 段治文.中国近代科技文化史论.杭州:浙江大学出版社,1996.
〔4〕 李廷举,[日]吉田忠.中日文化交流史大系(科技卷).杭州:浙江人民出版社,1996.
〔5〕 樊洪业,王扬宗.西学东渐——科学在中国的传播.长沙:湖南科学技术出版社,2000.
〔6〕 Elman, Benjamin A. *On Their Own Terms: Science in China*, 1550—1900. Cambridge, Mass.: Harvard University Press, 2005.
〔7〕 Elman, Benjamin A. *A Cultural History of Modern Science in China*. Cambridge, Mass., London: Harvard University Press, 2006.
〔8〕 [法]谢和耐.中国社会史.黄建华,黄迅余译.南京:江苏人民出版社,2008.
〔9〕 [美]费正清等.剑桥中国晚清史(1800—1911年)(上、下卷).中国社会科学院历史研究所编译室译.北京:中国社会科学出版社,1985.
〔10〕 陈旭麓.近代中国社会的新陈代谢.上海:上海社会科学院出版社,2006.
〔11〕 熊月之.西学东渐与晚清社会.上海:上海人民出版社,1994.
〔12〕《中华文明史》编纂工作委员会.中华文明史(清代后期卷).石家庄:河北教育出版社,1994.
〔13〕 丁伟志,陈崧.中西体用之间——晚清文化思潮述论(中国近代文化思潮,上卷).北京:社会科学文献出版社,2011.
〔14〕 冯天瑜,黄长义.晚清经世实学.上海:上海社会科学院出版社,2002.
〔15〕 汪林茂.晚清文化史.北京:人民出版社,2005.

对晚清浙江科技发展史的系统性专题研究著作。不过,上述相关研究成果对于我们更好地认识晚清浙江科学技术发展的历程及其社会文化背景来说,仍是极为重要和不可或缺的。正是在参考和吸收上述学界相关研究成果的基础上,本书才可能展示晚清时期浙江科学技术发展的历程。

五

本书作为《浙江科学技术史》的"晚清卷",试图展示一幅较为完整的晚清浙江科学技术史图景。在写作过程中,除广泛参考前人的研究成果外,我们还引用了大量的原始文献以及浙江地方史志资料。

总体来看,晚清浙江科学技术的发展有两大主题:一是引进、消化和推广西方科学技术;二是促进传统科学技术领域继续取得某些延续性发展。既想展示相对完整的晚清浙江科学技术史图景,又不希望失落历史感,所以本书在框架设计上采取了兼顾主题和时间顺序的策略。前四章基本上按照三个时间段的先后顺序纵向进行论述,在内容上则对两大主题均有涉及。后三章以三个具体问题为线索横向展开描述,或侧重某一主题,或包括两大主题在内,而在对每个具体问题的探讨中又考虑了时间前后顺序问题。

具体来说,针对前述第一阶段浙籍学者的天算研究工作以及对西方科学技术的引进和传播活动,我们将分别在第一章和第二章中予以专门探讨。对于第二阶段即洋务运动时期浙江的科学技术引进活动,我们将在第三章中进行描述。第三阶段即清末浙江的科技研究工作和传播活动,则在第四章中予以叙述。同时,我们在讨论每一阶段浙江科学技术的发展时,对该阶段的社会文化背景也作了简要描述。对于晚清时期浙江在医学领域的活动、在民间传统工艺技术方面的发展以及科技教育的演进历程方面,由于所探讨问题的相对独立性,加之时间跨度较大,我们将分别在第五章至第七章予以展示。另外,晚清时期浙江科技人物在省外特别是在上海开展的科技活动,我们也将其放置在对应时间段内的相关章节中进行讨论,可使我们对该阶段浙江科学技术发展状况形成相对完整的印象。

最后,在本书的结语中,作者简略探讨了晚清浙江科学技术发展的特点,并从科学技术与社会互动的角度出发,简要讨论了该时期制约和促进浙江科学技术发展的因素,以及科学技术对晚清浙江社会发展的影响。

目　录

第一章

道咸年间浙江学者的天算研究

19世纪初年前后,清王朝开始呈现衰落的态势。与此同时,西方商人开始在中国贩卖鸦片,对中国的社会经济、政治、军事及人民的身心健康造成了极为严重的危害。面对紧迫的社会危机,有识之士秉承经世致用思想传统,主张实行社会变革,出现了提倡经世实学的社会思潮。[1] 思想敏锐和注重实际的学者,在这种思潮的影响下,注重对科学技术问题的探索和研究。地处东南沿海的浙江,受到经世实学思潮的影响,在道光(1821—1850)、咸丰(1851—1861)年间涌现了若干重视天文和算学研究的学者,包括项名达、戴煦、徐有壬、李善兰、汪曰桢和夏鸾翔等,实际上形成了一个相当活跃的天算研究群体。本章对他们的天算研究工作进行介绍和讨论。

第一节 项名达、戴煦、徐有壬和夏鸾翔的数学研究

一、项名达及其《象数一原》

项名达(1789—1850),原名万准,字步莱,号梅侣,钱塘(今浙江杭州)人[2],祖籍安徽歙县。他出身于一个比较富裕而且重视文化素养的盐商家庭,因而自幼受到良好的教育,尤好历算之学。1816年成举人,考授国子监

---

[1] 冯天瑜,黄长义.晚清经世实学.上海:上海社会科学院出版社,2002:46—86.
〔2〕关于项名达的出生地,《畴人传三编》记载为"仁和"[见:(清)诸可宝.畴人传三编·卷4,项名达.上海:商务印书馆,1955:767],有误。项名达应为钱塘人。参见:何绍庚.项名达数学成就述略.刘钝,韩琦等.科史薪传.沈阳:辽宁教育出版社,1997:153.

学正。1826 年成进士，改官知县，不就职，"退而专攻数学"[1]。1837 年前，主讲余杭苕南书院，此后在杭州紫阳书院执教，继续从事数学研究和教学。1846 年冬，辞去紫阳书院教习，潜心从事研究和著述。1850 年卒。他与当时许多数学家相友善，尤其与戴煦为忘年交。他的学生夏鸾翔也是当时颇有影响的数学家。[2]

项名达的主要数学著作有《下学庵算学》三种，包括《勾股六术》1 卷（1825）、《三角和较术》1 卷（1843）、《开诸乘方捷术》1 卷（1845）。此外，他尚著有未完稿《象数一原》6 卷（1849），咸丰七年（1857）由戴煦校补并补卷 7《椭圆求周术图解》，遂成完璧。《象数一原》为项氏代表作，已收入《续修四库全书》之中。[3]

项名达的数学工作主要体现在以下几个方面：

一是对三角函数幂级数展开式的研究。幂级数的研究是 18 世纪初至 19 世纪末中国数学界的一个相当活跃的研究领域，这与法国耶稣会传教士杜德美（Pierre Jartox，1668—1720）将三角函数的三个无穷级数展开式带到中国有关。这三个幂级数展开式分别为牛顿（Isaac Newton，1643—1727）在 1667 年创立

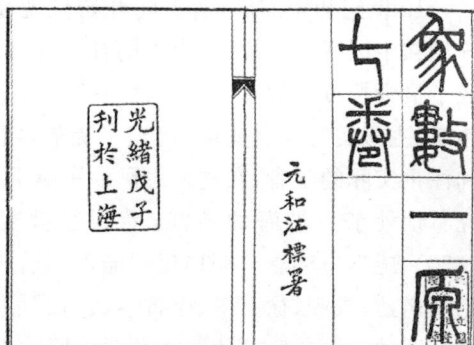

图 1-1　项名达《象数一原》书影

的 π 展开式，以及格列高里（James Gregory，1638—1675）在 1676 年发表的正弦函数 $\sin x$，正矢函数 $\mathrm{vers}x$ 的展开式。清初历算大师梅文鼎（1633—1721）之孙、数学家梅瑴成（1681—1763）首载杜氏三术于《赤水遗珍》，注称"译西士杜德美法"。蒙古族天算家明安图（1692？—1763？）又创六术并就九术予以证明。他的弟子陈际新将乃师遗作整理为《割圆密率捷法》4 卷，

〔1〕（清）诸可宝.畴人传三编·卷 4,项名达.上海:商务印书馆,1955:768.

〔2〕何绍庚.项名达.杜石然.中国古代科学家传记（下集）.北京:科学出版社,1993:1176—1179;李磊.项名达.沈渭滨.近代中国科学家.上海:上海人民出版社,1988:29—37.

〔3〕（清）项名达撰,戴煦校补.象数一原.顾廷龙,傅璇琮.续修四库全书（第 1047 册）.上海:上海古籍出版社,1995.

今传道光十九年(1839)初刊本。[1] 此书刊出之前,虽有少数抄本流传,而通常可见者只是梅氏所载三术。嘉庆二十四年(1819)春,秀水(今浙江嘉兴)朱鸿以九术抄本出示江苏阳湖(今常州)数学家董祐诚(1791—1823)。董祐诚运用《数理精蕴》所载"连比例四率法"和中国传统数学的垛积术给出弧与弦、弧与矢互求的四术,撰成《割圆连比例图解》3 卷(1819)。由此四术可以导出九术,因而被称为"立术之源",在幂级数研究方面具有继往开来之功。正是在董祐诚工作的基础上,项名达展开了对九术的立法之原问题的研究。[2] 在其《象数一原》中,项名达将董氏的方法精确化,并将四术概括为"知本度通弦求他度通弦"、"知本度矢求他度矢"二术。此外,项名达还讨论了弧矢求八线各术。

二是椭圆求周术。项名达的《椭圆求周术》附在《象数一原》卷 6 之后,给出了椭圆周长的正确计算公式。[3] 设 a、b 分别为椭圆的长、短半轴,p 为周长,则:

$$p = 2\pi a = \left(1 - \frac{1}{2^2}e^2 - \frac{1^2 \cdot 3}{2^2 \cdot 4^2}e^4 - \frac{1^2 \cdot 3^2 \cdot 5}{2^2 \cdot 4^2 \cdot 6^2}e^6 - \cdots\right)$$

其中:$e^2 = \left(a - \dfrac{b^2}{a}\right) \div a = \dfrac{a^2 - b^2}{a^2}$。这与用椭圆积分法所得公式相同。《象数一原》卷 6 又附录了一个"圆周求径"术,给出了圆周率倒数的无穷级数表示法[4]:

$$\frac{1}{\pi} = \frac{1}{2}\left(1 - \frac{1}{2^2} - \frac{1^2 \cdot 3}{2^2 \cdot 4^2} - \frac{1^2 \cdot 3^2 \cdot 5}{2^2 \cdot 4^2 \cdot 6^2} - \cdots\right)$$

这是从假设 $b=0$,则 $e^2=1$,$p=4a$ 代入求椭圆周长公式得到的。

三是迭代法。所谓"迭代法",又称"逐步逼近法",是指利用递推公式或循环算法构造序列以求问题的近似解的方法,是逼近论和计算数学中常用的方法,并在计算机算法中大显身手。在西方数学史上,迭代法首先出现在求解方程的近似解问题中,最早是牛顿所创,后来英国数学家拉夫森(Joseph Raphson,1648—1715)进行了改进,也可用于某些超越方程,后来被人们称之为"牛顿—拉夫森迭代法"。项名达、戴煦和夏鸾翔等对迭代法

---

〔1〕　关于明安图的《割圆密率捷法》及其研究,参见:罗见今.《割圆密率捷法》译注.呼和浩特:内蒙古教育出版社,1998.

〔2〕　李兆华.中国数学史大系(清中期至清末卷).北京:北京师范大学出版社,2000:99—100.

〔3〕　钱宝琮.中国数学史.郭书春,刘钝.李俨钱宝琮科学史全集(第 5 卷).沈阳:辽宁教育出版社,1998:346.

〔4〕　钱宝琮.中国数学史.郭书春,刘钝.李俨钱宝琮科学史全集(第 5 卷).沈阳:辽宁教育出版社,1998:346.

进行了研究。他们使用传统的算法,在未引入微积分的情况下,得到了与牛顿法等价的迭代程序。[1] 项名达在《开诸乘方捷术》中使用了迭代法,通过逐次逼近的思想给出了二项式 n 次方程根的递推公式。应用此公式可以求得二项式 n 次方程根不同程度的近似值。[2]

除此之外,项名达在二项式展开式等方面也有重要的工作[3],下文在讨论戴煦的工作时还会提到。另外,项名达还在其所著《勾股六术》和《三角和较术》两部数学著作中,对勾股形、平面三角形及球面三角形的各边及其和、差的互求关系等作了较为系统的分类和总结。由于两部著作的内容均较为浅显易懂,所以应当是项名达为初学者撰写的数学入门书。[4]

二、戴煦及其《求表捷术》

戴煦(1805—1860),字鄂士,号鹤墅,又号仲乙,祖籍安徽休宁,明季迁居钱塘。其父戴道峻有子三人,戴煦为次子。其兄戴熙(1801—1860),字醇士,号榆庵,又号莼溪,又松屏,自称井东居士,又鹿林居士,道光十二年(1832)进士,曾在杭州为官,官至刑部侍郎,谥文节。[5] 戴煦淡于进取,时人称之为"知礼之君子"。戴煦读书兴趣广泛,于数学、音律、文学、绘画甚至堪舆等无不精究,而以数学为其主要研究领域。[6] 青年时期,曾与同里谢家禾(?—1826)[7]共同钻研数学问题。1826年,完成《四元玉鉴细草》若干篇,项名达读后遂称其为终身的学术挚友。中年以后,戴煦进入了数学创作的旺盛期。自 1845 年至 1852 年,共完成数学著作 4 种 9 卷,总名《求表捷术》。其间与项名达学术交往频繁,两人"共定开方捷术"。1851 年,戴煦与李善兰相识,共同讨论、切磋数学问题。1855 年,与徐有壬相识,徐氏后

---

〔1〕 参见:王荣彬,郭世荣. 戴煦、项名达、夏鸾翔对迭代法的研究. 自然科学史研究,1992, 11(3):209—216.

〔2〕 曲安京. 中国古代科学技术史纲(数学卷). 沈阳:辽宁教育出版社,2000:121.

〔3〕 参见:何绍庚. 项名达对二项式展开式研究的贡献. 自然科学史研究,1982,1(2):104—114.

〔4〕 何绍庚. 项名达. 杜石然. 中国古代科学家传记(下集). 北京:科学出版社,1993:1178.

〔5〕 浙江通志馆纂修. 重修浙江通志稿(第 121 册). 浙江图书馆誊录本,1983:34—35. 浙江大学图书馆藏。

〔6〕 李兆华. 戴煦. 杜石然. 中国古代科学家传记(下集). 北京:科学出版社,1993:1197.

〔7〕 谢家禾,字和甫,又字穀堂,浙江钱塘人。清末数学家,与同乡戴熙、戴煦相友善。谢家禾去世后,戴熙和戴煦共同整理了其数学遗著《衍元要义》、《弧田问率》、《直积回求》共 3 卷,1836 年校刻为《谢穀堂算学三种》。参见:李迪. 中国数学通史(明清卷). 南京:江苏教育出版社,2004: 411;韩琦.《求表捷术》提要. 郭书春. 中国科学技术典籍通汇(数学卷),第 5 册. 郑州:河南教育出版社,1993:685.

为其《续对数简法》作跋。受项名达之托，戴煦曾为之校补《象数一原》6 卷，并补《椭圆求周术图解》1 卷。1860 年 3 月 19 日，太平天国军攻克杭州，其兄戴熙于 3 月 21 日自尽。是夜，戴煦追随其兄投井自尽。[1]

戴煦今传著作有《四元玉鉴细草》3 卷首 1 卷（1845），《音分古义》2 卷附 1 卷（1854），《求表捷术》4 种 9 卷，包括《对数简法》2 卷（1845）、《续对数简法》1 卷（1852）、《外切密率》4 卷（1852）、《假数测圆》2 卷（1852）。其中，《求表捷术》[2]是其代表作。

戴煦的数学工作主要体现在以下几个方面：

图 1-2　戴煦《求表捷术》书影

一是在对数表和三角函数对数表方面的研究工作。戴煦在《对数简法》和《续对数简法》中讨论了对数表造法，在《外切密率》中讨论了三角函数表造法，在《假数测圆》中则研究了三角函数对数表造法。戴煦之前，造对数表的主要方法是在《数理精蕴》（1723）下编卷 38 给出的递次开方法。该法开方运算繁复，往往需要重复开方过程十多次甚至几十次才能求得合乎要求的数值。戴煦通过改进递次开方法，在《续对数简法》中得到了 $\lg(1+x)$ 的两种幂级数展开式，由此可得对数的构造法。戴煦在对这两个展开式作进一步处理的基础上，在《假数测圆》中得到了三角函数对数展开式，从而解决了三角函数的对数表的构造法问题。[3]

二是对二项式展开式的研究。[4]戴煦在讨论对数表构造法过程中，与项名达一起给出了幂指数为 $\pm n$ 和 $\pm 1/n$ 的二项式展开式。其后，戴煦为追求简洁，便于运算，进一步讨论了 n 有"奇零小余"的情形，即相当于把二项式展开式的指数推广到了任意实数的情形：

〔1〕　（清）诸可宝.畴人传三编·卷 4，戴煦.上海：商务印书馆，1955：789.

〔2〕　（清）戴煦.求表捷术.浙江图书馆藏清咸丰二年（1852）粤雅堂丛书刻本.

〔3〕　有关戴煦在对数造表法和三角函数对数造表法的具体推算过程，参见：李兆华.戴煦关于对数研究的贡献.自然科学史研究，1985，4（4）：353—362.

〔4〕　参见：李兆华.戴煦关于对数研究的贡献.自然科学史研究，1985，4（4）：353—362；韩琦.《数理精蕴》对数造表法与戴煦的二项展开式研究.自然科学史研究，1992，11（2）：109—119.

$$(1+x)^\alpha = 1 + \alpha x + \frac{\alpha(\alpha-1)}{1\cdot 2}x^2 + \frac{\alpha(\alpha-1)(\alpha-2)}{1\cdot 2\cdot 3}x^3 + \cdots$$

其中,$|x|<1$,α 为任意实数。

三是对迭代法的研究。戴煦在研究开方问题时,利用二项展开式构造了一个递归公式以逐渐逼近开之不尽的方根。这在中算史上是一种崭新的数学方法,戴煦具有首创之功。[1] 项名达、夏鸾翔在迭代法方面所作出的贡献,与戴煦所做的基础性工作密切相关。

四是对欧拉数的研究。在将函数展开为无穷级数的过程中,中算家们感兴趣的问题是如何确定各项系数,而探讨其系数出现的规律,则是计数理论研究的主要课题。戴煦以连比例的方法将 secα 展开为 α 的无穷幂级数,自然会遇到怎样求欧拉数的问题。戴煦在《外切密率》卷 2 中列出"本弧求割线"计算公式(设半径为 1)如下:

$$\sec\alpha = 1 + \frac{\alpha^2}{2!} + \frac{4\alpha^4}{4!} + \frac{61\alpha^6}{6!} + \frac{1385\alpha^8}{8!} + \frac{50521\alpha^{10}}{10!} + \cdots$$

上式中的"本弧求割线各率分子"(也称"递次乘法"或"各率乘法")为,$E_1=1$,$E_2=5$,$E_3=61$,$E_4=1385$,$\cdots$ 这一数列即为近代数学中著名的欧拉数(Euler numbers)。当时,戴煦并不知道法国数学家欧拉(Léonard Euler,1707—1783)的研究成果,而是独辟蹊径,创造了一套方法,得出了相当于欧拉数的递推公式。[2]

总体来看,戴煦《求表捷术》中的成果较西方的同类工作晚出,但戴氏使用的方法颇具特色,因此受到了时人和后人的高度评价。当时来中国的英国传教士伟烈亚力(Alexander Wylie,1815—1887)和艾约瑟(Joseph Edkins,1823—1905)都对戴煦的数学工作给予相当高的评价。[3] 1854 年,艾约瑟因佩服戴煦所著《求表捷术》的数学工作,曾托李善兰介绍,慕名求见。戴煦以"中外殊俗异礼"借故婉辞。另有记载提到,艾约瑟曾于该年将戴煦

〔1〕 参见:王荣彬,郭世荣.戴煦、项名达、夏鸾翔对迭代法的研究.自然科学史研究,1992,11(3):209—216;曲安京.中国古代科学技术史纲(数学卷).沈阳:辽宁教育出版社,2000:122—124.

〔2〕 关于戴煦对与欧拉数相匹配的特殊函数方面的研究工作,参见:郭世荣,罗见今.戴煦对欧拉数的研究.自然科学史研究,1987,6(4):362—371;罗见今.戴煦数.内蒙古师范大学学报(自然科学版),1987(2):18—22;罗见今.与欧拉数相匹配的特殊函数——戴煦数.李迪.数学史研究文集(第一辑).呼和浩特:内蒙古大学出版社,台北:九章出版社,1990:131—139.

〔3〕 刘钝.大哉言数.沈阳:辽宁教育出版社,1993:31.

的《求表捷术》译成英文递交英国数学会。[1] 1857 年,伟烈亚力在《六合丛谈》中介绍了戴煦的《对数简法》和《续对数简法》。后又在《中国文献解题》中,指出《对数简法》"如他(指戴煦)所认为的,首次发现了一个求常用对数的简捷的表,此表似乎与纳皮尔(J. Napier)的对数体系相同,但有理由表明作者对纳皮尔的成果是不知的,在一补充中,他得出了一个更进一步的改进办法,大大运用了纳皮尔模数,这是他在运算过程中得出的"[2]。1859 年,伟烈亚力在《代微积拾级》序言中提及戴煦的成就,认为"微分积分,为中土算书所未有,然观当代天算家,如董方立氏、项梅侣氏、徐君青氏、戴鄂士氏暨李君秋纫所著各书,其理甚近微分者"。同时期数学家徐有壬、夏鸾翔也对戴煦的工作给予了很高的评价。[3] 顾观光(1799—1862)、邹伯奇(1819—1869)、夏鸾翔、左潜(？—1868)等数学家均从戴煦《求表捷术》中获得了启发,并各自取得了较为重要的数学研究成果。[4] 由此可见,戴煦的数学研究工作对中国近代数学的研究起到了重要的先导作用,在中国数学史上占有较为重要的地位。

三、徐有壬及其《割圆八线缀术》

徐有壬(1800—1860),字君青,亦字钧卿,乌程(今浙江湖州)人[5],寓居宛平(今北京丰台区)多年。22 岁,占宛平籍补博士弟子员。1829 年,中进士。1843 年,任四川成绵龙茂兵备道,兼充四川文武乡试外监试官。1847 年,署四川按察使。1850 年,任云南布政使。1853 年,任湖南布政使。1855 年四月丁忧回浙江原籍,1857 年服阙。1858 年,任江苏巡抚。1860

---

〔1〕 参见:(清)诸可宝.畴人传三编·卷 4,戴煦.上海:商务印书馆,1955:795. 不过,到目前为止,尚未在中国数学史研究论著中见到有学者明确提及看到戴煦《求表捷术》的艾约瑟英译本。2008 年 10 月,笔者与英国剑桥李约瑟研究所东亚科学史图书馆长莫菲特(John Moffett)先生讨论此事,莫菲特先生通过网络检索系统,查找了伦敦数学会(London Mathematical Society)、英国皇家天文学会(Royal Astronomical Society)、英国皇家学会(Royal Society)、皇家亚洲学会(Royal Asiatic Society)等图书馆的藏书资源,均未找到与此书相关的信息。因此,艾约瑟是否翻译过此书以及译本是否保存和流传下来,在英国数学界引起了怎样的反响等,值得继续予以关注。

〔2〕 Wylie, Alexander. *Notes on Chinese Literature*: *with Introductory Remarks on the Progressive Advancement of the Art*; *and a List of Translations from the Chinese into Various European Languages*. Shanghai: American Presbyterian Mission Press; London: Trübner & Co., 1867. 128;韩琦.戴煦.金秋鹏.中国科学技术史(人物卷).北京:科学出版社,1998:738.

〔3〕 沈雨梧.晚清著名数学家戴煦.浙江树人大学学报,2005,5(3):116.

〔4〕 孙国群,戴鞍钢.戴煦.沈渭滨.近代中国科学家.上海:上海人民出版社,1988:86—96.

〔5〕 (清)诸可宝.畴人传三编·卷 4,徐有壬.上海:商务印书馆,1955:782.

年,太平天国军攻克苏州,徐有壬被杀,谥庄愍,在苏州设专祠。[1]

徐有壬对历算有浓厚的兴趣,并与同时代历算家有广泛的交往。年轻时期,徐有壬居住北京期间,曾师事同里、钦天监博士陈杰[2],并与罗士琳(1774—1853)、沈钦裴(1790?—1870?)、戴敦元(1768—1834)、董祐诚及吴嘉善(1819?—1885?)等人有学术交往。在湖南期间,于1854年与丁取忠(1810—1877)相识,建立了深厚友谊。回籍守制期间,于1855年与戴煦相识,并通过戴煦了解到项名达的数学研究工作,帮助出版了项氏遗作《象数一原》。徐有壬尤推重李善兰,两人经常邮递问难,切磋数学问题。1859年,徐有壬曾访问上海墨海书馆,其时李善兰正在馆中与传教士合作翻译数学等科学著作。[3] 太平天国攻克苏州前不久,徐有壬邀请李善兰做其幕宾,日夕研讨数学问题。[4]

徐氏著有数学与天文著作多种。未刊者6种9卷,今皆不传,计有《堆垛测圆》3卷、《圆率通考》1卷、《四元算式》1卷、《校正开元占经九执术》1卷、《古今积年解源》2卷、《强弱率通考》1卷。陆续刊行者由其侄徐震翰、侄孙徐树勋汇刻为《务民义斋算学》9种16卷,一般称其为成都算学书局本。其中,数学著作7种12卷,即《测圆密率》3卷、《垛积招差》1卷、《椭圆正术》1卷、《椭圆求周术》1卷、《截球解义》1卷、《弧三角拾遗》1卷、《割圆八线缀术》4卷。最后一种由吴嘉善述草(1862),左潜补草(1873)。《割圆八线缀术》通常被人们看作是徐有壬的代表作。

缀术是徐氏给出的三角函数幂级数表示法。缀术的意义是"求式者连缀而下"。该书以文字叙述的展开式称为术,以缀术书写的展开式称为式。缀术以汉字数目字一、二、三等表示率数,以侧书的汉字数目字表示级数各项系数的分母,以暗码表示分子,并依固定的格式进行运算。[5]

徐有壬的《割圆八线缀术》是对三角函数幂级展开式传入中国以来该项研究的一个比较系统的总结。他在《造各表简法》"序"中写道[6]:"旧法有八线表,有对数表,万算皆从此出。表之用大矣哉。惜其创造之初,取径纤

〔1〕 李兆华.徐有壬.杜石然.中国古代科学家传记(下集).北京:科学出版社,1993:1190.

〔2〕 陈杰的传记参见:(清)诸可宝.畴人传三编·卷4,陈杰.上海:商务印书馆,1955:765—767.

〔3〕 洪万生.墨海书馆时期(1852—1860)时期的李善兰.中国科技史论文集编辑小组.中国科技史论文集.台北:联经事业出版公司,1995:227.

〔4〕 李兆华.徐有壬.杜石然.中国古代科学家传记(下集).北京:科学出版社,1993:1190.

〔5〕 李兆华.中国数学史大系(清中期至清末卷).北京:北京师范大学出版社,2000:135—138.

〔6〕 (清)徐有壬撰,(清)吴嘉善述草,(清)左潜补草.割圆八线缀术·造各表简法,"序".浙江图书馆藏清光绪二十四年(1898)算学书局古今算学丛书刻本.

徊,布算繁赜,不示人简易之方,令学者望洋兴叹。如八线对数一表,至今无人知其立表之根者,不可谓非缺事也。余读《四元玉鉴》,究心于垛积招差之法,推之割圆诸术,无所不通。盖垛积者,递加数也。招差者,连比例也。合二术以施之割圆,六通四辟,而简易之法生焉。导源于杜德美氏,发挥于董方立氏,旁推交通于项梅侣氏、戴鄂士氏、李秋纫氏,几无遗蕴矣。是书集诸家成说,参以管见,简益求简,凡五术,以就正有道君子。"这里,徐有壬回顾了当时中国学者对杜德美传入的三个三角函数展开式研究的历程,以阐明他写作该书的缘起和目的。我们看到,在徐有壬提及的几位著名数学家中,除董方立(祐诚)外,项名达(号梅侣)、戴煦(字鄂士)和李善兰(号秋纫)均为浙籍学者。

徐有壬在《割圆八线缀术》中,运用比例法、商除法、还原术(级数回求法)、借径术(变换法)等方法给出正弦、正切、正割、正矢等四个三角函数的"八线互求"十二术、"大小八线互求"十八术。

到徐有壬在三角函数幂级数展开式的研究工作为止,中算家关于此问题的研究已经基本齐备。我们可以从 19 世纪中叶中国数学家所得到的三角函数幂级数展开式方面研究的统计表[1](见表 1-1、表 1-2)中看到这一点。

求知	α	$\sin \alpha$	$\tan \alpha$	$\sec \alpha$	$\mathrm{vers}\, \alpha$
α		杜德美	徐有壬	李善兰	杜德美
$\sin \alpha$	明安图		徐有壬	项名达	项名达
$\tan \alpha$	徐有壬	徐有壬		徐有壬	徐有壬
$\sec \alpha$	李善兰	徐有壬	徐有壬		徐有壬
$\mathrm{vers}\, \alpha$	明安图	徐有壬	徐有壬	徐有壬	

表 1-2　19 世纪中叶中国三角函数幂级数展开式研究统计(2)

求知	$\sin \alpha$	$\sin \dfrac{\alpha}{n}$	$\tan \alpha$	$\tan \dfrac{\alpha}{n}$	$\sec \alpha$	$\sec \dfrac{\alpha}{n}$	$\mathrm{vers}\, \alpha$	$\mathrm{vers}\, \dfrac{\alpha}{n}$
$\sin \alpha$	董祐诚	董祐诚	徐有壬	徐有壬			徐有壬	徐有壬
$\tan \alpha$	徐有壬	徐有壬	徐有壬	徐有壬			徐有壬	徐有壬
$\sec \alpha$	徐有壬	徐有壬					徐有壬	徐有壬
$\mathrm{vers}\, \alpha$	徐有壬	徐有壬	徐有壬	徐有壬			董祐诚	董祐诚

徐有壬的三角函数幂级数展开式研究在中国数学史具有较为重要的意

〔1〕　李兆华.中国数学史大系(清中期至清末卷).北京:北京师范大学出版社,2000:135—138.

义,它"使幂级数的表示得以简化","在微积分传入中国之前有积极作用并在中国数学史上产生一定的影响"[1]。

四、夏鸾翔及其《夏氏算书》

夏鸾翔(1825—1864),字紫笙,钱塘人。[2] 他是清末著名数学家,中西数学融合的典型代表。夏鸾翔的父亲夏之盛(1792—1842),字松如,数次乡试落第,后诸生出身,与数学家谢家禾、戴煦为旧友,又经营当铺。鸾翔自幼受到良好的家庭教育,聪颖好学,酷爱诗歌和绘画。由于家庭的影响,鸾翔热心于功名,寄望于科举。他多次入试均落第,但仕进之心始终未改。

1845 年夏,经戴煦的介绍和引见,夏鸾翔拜项名达为师,开始系统地学习数学知识,同时也得到戴煦的指教。当时项名达正在任杭州紫阳书院主讲,并致力于写作《象数一原》,加之年老多病,未必能直接给夏鸾翔讲授大量内容。项名达传授给夏鸾翔的主要是传统数学和天文知识。但是,项氏治学严谨,见识广博,与学术界有许多联系,使夏鸾翔有机会了解最新数学知识,为其日后的研究打下了基础。1852—1856 年是夏鸾翔在数学研究上走向成熟的时期。他大量阅读前人著述,并以当时代表数学界最高水平的项名达、戴煦、徐有壬、李善兰为师友,终于迅速成长,后来居上,逐步达到了数学研究的前沿,提出了一些相当深刻的见解。

1857 年春,夏鸾翔以"输饷议叙"的方式得到了詹事府主簿的官职,这是他多年参加科举考试失败后为仕进所做的新努力。他乘船沿京杭大运河北上,行至江苏宿迁,因"胗唇伤足",数月不能行走。养伤期间,他深入思考积疑已久的求弦矢捷法问题,利用垛积—招差法取得重要突破,并创造了组合数学中有很大意义的"夏鸾翔数"。5 月成书,定名为《洞方术图解》,随即到达北京。1857 年夏至次年春,他在京任职,并由詹事府主簿迁光禄寺署正。1858 年春夏之交,他因母亲去世归家守制,从此再也没有回到北京。1858 年夏到 1860 年初,夏鸾翔名义上是居家守制,但是由于这一时期太平军在江浙一带的强大攻势,杭州四周战事迭起,并且杭州城也于 1860 年 3月被攻破,所以夏鸾翔不可能在家乡过平静的生活。1859—1861 年,他在清军中做军需工作。1859 年驻江苏长洲县(今属苏州),1860 年驻浙江平湖

〔1〕 李兆华.徐有壬.杜石然.中国古代科学家传记(下集).北京:科学出版社,1993:1193.

〔2〕 (清)诸可宝.畴人传三编.卷 5,夏鸾翔.上海:商务印书馆,1955:767.

县,1861 年驻江苏川沙厅(今上海浦东新区)。这一时期,正值徐有壬任江苏巡抚,他与夏鸾翔是老相识,又同在苏州,学术上必有交往。1860 年年初,李善兰又应徐有壬之邀至其府中为其幕宾,亦应见到夏鸾翔。至迟在此时,夏鸾翔应当见到了李善兰与伟烈亚力合译并于前一年刊刻完成的《代微积拾级》[1],这对他后期的数学研究产生了很大影响。

1860 年 4 月,太平军攻克苏州,徐有壬卒于战事之中。此前,李善兰已赴上海,夏鸾翔赴浙江平湖,戴煦却于 3 月在杭州随兄戴熙自尽。次年初夏,夏鸾翔辗转来到江苏川沙厅,度过端午。这时,他已系统掌握了项名达、戴煦、徐有壬、李善兰诸家之说,并通过《代微积拾级》接受了西方微积分思想,达到了融会贯通的程度,其《致曲术》与《致曲图解》大约完成于这一时期。

1859—1861 年的从军生活,使夏鸾翔深感战争的残酷。1861 年年底,太平军再克杭州,他的仕进之梦最终破灭。次年初,他辞去官职,携妻离开家乡,辗转安徽、江西到达广东。在颠沛流离中,夏鸾翔坚持数学研究,1862 年初春完成了数学杰作《万象一原》9 卷。大约在 1863 年初春之前,夏鸾翔已到达广州,不久便结识了邹伯奇和吴嘉善。由于夏鸾翔带去了自己的主要著作及戴煦的《求表捷术》和徐有壬的数学著作,因而得以与邹伯奇、吴嘉善一起探讨交流数学问题。1863 年 9 月,郭嵩焘(1818—1891)到广州任巡抚后,开始筹建舆图局和同文馆,并与当地学者建立了密切联系。筹建中的同文馆拟录取官学生 20 名,设西文与汉文教习各 1 名,分别聘请美国人谭顺(Theos Sampsom)和夏鸾翔担任。可惜夏鸾翔未及到任就去世了,年仅40 岁。卒后,邹伯奇委托吴嘉善搜求夏鸾翔遗书并汇刻出版。郭嵩焘知此计划后,决定出资刊刻,但未毕而郭氏被免职,其事遂辍。直到 1873 年邹氏后人刊刻《邹征君遗书》,附刻《夏氏算书》[2],此书才得以流传后世。

夏鸾翔天分极高,多才多艺,善诗文,有诗作传世,并旁及音韵、天文、卜筮、星命、篆刻等。他所著的《南北方音》5 卷是音韵学专著。此外,他还精于绘画。[3]

夏鸾翔在数学研究方面成书多种,《夏氏算书》4 种 5 卷,包括《少广缒凿》

---

〔1〕 关于 19 世纪 50 年代李善兰与英国传教士伟烈亚力合作翻译的西方数学著作《代微积拾级》,参见本书第二章第三节。

〔2〕 (清)夏鸾翔. 夏氏算书. 见:(清)邹伯奇. 邹征君遗书. 浙江图书馆藏清同治十二年(1873)刻本.

〔3〕 关于夏鸾翔的生平介绍,参见:刘洁民. 晚清著名数学家夏鸾翔. 中国科技史料,1986,7(4):27—32;刘洁民. 关于夏鸾翔的家世及生平. 中国科技史料,1990,11(4):47.

1卷(约成书于1850年)、《洞方术图解》2卷(1857)、《致曲术》和《致曲图解》各1卷(约成书于1860—1861年)。此外,尚有《万象一原》[1]9卷(1862)。

《少广缒凿》一书主要研究高次方程的解法。在夏氏之前,戴煦、项名达已经对开平方和开高次方有较多讨论,给出了迭代法。夏氏在其师长的基础上进一步给出14术,包括"开平方捷术"2术,"开诸乘方捷术"4术,"天元开诸乘方捷术"8术,其中对迭代法的认识和应用较前人更深刻、更明确。[2]

《洞方术图解》本意在于简化三角函数表的造表法。卷1为"演术",叙述三角函数造表法,包括术、数表和算例三部分。卷2为"图解",阐述演术的理论依据,分为图和数表、图解、算例三部分。该卷用招差、垛积、尖锥等方法研究贾宪数表,得到了一系列结果。其中,最重要的是通过求 x^n 的各阶差分,得到了一种被近人称为"夏鸾翔数"的计数函数以及它与 x^n 的关系,并用这种结果来求正弦和正矢的各阶差分[3],从而利用招差术简化了正弦表和正矢表的造法。[4]

在《致曲术》中,夏氏讨论了曲线的弧长、旋转体的表面积以及二次曲线的性质等问题。《致曲图解》则进一步对二次曲线进行研究并附以图解,论述了圆锥曲线与母面的关系、焦点、准线、焦距、切线、法线及双曲函数,其中许多概念和结果是《代微积拾级》等书中所没有的,特别是在连续性原理、直径概念的拓广、规线概念的提出以及双曲线等几个方面有所创新。在研究方法上,夏氏"将不同类型曲线的共同特征概括出来,用统一的、辩证的方法逐一进行考察",在中国数学史上具有独特意义。正如刘钝先生所言,"如果说《代微积拾级》是中国第一部介绍解析几何的著作的话,《致曲图解》则是中国最早触及到近世综合几何学的研究成果"[5]。

总之,夏鸾翔的数学研究工作,既包括对中国传统数学中的开方术、贾宪三角形和招差术的研究,也包括对西方传入的解析几何和微积分的研究。他的数学研究涉及内容广泛,使用方法灵巧独特,并获得了若干富有创造性

---

〔1〕 (清)夏鸾翔.万象一原.浙江图书馆藏清光绪二十年(1894)泉唐汪康年振绮堂刻本.

〔2〕 郭世荣.《夏氏算学》导读.李迪.中华传统数学文献精选导读.武汉:湖北教育出版社,1999:736—753.

〔3〕 参见:罗见今.徐、李、夏、华诸家的计数函数.杜石然.第三届国际中国科学史讨论会论文集.北京:科学出版社,1990:47—49.

〔4〕 郭世荣.《夏氏算学》导读.李迪.中华传统数学文献精选导读.武汉:湖北教育出版社,1999:736—753.

〔5〕 刘钝.夏鸾翔对圆锥曲线的综合研究.杜石然.第三届国际中国科学史讨论会论文集.北京:科学出版社,1990:18.

的成果。在西方近代变量数学传入中国之后,"数学在中国的发展呈现出中西融合的特征,夏氏的工作可为代表"[1],由此可见他在中国近代数学史上的重要地位。当然,他的这些成就的取得显然不是偶然的,与他良好的家庭教育、自身的努力、师友的指点和社会环境等因素密不可分。

第二节 李善兰及其数学研究工作

李善兰是晚清浙江著名的科学家、翻译家和教育家,也是中国近代科学史上的重要人物之一,在科学技术方面颇有贡献和影响,被誉为"中国近代科学的先驱者"[2]。综观他一生所从事的科学技术研究、翻译和著述工作,大体上可以分为三个阶段:第一阶段,从19世纪40年代开始延续到60年代初期,在中国传统科学及明末清初传入的西方科学技术知识的基础上,从事相关科学技术研究工作,侧重于数学和天文学问题的研究;第二阶段,从19世纪50年代中期开始到60年代初,主要致力于近代西方科学技术著作的翻译工作;第三阶段,从1868年起至1882年,主要从事算学教育工作,兼及相关科学研究工作。上述三个阶段虽然在时间上稍有重叠,但其工作的阶段性特点仍较为明显,因此我们将分别展开叙述。本章主要介绍李善兰的生平及其在第一阶段所做的天算研究工作。对于李善兰在另外两个阶段所做的科学工作,我们将分别在第二章、第三章和第四章中进行讨论。

[1] 李兆华.中国数学史大系(清中期至清末卷).北京:北京师范大学出版社,2000:198—200.

[2] 李善兰的科学活动跨越了道光、咸丰、同治和光绪四朝,而且在每个历史时期都做出了颇有影响的工作,在晚清浙江科技史和中国近代科技史上占有重要的地位。正因为李善兰在科学史上的重要地位,所以早已引起科学史界和历史学界的重视,并发表了一批重要的研究成果,我们将在讨论李善兰的具体科学工作时有所涉及。这里仅择要列出几种从总体上研究和介绍李善兰科学活动的论著:李俨.李善兰年谱.郭书春,刘钝.李俨钱宝琮科学史全集(第5卷).沈阳:辽宁教育出版社,1998:319—349;李迪.十九世纪中国数学家李善兰.中国科技史料,1982,3(3):15—21;王渝生.李善兰:中国近代科学的先驱者.自然辩证法通讯,1983,5(5):59—72;王渝生.李善兰研究.梅荣照.明清数学史论文集.南京:江苏教育出版社,1990:334—408;Horng Wanshen(洪万生).*Li Shanlan: The Impact of Western Mathematics in China during the Late 19th Century*. Unpublished dissertation submitted to the Graduate Faculty in History for the degree of Doctor in Philosophy, The City University of New York,1991;王渝生.中国近代科学的先驱——李善兰.北京:科学出版社,2000;杨自强.学贯中西——李善兰传.杭州:浙江人民出版社,2006.

一、李善兰的生平和著述

李善兰(1811—1882),原名心兰,字竟芳,号秋纫,别号壬叔,浙江海宁硖石镇人。诸生。从著名经学家陈奂(1786—1863)[1]受经,于算学"用心极深"[2]。他10岁时,"读书家塾,架上有古《九章》,窃取阅之,以为可不学而能,从此遂好算"[3]。由于李善兰对儒家经书日渐疏远而遭塾师训斥,他一怒之下,辞学而去,表示终身不再求科举仕进。后来,李善兰又继续读到《测圆海镜》、《勾股割圆记》等数学著作。这时,他读书已经不满足于记住各题的具体解法,而是着重于探求书中所阐述的解题总则。他读元代李冶(1192—1279)的《测圆海镜》,从书中列出的170个问题着手,去掌握列方程所使用的"天元术"。他说道:"道有一贯,艺亦有焉。《(测圆)海镜》每题皆有法有草。法者,本题之法也;草者,用立天元一曲折以求本题之法,及造法之法,法之源也。算术,大至躔离交食,细至米盐琐屑,法甚繁,已以立天元一演之,莫不能得其法。故立天元一者,算学中之一贯也。"[4]年过三十,李善兰在数学研究方面"所造渐深"[5],并开始著书立说。

1845年,李善兰寓居嘉兴陆费家,与顾观光、张文虎(1808—1885)、孙瀜等江浙名士等结交。[6]是年,他完成了《方圆阐幽》1卷、《弧矢启秘》2卷和《对数探源》2卷等三种有关幂级数研究的著作。同时,这一年还完成了《麟德术解》这部中国传统历法研究著作。

图 1-3 李善兰画像

〔1〕陈奂,清代著名经学家,字硕甫,号师竹,晚自号南园老人,江苏长洲人。先后师事江沅(1767—1838)、段玉裁(1735—1815),又曾问学高邮王念孙(1744—1832)、王引之(1766—1834)父子。著有《毛诗说》、《毛诗传义类》、《郑氏笺考征》以及《公羊逸礼考征》等,另有《三百堂文集》。

〔2〕(清)诸可宝.畴人传三编·卷6,李善兰.上海:商务印书馆,1955:835.

〔3〕(清)李善兰.则古昔斋算学,"自序".顾廷龙,傅璇琮.续修四库全书(第1047册).上海:上海古籍出版社,1995:469.

〔4〕徐世昌等.沈芝盈,梁运华点校.清儒学案(第七册).北京:中华书局,2008:6775.

〔5〕(清)李善兰.则古昔斋算学,"自序".顾廷龙,傅璇琮.续修四库全书(第1047册).上海:上海古籍出版社,1995:469.

〔6〕李俨.李善兰年谱.中算史论丛(第四集),1955.郭书春,刘钝.李俨钱宝琮科学史全集(第5卷).沈阳:辽宁教育出版社,1998:326.

1852 年五月，李善兰来到上海，结识了正在墨海书馆从事译书活动的英国传教士伟烈亚力、艾约瑟等，并与他们合作，共同翻译介绍西方科学技术著作。此后近十年间，他们先后翻译了《几何原本》（后 9卷）、《重学》（20 卷）、《植物学》（8卷）、《代数学》（13 卷）、《代微积拾级》（18 卷）、《谈天》（18 卷）、《数理

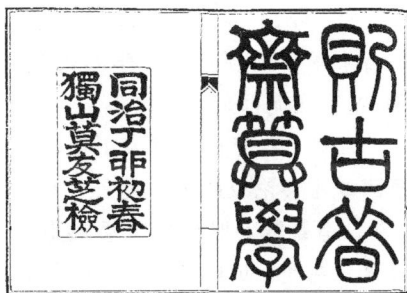

图 1-4　李善兰《则古昔斋算学》书影

格致》（牛顿《自然哲学的数学原理》节译稿本）等数学、力学、天文学及植物学著作，为推进中国近代科技的发展作出了重要的贡献。

　　1860 年初，李善兰应时任江苏巡抚的数学家徐有壬之聘，到苏州抚署充当幕宾。四月，太平天国军攻克苏州，徐有壬兵败被杀，李善兰只得避居上海。1863 年，李善兰应邀携治算好友张斯桂（1817—1888）和张文虎往安庆，入曾国藩（1811—1872）军营。在此期间，李善兰和华蘅芳（1834—1902）、徐寿（1818—1884）等人共同在安庆内军械所设计了"黄鹄"号小火轮船。次年，又随曾国藩迁至南京，住朝天宫飞霞阁的书局内，准备刻印《则古昔斋算学》。[1]

　　1867 年，李善兰在南京刻成《则古昔斋算学》[2]，汇集其已撰写的天算著作 13 种 24 卷，内有《方圆阐幽》1 卷（1851 年刻）、《弧矢启秘》2 卷（1851年刻）、《对数探源》2 卷（1850 年刻）、《垛积比类》4 卷、《四元解》2 卷（成于1845 年）、《麟德术解》3 卷（成于 1848 年）、《椭圆正术解》2 卷、《椭圆新术》1卷、《椭圆拾遗》3 卷、《火器真诀》1 卷（成于 1858 年）、《对数尖锥变法解》1卷、《级数回求》1 卷和《天算或问》1 卷。《则古昔斋算学》是李善兰的代表作。它集中国传统历算之大成，融中西历算为一体，可以说代表了当时中国历算研究的最高水平。

　　1868 年，李善兰由南京至上海江南制造局翻译馆译书，与英国传教士傅兰雅（John Fryer，1839—1928）合作续译牛顿《自然哲学的数学原

　　〔1〕　李俨.李善兰年谱.中算史论丛（第四集），1955.郭书春，刘钝.李俨钱宝琮科学史全集（第 5 卷）.沈阳:辽宁教育出版社，1998:338.

　　〔2〕　(清)李善兰.则古昔斋算学.顾廷龙，傅璇琮.续修四库全书（第 1047 册）.上海:上海古籍出版社，1995:469—666.

理》。[1] 年内,由郭嵩焘荐举,被召入京,任同文馆算学总教习。[2] 同文馆是清末最早的新式洋务学堂,创立于1862年。李善兰在同文馆执教十多年,先后课徒百余人。

1872年,李善兰发表了他在数论研究方面的成果《考数根法》,我们在第四章还会论及此书。此外,李善兰的《九容数表》(七页)、《测圆海镜解》1卷、《造整数勾股级数法》2卷等著述,大概也是他在北京同文馆担任算学总教习期间完成的。此间,他还为丁取忠《粟布演草》(1871)作法表图解,为华蘅芳《开方别术》(1872)、德国传教士花之安(Ernst Faber,1839—1899)《泰西学校论略》(1873)等书作序,积极推荐学术著作,热心扶持青年学者。[3]

1874年,清廷赐李善兰户部主事衔,加六品卿员外衔,1876年升员外郎(五品卿衔),1879年加四品卿衔,1882年授三品卿衔户部正郎、广东司行走、总理各国事务衙门章京。虽然李善兰在京师"声誉益噪",但是,他却对官职淡然置之,在晚年仍孜孜不倦从事科学研究与科学教育和传播工作,并埋头潜心进行学术著述。就在1882年去世前几个月,他还手著《级数勾股》二卷,这种"老而勤学如此"的精神着实令人感佩不已。[4]

下面,我们结合科学史界已有相关研究成果,对李善兰《则古昔斋算学》中的两项主要数学成就予以介绍。

二、李善兰的尖锥术

19世纪40年代,坐标几何和微积分等近代数学尚未传入中国,李善兰根据传统数学方法独辟蹊径,在《弧矢启秘》、《方圆阐幽》、《对数探源》中创立"尖锥术"[5],具有解析几何概念,获得若干重要积分公式,以及一些三角函数、反三角函数、对数函数和平方根的幂级数展开式,这是他对传统数学

〔1〕 李俨.李善兰年谱.中算史论丛(第四集),1955.郭书春,刘钝.李俨钱宝琮科学史全集(第8卷).沈阳:辽宁教育出版社,1998:347.

〔2〕 关于李善兰入京时间的考证,参见:李俨.李善兰年谱.郭书春,刘钝.李俨钱宝琮科学史全集(第8卷).沈阳:辽宁教育出版社,1998:341—342.

〔3〕 杨勇刚,王少普.李善兰.沈渭滨.近代中国科学家.上海:上海人民出版社,1988:123—124.

〔4〕 参见:王渝生.李善兰.杜石然.中国古代科学家传记(下集).北京:科学出版社,1993:1213.

〔5〕 王渝生.李善兰的尖锥术.自然科学史研究,1983,2(3):266—288.

的最大贡献。[1] 他得出二项平方根展开式和 π 的无穷级数数值：

$$\sqrt{1-x^2} = 1 - \sum_{n=1}^{\infty} \frac{(2n-3)!!}{(2n)!!} x^{2n}$$

$$\frac{\pi}{4} = 1 - \sum_{n=1}^{\infty} \frac{(2n-3)!!}{(2n+1)(2n)!!}$$

他利用方内圆外的"截积"与尖锥合积的关系,得到反正弦的幂级数展开式：

$$\alpha = \sin\alpha + \sum_{n=1}^{\infty} \frac{(2n-1)!!}{(2n+1)(2n)!!} \sin^{2n+1}\alpha$$

用直除、还原等法获诸多三角函数和反三角函数的幂级数展开式,其中正切、正割、反正切、反正割的幂级数展开式在中算为独立获得。他还获得了对数级数展开式。[2]

尖锥面是处理代数问题的一种几何模型,尖锥求积术实质上就是幂函数的定积分公式和逐项积分法则：

$$\int_0^h ax^n \mathrm{d}x = \frac{ah^{n+1}}{n+1}$$

$$\sum_{n=1}^{\infty} \left(\int_0^h a_n x^n \mathrm{d}x \right) = \int_0^h \left(\sum_{n=1}^{\infty} a_n x^n \right) \mathrm{d}x$$

尖锥术可以作为解析几何和微积分的生长点,因而,传统数学也可能以自己特有的方式走上近代数学的道路。但几年之后,1852 年,李善兰便接触到西方传来大量解析几何和微积分,并进行翻译。中算没有独立发展的机会,晚清后期逐渐汇入世界数学的洪流中。

三、李善兰的垛积术

李善兰《垛积比类》一书系统总结了中国古代数学中的垛积术。著名数学史家钱宝琮(1892—1974)先生认为,该书是"从朱世杰《四元玉鉴》(1303

---

〔1〕 罗见今,王淼,张升. 晚清浙江数学家群体之研究. 哈尔滨工业大学学报(社会科学版),2010,12(3):1—11.

〔2〕 李善兰用尖锥求积求对数备受中外学者赞誉。英国汉学家、伦敦传道会传教士伟烈亚力说:"倘若李善兰生于纳皮尔(J. Napier)、布里格斯(H. Briggs)之时,则仅此一端即可名闻于世。"清代数学家、天文学家、医学家顾观光在《算剩余稿》中指出李善兰求对数法比西法更为简捷。参见:Wylie, Alexander. Chinese Researches. Shanghai,1897:194;罗见今,王淼,张升. 晚清浙江数学家群体之研究. 哈尔滨工业大学学报(社会科学报),2010,12(3):9.

年)以来讨论高阶等差级数求和的最优秀的著作"[1]。

堆积、招差即和分、差分，互为逆运算，在数学的离散阶段用以解决多项式、有限级数的问题；发展到连续阶段，即成为积分和微分。堆积术可视为高阶等差级数求和；现代亦可归为离散数学的组合计数。因此，在李氏的诸多工作中，《垛积比类》的成就至今具有现代意义。[2]

在元代数学家朱世杰(1249—1314)《算学启蒙》、《四元玉鉴》之后，垛积问题分别为清代数学家陈世仁(1676—1722)、汪莱(1768—1813)、董祐诚等继续研究，各有发挥。李善兰集前人之大成，发扬创新，撰《垛积比类》，三角垛和三角变垛包含落一形、岚峰形两类；又创三角自乘垛和乘方垛两类新的垛积，其求和公式分别为：

$$\sum_{k=1}^{n}\binom{k+p-1}{p}^2 = \sum_{q-0}^{p}\binom{p}{q}^2\binom{n+2p-q}{2p+1}$$
$$\sum_{r=1}^{n}r^m = \sum_{k=0}^{m-1}L_k^{m-1}\binom{n+k}{m+1}$$

其中，L_k^m 被数学家章用(1911—1939)称为"李氏数"，实际上是历史上有名的"欧拉数"，它的定义和性质由李善兰独创，与日本学者松永良弼(Matsunaga Yoshisuke,1692? —1744)的同类结果也不相同：

$$L_k^m = (k+1)L_k^{m-1} + (m-k+1)L_{k-1}^{m-1}, \sum_{k=0}^{m}L_k^m = (m+1)!$$

三角自乘垛的一个特例，是被称作"李善兰恒等式"的组合公式：

$$\binom{n+p}{p}^2 = \sum_{q=0}^{p}\binom{p}{q}^2\binom{n+2p-q}{2p}$$

乘方垛积计算相当于求自然数幂和，是通向微积分学的基本公式(幂函数定积分公式)的阶梯。他创造了尖锥求积术公式，正是源于传统数学中的垛积术和极限方法。

早在 20 世纪 30 年代，章士钊(1881—1973)之子、浙江大学数学系教授

〔1〕 钱宝琮.中国数学史.郭书春,刘钝.李俨钱宝琮科学史全集(第 5 卷).沈阳:辽宁教育出版社,1998:363.

〔2〕 关于李善兰的垛积术,数学史界多有研究和介绍,参见:罗见今.《垛积比类》内容分析.内蒙古师范学院学报(自然科学版),1982(1):95—105;罗见今.李善兰的《垛积比类》是早期组合数学的杰作.李迪.数学史研究文集(第三辑).呼和浩特:内蒙古大学出版社,台北:九章出版社,1992:90—99;王渝生.中国近代科学的先驱——李善兰.北京:科学出版社,2000:29—32;Martzloff,Jean-Claude (translator Stephen S. Wilson). A History of Chinese Mathematics. Berlin: Springer,2006:341—351.罗见今,王淼,张升.晚清浙江数学家群体之研究.哈尔滨工业大学学报(社会科学版),2010,12(3):1—11.

章用就注意到了《垛积比类》中"李善兰恒等式"的重要意义并给出了证明。[1] 从此,"李善兰恒等式"引起了数学界和数学史界的兴趣,匈牙利人图兰·帕尔(Turan Bal)等人以及华罗庚(1910—1985)等都研究并给出过证明。[2]

关于李善兰《垛积比类》的成书年代,由于其被收在《则古昔斋算学》之中,所以没有明确予以注出。不过,从李善兰的《垛积比类》"序"[3]可以看出,这部著作是在他翻译西方代数、微积分著作之后成书的。但是,李善兰并未将符号代数表达式引入垛积术之中,而是以传统天元术进行计算,并沿袭了中国古代数学著作的写作方式[4],由此可见他的垛积研究尚未受到西方符号代数学的影响。因此,有学者推断,《垛积比类》中的大部分工作可能在李善兰于1859年翻译出版《代数学》和《代微积拾级》之前就已经完成了。[5]

---

〔1〕　章用.《垛积比类》疏证.科学,1939,23(11):647—663.

〔2〕　参见:严敦杰.李善兰恒等式.梅荣照.明清数学史论文集.南京:江苏教育出版社,1990:409—420;罗见今.李善兰恒等式的导出.内蒙古师范学院学报(自然科学版),1982(2):42—51;王渝生.李善兰:中国近代科学的先驱者.自然辩证法通讯,1983,5(5):67—68;李迪.中国数学通史(明清卷).南京:江苏教育出版社,2004:437.

〔3〕　李善兰在《垛积比类》"序"中写道:"垛积为少广一支,而元郭太使以步躔离,近汪氏孝婴以释递兼,董氏方立以推测割圆,西人代数、微分中所有级数大半皆是,其用亦广矣哉。"见:(清)李善兰.则古昔斋算学·垛积比类,卷1.顾廷龙,傅璇琮.续修四库全书(第1047册).上海:上海古籍出版社,1995:500.这里,"西人代数、微积分"即指李善兰于1859年完成翻译的《代数学》和《代微积拾级》中介绍的西方代数学和微积分知识。"郭太使"指元代科学家、水利专家和仪器制造专家郭守敬(1231—1316),元代《授时历》主要编撰者之一。"汪氏孝婴"指清代数学家汪莱,字孝婴,号衡斋,安徽歙县人,主要数学著作为《衡斋算学》。"董氏方立"指数学家董祐诚(字方立),主要著作为《董方立遗书》。

〔4〕　李善兰在《垛积比类》"序"中曾言及,他的垛积研究是建立在朱世杰(1249—1314)《四元玉鉴》等以及汪莱、董祐诚等中算家工作基础之上的:"(垛积术)顾历来算书中不恒见,惟元朱氏《玉鉴》、《茭草行段》、《如象招数》、《果垛叠藏》诸门为垛积术,然其意在发明天元一,故言之不详,亦无条理。汪氏、董氏之书有条理矣,然一但言三角垛,一但言四角垛,余皆不及,则亦不备。今所述有表、有图、有法,分条别派详细言之,欲令习算家知垛积之术,于九章外,别立一帜,其说自善兰始。"见:(清)李善兰.则古昔斋算学·垛积比类,卷1.顾廷龙,傅璇琮.续修四库全书(第1047册).上海:上海古籍出版社,1995:500.另外,从其所著《垛积比类》中的三角垛求和公式及其他公式均未给出严格逻辑证明这一点,也可以看出李善兰是采用中国传统数学方法研究垛积术的。参见:田淼.中国数学的西化历程.济南:山东教育出版社,2005:347.

〔5〕　田淼.中国数学的西化历程.济南:山东教育出版社,2005:359.

第三节　汪曰桢、徐有壬和李善兰的天文历法研究

道咸年间,浙江一些学者对天文历法问题进行了研究。研究的内容既涉及中国传统历法问题,也涉及 18 世纪中叶传到中国的西方天文学问题,如开普勒方程的解法问题。本节围绕这些工作进行专门探讨。

一、汪曰桢及其《历代长术辑要》

汪曰桢(1812—1881),字刚木,又字仲维,号谢城,又号薪甫,乌程人。咸丰二年(1852)中举人,后官至会稽县学教谕。[1] 汪氏祖籍乌程,世代为官,优于文学。曾祖父汪曾裕,任中书舍人。曾祖母金顺,有名的闺阁诗人,著有《传书楼诗稿》,还善于绘画。祖父汪尚人,曾任候选主事,力学笃行,尤擅诗文,著有《四勿斋吟稿》。父亲汪延泽,字润之,号让庭,又号酉山,候选批验所大使,早逝。母亲赵棻,字仪姞,又字婉卿、子逸,号次鸿,晚号善约老人,江苏上海县人,侍郎赵秉冲之女,14 岁开始学唐诗,后精古文及骈体文,博识多才,秉性不凡,著有《滤月轩诗集》7 卷。她是儿子的慈母兼良师。汪曰桢后来的成就,与母亲的教育关系甚为密切。[2] 汪曰桢还与李善兰等历算家相善,共同讨论历算问题。

汪曰桢精于经史和历算之学,尤其擅长古今推步诸术的研究和历史年代学的工作。他致力于史日推步的研究,在一定程度上是由于受到乾嘉考据学风的影响。乾嘉时期著名学者钱大昕(1728—1804)和钱侗(1778—1815),在传统历法推步和历日推算上都有过重要的工作,而他们的工作又是受到宋代学者刘羲叟的历史年代学工作的影响而做出的。因而,我们从刘羲叟谈起。

刘羲叟(1015—1060),字仲更,山西晋城人,精算术,兼通大衍诸术,专修《唐史》中的律历、天文五行等志。刘羲叟"遍通前代步法,上起汉元,下迄五代,为《长术》。于是气、朔及闰,一一可考,有功于史学甚钜"[3]。他的《长术》一书已佚,但是这部著作的主要推算结果仍可见于宋代司马光所编

---

〔1〕　(清)诸可宝.畴人传三编·卷 6,汪曰桢.上海:商务印书馆,1955:823—825.

〔2〕　于伯铭.汪曰桢.沈渭滨.近代中国科学家.上海:上海人民出版社,1988:125—126.

〔3〕　(清)阮元.畴人传·卷 20,刘羲叟.上海:商务印书馆,1955:243.

纂的《通鉴目录》之中。[1] 据《畴人传》记载，"嘉定钱少詹大昕辑《辽宋金元四史朔闰考》，盖以续（刘）羲叟《长术》也"[2]。钱大昕"因元修《辽史·天文志》有闰考、朔考，爰仿其例"而编撰此书。钱大昕完成了该书的大部分工作，后由其侄子钱侗（字同人，嘉庆十五年举人）续而成书。钱侗"更取正杂诸史，复加编次。证以群书、金石中之有关于四朝者，参互考订，凡书数百种，金石二千通，翻阅厘补"[3]。这是一项十分重要的历史年代学工作，它的基础是对辽、宋、金、元四代所颁用的历法有充分和准确的了解，尤其是历法中的气、朔推算部分，同时也涉及对四代相关历日资料的研究与证认，因而可以说是一项"关于历学与史学的综合性工作"[4]。

汪曰桢就是在刘羲叟以及钱大昕和钱侗的工作影响下从事历史年代学工作的。对此，其母赵棻十分赞赏和支持，曾为其预定名为《二十四史月日考》的著作作序："读史而考及于月日干支，小事也，然亦难事也。欲知月日，必求朔闰；欲求朔闰，必明推步。宋刘仲更羲叟遍通前代步法，撰《刘氏辑术》。自汉初迄五季千余年朔闰灿然，足资考索。惜乎辑术全书久佚，仅存于《通鉴目录》。而《通鉴目录》又仅存明人刊本，脱伪不少。且自宋迄明又六百余年，未有续撰。长术继冲更而起者，盖其事甚小，为之则难。不知推步者，欲为之而不能为，知推步者能为之不屑为也。儿子曰桢性好学史，又喜习算，尝有志于此，遍考当时行用之本术，如法推步，得其朔闰。凡仲更（刘羲叟）所推，悉为算校，正其伪，补其缺，并续推宋以后之长术。又取二十四史所载月日一一稽其合否，证以群书，略加考辨。其布算检阅，始于丙申（1836）之夏，期以二十载之功，毕成全史。"[5] 由此可知，汪曰桢从 1836 年起致力于历史年代学研究工作。历二十余载，到 1862 年夏，汪曰桢在综合前人成果和自己演算研究的基础上，撰成《二十四史月日考》50 卷，附《古今推步诸术考》2 卷、《甲子纪元表》1 卷，总计 53 卷。[6]

1866 年夏，汪曰桢友人、贵州独山莫友芝（1811—1871）见到《二十四史月日考》后，认为"此书为人之所不为，可以专门名家"，但是，"惜其卷帙过

〔1〕 黄一农.中国史历表朔闰订正举隅——以唐《麟德历》行用时期为例.汉学研究，1992，10(2)：281.

〔2〕 （清）阮元.畴人传·卷 20，刘羲叟.上海：商务印书馆，1955：243.

〔3〕 （清）阮元.畴人传·卷 49，钱大昕.上海：商务印书馆，1955：646.

〔4〕 陈美东.中国科学技术史（天文学卷）.北京：科学出版社，2003：732.

〔5〕 （清）汪曰桢.历代长术辑要·术首.浙江图书馆藏乌程汪曰桢会稽学署清光绪四年（1878）刻本：5.

〔6〕 （清）诸可宝.畴人传三编·卷 6，汪曰桢.上海：商务印书馆，1955：823.

繁,宜别为简要之本,庶便于誊写刊刻"[1]。汪曰桢听取了友人的建议,历时一年,"删复就简,仿《通鉴目录》,专载朔闰,又取群书所见朔闰不合者,缀于每年之末"[2],编为《历代长术辑要》10卷。《古今推步诸术考》二卷为"推步之凡例",仍附于书后。[3] 这一简本在光绪四年(1878)左右刊行。

总体来看,《历代长术辑要》主要包括如下三项重要的工作:一是具体给出了上起西周共和元年(公元前841),下迄清康熙九年(1670)[4]凡2511年每年的气、朔、闰的安排,略如万年历书之式;二是较为系统地对从古六历到《历象考成后编》(汪曰桢称之为"噶西尼术")"著于录者凡一百四十六家"历法,包括这些历法的编撰者、制定年代和行用年代,并尽可能列出各历法的历元和朔望月、回归年长度等基本天文常数,这是汪曰桢据以推步获得历代气、朔、闰等数据的基础;三是核之正史,"证以群书",加以考辨,对所见朔闰不合者"缀于每年之末",因为他已经认识到,由于各种政治的、人为的因素,而可能导致实际颁布的历日当中,会存在并未依据历法推步结果的情况。

从以上三方面的内容来看,汪曰桢编撰《历代长术辑要》的工作量是非常大的。这里可以举一个具体个例来说明,即麟德二年(665)的历日安排问题。按照《新唐书·历志》记载,《麟德历》从麟德二年开始行用。[5] 最初,汪曰桢是按照《麟德历》推步麟德二年的历日安排的。但是,考校《通鉴目录》和《本纪》等文献中记录的该年实际行用朔闰后,他发现推算结果与实际行用朔闰存在差异,引起疑问并致书友人李善兰请教此事。这封书信的内容被李善兰记载下来:"《通鉴目录》麟德二年闰三月壬申朔,四月壬寅朔小

---

〔1〕 (清)汪曰桢.历代长术辑要·术首.浙江图书馆藏乌程汪曰桢会稽学署清光绪四年(1878)刻本:2.

〔2〕 (清)汪曰桢.历代长术辑要·术首.浙江图书馆藏乌程汪曰桢会稽学署清光绪四年(1878)刻本:2—3.

〔3〕 (清)汪曰桢.历代长术辑要(附《古今推步诸术考》).浙江大学图书馆藏1927年中华书局聚珍版.

〔4〕 关于汪曰桢《历代长术辑要》历日迄于康熙九年(1670)的原因,台湾新竹"清华大学"黄一农教授进行过深入分析,"由于'历狱'的平反,故自康熙九年起复用西洋新法以定气、定朔推历,而十年以后的朔闰均见于官方刊行的《万年历》,此故汪曰桢的推步止于康熙九年"。见:黄一农.中国史历表朔闰订正举隅——以唐《麟德历》行用时期为例.汉学研究,1992,10(2):282.另参见:黄一农.清初钦天监中各民族天文家的权力起伏.新史学,1991,2(2):75—108.

〔5〕 对于麟德二年历日安排所依据的历法问题,在刘羲叟所编的《新唐书·历志》和《长历》中即自相矛盾,分别记载麟德二年历日乃依麟德术及戊寅术人算。后世学者多以《新唐书·历志》记述为准,即认为《麟德历》的行用始于麟德二年(665),直到1992年黄一农先生才明确指出,实际上《麟德历》是从麟德三年正式行用的,麟德二年仍用《戊寅历》入算,并提供了可靠的计算结果和文献证据。参见:黄一农.中国史历表朔闰订正举隅——以唐《麟德历》行用时期为例.汉学研究,1992,10(2):279—306.

满。《本纪》云:闰三月癸酉日有食之,癸酉乃二日,故不书朔。余友汪君谢城方撰《二十四史月日考》,以本术推得辛丑小满,疑之,移书问余,余既为布细草如右。"〔1〕这里,汪曰桢书信中提到的麟德二年(665)小满所在日的问题是历史年代学中的一个重要问题,而且它还直接涉及该年闰在三月还是闰在四月的问题。

据刘金沂和赵澄秋还原的麟德术法推算,麟德二年小满确在辛丑日,且该年应当闰四月〔2〕,这一点证实了汪曰桢按照《麟德历》入算的结果是十分准确的。不过,我们看到,他并未就此相信自己推算历日的结果并写进自己的《二十四史月日考》之中,而是与《通鉴目录》和《本纪》等文献中的记录认真校核,发现与实际行用历日不合的问题并与李善兰进行探讨。这个问题的提出引发了李善兰对《麟德历》进行研究。结果表明,汪曰桢与李善兰在麟德二年置闰的解释上存在分歧。汪曰桢最终主张麟德二年历日应仍是以《戊寅历》推算,翌年起正式采用《麟德历》,而李善兰则因循《新唐书》之说,认为该年已行用《麟德历》,并认为"是年闰三月实四月,四月实闰四月",置闰三月乃是因唐人避忌所致。〔3〕据黄一农教授的研究和推算结果,"麟德二年所用的纪日与《戊寅历》完全吻合,故当年置闰于三月实非避忌所致,李善兰或因不曾推求全年的气朔,以致有此曲解"〔4〕。这也说明汪曰桢最终将麟德二年判断为用《戊寅历》入算是准确的,而计算基础的准确为历日安排的计算提供了可靠的依据,否则就会成为空中楼阁。我们从史籍记载上看到,对于麟德二年历日安排所依据的历法问题,汪曰桢经历了一次思想上的转向过程,即从最初相信《新唐书》而以《麟德历》入算,到与实际行用历日比较发现问题以后转向认识到应当用《戊寅历》入算,这次转向的实现需要进行大量的计算和考校工作。这只是其中一个很小的个例,但是可以说明汪曰桢进行年代学研究的工作量的确非同小可。

汪曰桢几乎是尽其一生之力来从事这项十分艰深的历史年代学工作的,他的动力大概来自这样一种理念,即提供一部准确的年代学工具书对研

〔1〕 (清)李善兰.则古昔斋算学.顾廷龙,傅璇琮.续修四库全书(第1047册).上海:上海古籍出版社,1995:596.

〔2〕 刘金沂,赵澄秋.《麟德历》定朔计算法.中国天文学史文集(第三集).北京:科学出版社,1984:38—88.

〔3〕 黄一农.中国史历表朔闰订正举隅——以唐《麟德历》行用时期为例.汉学研究,1992,10(2):285.

〔4〕 黄一农.中国史历表朔闰订正举隅——以唐《麟德历》行用时期为例.汉学研究,1992,10(2):287.

史资治来说是非常之重要的工作。正如其母赵棻在《二十四史月日考》"序"中转述汪曰桢所言:"史学所以资治,其本在深察夫兴衰治忽之大端。徒考核于典章名物,已为末务,月日干支,抑末之末也。虽然,月日淆乱,则事迹之先后不明,而兴衰治忽之故,将欲察而无由矣。"[1]正是这种将编考历法视为研史资治的必要工具的思想,为他终身致力于此项工作提供了不竭的动力。

《历代长术辑要》长期受到学界高度评价,这是对汪曰桢付出一生心血的最好回馈。光绪三年(1877),俞樾在为《历代长术辑要》所作序言中写道:"余于是书虽无能赞一辞,然其用力之勤,用意之精,则固深知之,故不辞而书数语于简端,既喜其书之成,又冀其书之流布于世,为读史者一助也。"[2]光绪四年(1878),浙江巡抚梅启照(1826—1894)在序言中评价道:"汪君《辑要》所采证以书籍数百种,不惮七难,殚精毕虑,几三十年于步算,可谓劳矣,于读书可谓博矣,使读史者家置一编,举二千五百余年之月日厘然具见。"[3]清人诸可宝(1845—1903)在《畴人传三编》中对汪曰桢的工作给予赞扬。他写道[4]:"从未有互证旁通、殚精毕虑,贯穿全史为一编,如汪教谕(汪曰桢)之作者。案其搜采罗书逾数百部,致力几三十年,可谓博且老矣。使读史者举二千五百余年之月日,厘然俱见;治历者合百四十六家之用数,悉有钩稽,其津逮后学为何如耶? 昔梅勿庵氏有言,一生勤苦皆为人用者,教谕之谓也。"《四部备要书目提要》编写者也对《历代长术辑要》给予了很高的评价,汪氏此书"较之刘羲叟《刘氏辑术》、清钱同人(钱侗)《四史朔闰考》,其精深博大实有过之而无不及焉"[5]。钱宝琮先生对汪曰桢的这部专著评价颇高,他在《浙江畴人著述记》中指出[6]:"(汪)曰桢此书,可谓集史日推算之大成,而为黄伯禄教士之《中西朔日对照表》、陈垣《二十史朔闰表》二书之先导。"黄一农教授在对现今学界通行的各历表中所记《麟德历》行用期间(666—728)的内容进行分析后指出,陈垣所著的《二十史朔闰表》、薛仲三与

〔1〕(清)汪曰桢.历代长术辑要·术首.浙江图书馆藏乌程汪曰桢会稽学署清光绪四年(1878)刻本:5.

〔2〕(清)汪曰桢.历代长术辑要·术首.浙江图书馆藏乌程汪曰桢会稽学署清光绪四年(1878)刻本:2.

〔3〕(清)汪曰桢.历代长术辑要·术首.浙江图书馆藏乌程汪曰桢会稽学署清光绪四年(1878)刻本:2.

〔4〕(清)诸可宝.畴人传三编·卷6,汪曰桢.上海:商务印书馆,1955:826.

〔5〕"中华书局"编辑部.四库备要书目提要,"子部".台北:"中华书局",1988:71.

〔6〕钱宝琮.浙江畴人著述记.郭书春,刘钝.李俨钱宝琮科学史全集(第9卷).沈阳:辽宁教育出版社,1998:291.

欧阳颐合编的《两千年中西历对照表》、董作宾的《中国年历总谱》以及日本平冈武夫的《唐代の暦》等较常用的历表至少在《麟德历》行用期间"似乎多是直接抄录汪曰桢推步的结果"[1]。在此文中，黄一农教授也对汪曰桢基于历法推步并参校史籍或碑刻纪日资料的治学方法给予了充分肯定[2]："汪曰桢在其《长术辑要》(即《历代长术辑要》)一书中，虽以推步为主，但在每年朔闰之后，往往亦辑录其在史籍或碑刻中所见不合的纪日资料。陈垣的《二十史朔闰表》中，亦附注有类似记述，但其索引多仅限于正史的纪或志，而此均可以在汪氏书中直接引录。至于稍后各家所编的历表中，则完全忽略了推步与实际行用朔闰间可能的差异，而将《长术辑要》一书中所推的朔闰视为一查考史日的绝对标准。"

不过，由于编制历日年表是一项难度很大的工作，既涉及对历法本身的理解和掌握问题，又涉及社会政治、文化等方面因素的影响，所以汪曰桢的《历代长术辑要》中也难免有所疏漏。黄一农先生考校碑刻文献中尚存的纪日资料并结合利用电脑回推麟德术行用期间的朔闰，发现在汪曰桢《历代长术辑要》基础上编撰的历表中若干朔日干支可能有误。[3] 另外，《中国天文学史》指出，"由于汉初以前的历法当时掌握得还很不够，《历代长术辑要》在这段时间上还有不少问题"[4]。但是，汪曰桢的任难精神和严谨治学态度至为可贵，值得赞扬。尤为重要的是，他的天文历法研究工作不拘泥于对历法本身的解读，还将历法研究推到应用的层面，致力于历史年代学这一"吾识其小而人得识其大"的工作，即令在今天看来仍然具有重要意义。

二、徐有壬的天文历法研究

徐有壬的数学研究工作，我们在本章第一节中已作过介绍，这里简要叙述他在天文历法研究方面的工作。

道光九年(1829)至道光二十三年(1843)，徐有壬在朝廷做司官的 15 年间，因官职清闲，遂得以有条件从事天文历算研究并开始著书立说。在他流

---

　　[1]　黄一农.中国史历表朔闰订正举隅——以唐《麟德历》行用时期为例.汉学研究,1992,10(2):281.

　　[2]　黄一农.中国史历表朔闰订正举隅——以唐《麟德历》行用时期为例.汉学研究,1992,10(2):282.

　　[3]　黄一农.中国史历表朔闰订正举隅——以唐《麟德历》行用时期为例.汉学研究,1992,10(2):279—306.

　　[4]　中国天文学史整理研究小组.中国天文学史.北京:科学出版社,1981:239.

传下来的著述中,涉及天文历法工作的共三部,即《椭圆正术》1 卷、《表算日食三差》1 卷以及《朔食九服里差》3 卷。据考证,仅知他的这三部天文历法著作成书于 1855 年之前,具体成书年代则未见明确记载。[1]

《椭圆正术》[2]这部著作涉及近代天文学上著名的开普勒方程的解法问题,而这个问题的提出是与当时我国的天文学背景密切相关的。

我国从明末清初开始引进西方天文学体系。无论明末编成的《崇祯历书》还是康熙年间编纂的《历象考成》,都采用了第谷(Tycho Brahe,1546—1601)的宇宙体系。但是,自第谷之后的 200 年间,西方天文学在观测、理论方面已有长足的进步,雍正年间用第谷的方法推算日食已不太准确。于是,有重新修订《历象考成》之议。到乾隆七年(1742),钦天监西洋监正戴进贤(Ignatius Kögler,1680—1746,德国传教士)和监副徐懋德(André Pereira,1689—1743,葡萄牙传教士)与汉人梅毂成、何国宗和蒙古族天算家明安图等负责考测推算的《历象考成后编》(以下简称《后编》)最终完成。[3] 书中采纳了开普勒(Johannes Kepler,1571—1630)的行星运动第一、第二定律,即椭圆轨道定律和等面积定律。不过,书中却把这些定律中的日地关系颠倒了,即以地球为中心,而太阳沿着椭圆轨道绕地球旋转,这实际上是对地心说的维护。从此以后直到西方天文学在清末再次传入为止,《历象考成》及其《后编》在中国并行不悖,第谷体系与椭圆轨道体系同步海内,造成了很大的思想混乱。[4] 如果从天文学内涵来看,《后编》所使用的椭圆面积定律与开普勒第二定律有本质区别,但是从纯数学计算角度来看,对于计算太阳周年视运动来说则没有明显区别,而且《后编》的处理方式显得更加自然。[5] 既然椭圆面积定律已经被介绍进来了,那么自然涉及如何求解的问题。按照椭圆轨道运动理论,平近点角(M)与真近点角(v)之间互求的关键是求解开普勒方程:$M = E - e\sin E$。其中,E 为偏近点角("借积角"),e 为轨道偏心率。由于开普勒方程是一个超越方程,难以精确求解,所以开普勒之后,接受椭圆假说的许多西方天文学家致力于从几何上构建开普勒第二

〔1〕 李兆华. 徐有壬. 杜石然. 中国古代科学家传记(下集). 北京:科学出版社,1993:1190—1191.

〔2〕 (清)徐有壬. 椭圆正术. 浙江图书馆藏清光绪九年(1883)归安姚觐元咫进斋刻本.

〔3〕 韩琦. 戴进贤. 杜石然. 中国古代科学家传记(下集). 北京:科学出版社,1993:1330—1331.

〔4〕 石云里. 中国古代科学技术史纲(天文卷). 沈阳:辽宁教育出版社,1996:34—35.

〔5〕 薄树人. 清代对开普勒方程的研究. 薄树人文集. 合肥:中国科学技术大学出版社,2003:455—466.

定律的等效形式,被称为"开普勒方程的几何解法"[1]。

《后编》中介绍了计算太阳运动的两类问题的解法[2]:一是从实际观测到的太阳离开轨道近地点的角距离(称为真近点角 v,《后编》称为"实行")算出太阳轨道向径所扫过的椭圆面积,由此计算出按平均运动计算的所谓平近点角(M,《后编》称为"平行"),《后编》称之为"以角求积";二是通过平均运动(M)推求在给定时刻的太阳的观测位置(v),《后编》给出三种解法,即"以积求角"、"借积求积"和"借角求角"。

《后编》编撰完成半个世纪之后,焦循(1763—1820)于嘉庆元年(1796)著书《释椭》1卷,介绍了《后编》解算椭圆运动所涉及的椭圆的若干性质及算法步骤,但对椭圆运动解法本身并无创新[3]。又经过了大约半个世纪,这个问题重新引起了徐有壬的兴趣,他在《椭圆正术》中说道[4]:"新法盈缩迟疾皆以椭圆立算,而取径迂回,布算繁重,且皆系借算,非正术也。兹编法归简易,得数较密,于用对数为尤便。"这里,他对御制的《后编》所载的开普勒方程解法提出了批评,并且认为他自己的方法更加简易而且准确。

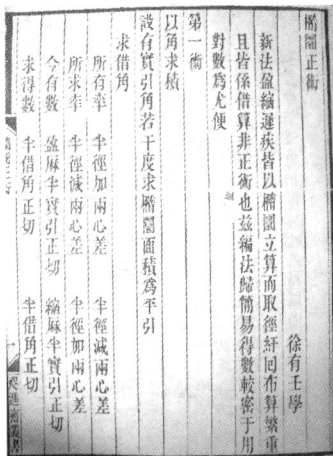

图 1-5　徐有壬《椭圆正术》书影

具体而言,徐有壬在《椭圆正术》中讲了日躔和月离两个问题。对于更为基本的日躔算法而言,徐有壬给出了"以角求积"和"以积求角"两术。每术又给出了一种比例算法和由此引申出的一种对数算法。对于徐有壬的算法,薄树人先生曾进行过深入研究,并认为"徐有壬的两术的确都较《后编》的方法简单"[5],属于浙江天文学家独立完成的一项富有意义的天文学成果。

---

〔1〕 石云里.《历象考成后编》中的中心差求法及其日月理论的总体精度——纪念薄树人先生逝世五周年.中国科技史料,2003,24(2):132—146.

〔2〕 薄树人.清代对开普勒方程的研究.薄树人文集.合肥:中国科学技术大学出版社,2003:455—461.

〔3〕 薄树人.清代对开普勒方程的研究.薄树人文集.合肥:中国科学技术大学出版社,2003:461.

〔4〕 (清)徐有壬.椭圆正术.浙江图书馆藏清光绪九年(1883)归安姚觐元咫进斋刻本:1.

〔5〕 薄树人.清代对开普勒方程的研究.薄树人文集.合肥:中国科学技术大学出版社,2003:455—456.

除《椭圆正术》外,徐有壬还有几部天文历算方面的研究著作。如《表算日食三差》[1],这部著作是由于"西法步算多资于表,独日食未列步法",所以以新法补之。徐有壬针对求差角、设时赤经高弧交角、设时白经高弧交角、视行差、初亏复圆真时等有关日食三差的 41 个问题,均用列表的方法进行计算,使之更加便捷。[2]

再如《朔食九服里差》[3],则从 1844 年 2 月 18 日(道光二十四年正月初一日)起算,具体论述了日食限、食带等的计算问题,并列出了比旧书更为详细的计算方法,为见食各州郡随时测验食相提供了较为准确的依据。[4]

除上述《椭圆正术》、《表算日食三差》、《朔食九服里差》等三部著作之外,徐有壬在天文历法方面的研究成果还有《校正开元占经九执术》1 卷、《古今积年解源》2 卷、《强弱率通考》1 卷等,但由于据目前所知无刻本传世,具体内容尚无从了解。不过,从书名上可以看出,这几部著作是他对古今历法进行考证、校勘和辑佚的成果。显然,徐有壬的这些天文历法著作还有待进行专题研究。

三、李善兰的天文历法研究

道咸年间,李善兰的突出工作体现在数学研究方面,已如前述。不过,在天文历法领域,李善兰也做了一些相关研究工作,其研究成果收录在其著作集《则古昔斋算学》中。具体说来,李善兰的天文历法研究工作主要体现在三个方面。

(一)对唐代《麟德历》的研究

《麟德历》是唐太宗、高宗时最重要的天文历法家李淳风(602—670)晚年的历法力作。这部历法不但继承了隋代刘焯《皇极历》的精深巧妙之处,而且糅进了李淳风自己多年的研究心得,多有创新,是中国历史上一部重要的历法。[5]《麟德历》的术文载于《新唐书·历志》、《旧唐书·历志》和《开元占经》之中,后世学者多以《新唐书》中的版本为主,同时参照其他版本进行研究。

〔1〕 (清)徐有壬.表算日食三差.浙江图书馆藏清光绪九年(1883)归安姚觐元咫进斋刻本.
〔2〕 杨勇刚.徐有壬.沈渭滨.近代中国科学家.上海:上海人民出版社,1988:47—58.
〔3〕 (清)徐有壬.朔食九服里差.浙江图书馆藏清光绪九年(1883)归安姚觐元咫进斋刻本.
〔4〕 杨勇刚.徐有壬.沈渭滨.近代中国科学家.上海:上海人民出版社,1988:47—58.
〔5〕 关于《麟德历》的一般情况,参见:陈美东.中国科学技术史(天文学卷).北京:科学出版社,2003:350—356.

李善兰之所以对《麟德历》产生兴趣并展开研究，大致有两个方面的缘由。一方面，源自他对中国传统历法研究状况的深入了解和切身体会。在他之前，钱大昕、李锐（1769—1817）等学者已经对《三统历》进行了深入研究和注释，大体上可以解释《皇极历》以前诸历法的大部分问题，但是难以解释《麟德历》及其以后的各部历法出现的一些新的问题，“李善兰显然深知其故，于是选择了《麟德历》这一关键的切入点，以作为解开一系列新问题的尝试”[1]。另一方面，李善兰选择《麟德历》作为深入探讨的历法，与友人汪曰桢的历史年代学研究工作有非常密切而直接的关系，因为汪曰桢曾“移书”李善兰切磋《麟德历》推步问题。李与汪结交大概在道光乙巳年（1845）李善兰“馆嘉兴陆费家”前后。是年，李善兰曰：“汪君谢城（曰桢）以手钞元朱世杰《四元玉鉴》三卷见示。”[2]冬，李善兰以所著《四元解》2卷示数学家顾观光，称“深思七昼夜，尽通其法”[3]。因而，李与汪结识当在李善兰研究《四元玉鉴》并完成《四元解》之时。[4] 为此，汪曰桢有诗文《以诗代书与李秋纫善兰结交》曰：“绝学天元一，知君探索精。廉隅通少广，正负借方程。展卷疑思问，悬钟叩则鸣。不须倾盖语，鱼雁证斯盟。”[5]李善兰与汪曰桢结交后，在学术研究上交流最为深入的是历法问题，尤其是《麟德历》的有关算法问题。道光戊申（1848），李善兰完

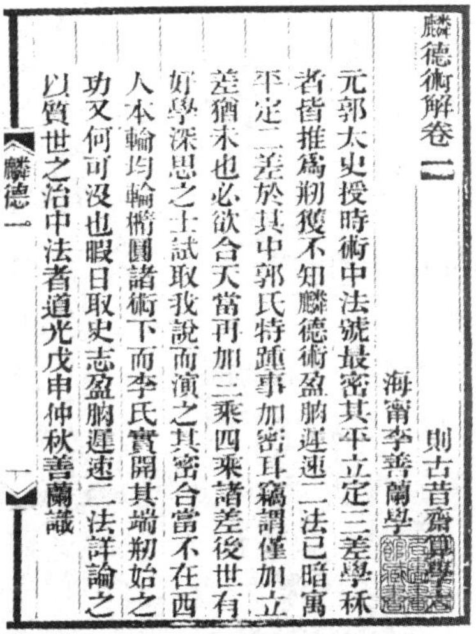
麟德術解卷二
則古昔齋算學 海甯李善蘭學
元郭太史授時術中法號最密其平立定三差學秝者皆推爲朔獲不知麟德術盈朒遲速二法已暗寓平定二差於其中郭氏特踵事加密耳竊謂僅加立差猶未也必欲合天當再加三乘四乘諸差後世有好學深思之士試取我說而演之其密合當不在西人本輪均輪橢圜諸術下而李氏實開其端刱始之功又何可沒也暇日取史志盈朒遲速二法詳論之以質世之治中法者道光戊申仲秋善蘭識
麟德一

图 1-6 李善兰《麟德术解》书影

〔1〕 陈美东. 中国科学技术史(天文学卷). 北京:科学出版社,2003:755.

〔2〕 (清)李善兰. 则古昔斋算学·四元解. 顾廷龙,傅璇琮. 续修四库全书(第1047册). 上海:上海古籍出版社,1995:553.

〔3〕 转引自:李俨. 李善兰年谱. 中算史论丛(第四集),1955. 郭书春,刘钝. 李俨钱宝琮科学史全集(第5卷). 沈阳:辽宁教育出版社,1998:326.

〔4〕 李善兰在《天算或问》卷1称:“善兰自束发学算,三十后所造渐深。”[见:(清)李善兰. 则古昔斋算学·天算或问. 顾廷龙,傅璇琮. 续修四库全书(第1047册). 上海:上海古籍出版社,1995:656]。《四元解》是其第一部算学著作,完成之时李善兰36岁。

〔5〕 转引自:李俨. 李善兰年谱. 郭书春,刘钝. 李俨钱宝琮科学史全集(第5卷). 沈阳:辽宁教育出版社,1998:326.

成《麟德术解》3卷。[1]

　　李善兰的《麟德术解》采取逐句逐段注释的方式,运用几何学方法,对诸如二次差内插法、定朔与交食计算方法等都给予了较好的阐释。[2] 特别是对《麟德历》的定朔计算法的计算步骤进行了深入的研究,提出了一些自己的观点。[3] 例如,探讨了计算太阳改正时进纲16和退纪17的意义问题,解释了计算月亮改正时为什么要对历率进行第二级改正的问题,提出了郭守敬等的《授时历》的平立定三差是《麟德历》求二级改正的发展的观点等。此外,李善兰还对《新唐书》的术文提出了校勘意见,他发现计算太阳改正时气初率不同于初日率,相差半个别差,但是他将前少后多的情况颠倒了。他还发现进纲16和退纪17在计算时还要乘上一个因子,并据《皇极历》的数据提出乘以10/11,而麟德术为11/12,他误以为《麟德历》错了,其实两者相近。他的几何方法也不是很完善,如求太阳改正时将总差混同于纲纪,求月亮改正时把率差混同于总法,显然是错误的。

　　虽然李善兰的历法研究中还存在一些错误的地方,但是他的《麟德术解》在中国传统历法研究史上具有一定的意义,特别是他提出的用几何图形解释定朔计算中内插法的数学意义的方法,"应该认为是一种创造"[4],为更好地探讨中国传统历法的天文学意义开辟了道路。

　　值得指出的是,李善兰对传统历法的研究并不仅仅局限于算法本身的问题,还对社会文化因素可能对实际历日安排的影响有深入的认识。我们在前面讨论汪曰桢的天文历法工作时,曾经提到一个个例,即关于麟德二年闰三月还是闰四月的问题。我们已经看到,李善兰按照《麟德历》入算,认为麟德二年应当闰四月,而《通鉴目录》等文献中记载实际置闰于三月乃是因唐人避忌所致[5]:

　　　　是年闰三月实闰四月,四月实闰三月。所以然者,四月纯阳,《春秋传》谓之:"正旦(月)日食,人君所忌",故司历者迁就之耳。

〔1〕(清)李善兰.则古昔斋算学·麟德术解.顾廷龙,傅璇琮.续修四库全书(第1047册).上海:上海古籍出版社,1995:585—598.

〔2〕陈美东.中国科学技术史(天文学卷).北京:科学出版社,2003:755.

〔3〕参见:刘金沂,赵澄秋.《麟德历》定朔计算法.中国天文学史文集(第三集).北京:科学出版社,1984:38—88.

〔4〕刘金沂,赵澄秋.《麟德历》定朔计算法.中国天文学史文集(第三集).北京:科学出版社,1984:86.

〔5〕(清)李善兰.则古昔斋算学·麟德术解,卷3.顾廷龙,傅璇琮.续修四库全书(第1047册).上海:上海古籍出版社,1995:597.

黄一农先生曾对李善兰的观点进行深入分析,认为"李善兰或因见《新唐书》中记麟德二年闰三月日食,以致有此说",同时指出,"李氏由古人恶正旦日食进而推同属纯阳的四月亦应有重忌的论证,乍看之下,似有附会之嫌"。不过,黄一农先生在找到载于李淳风《玉历通政经》卷185、李焘《续资治通鉴长编》卷243和《宋史》卷432中的几条记录后,指出:"故李善兰之说似应有所据,而不能单纯以附会视之。"[1]我们看到,李善兰的历法研究并未仅仅局限于计算技术本身的问题,而对传统历法与社会文化的关系问题也有深入的认识,体现了深厚的学养。虽然他没有像汪曰桢那样发现实际推算麟德二年历日应用的是《戊寅历》而不是《麟德历》,但是他对麟德二年置闰月份的解释也不失为一家之言。

(二)对颜家乐测量纬度方法的研究和改进

在李善兰1867年出版的著作集《则古昔斋算学》中有《天算或问》[2]一书。李善兰以自问自答的形式,讨论了若干有关中国古代数理天文学中的问题。值得一提的是,在这本书中,李善兰还对康熙年间奥地利耶稣会士颜家乐传入的一种间接测量某地天文纬度的方法进行了研究,并提出了改进的计算方法。李善兰的工作使得人们能够选用任意恒星决定任一地方的纬度,这在中国纬度测量史上属于一项较为重要的工作。[3]这里,我们结合已有研究成果[4],对李善兰的这项工作进行简单介绍。

图 1-7　李善兰《天算或问》书影

---

〔1〕黄一农.中国史历表朔闰订正举隅——以唐《麟德历》行用时期为例.汉学研究,1992,10(2):285—286.

〔2〕(清)李善兰.则古昔斋算学·天算或问.顾廷龙,傅璇琮.续修四库全书(第1047册).上海:上海古籍出版社,1995:656—666.

〔3〕王渝生.李善兰:中国近代科学的先驱者.自然辩证法通讯,1983,5(5):68.

〔4〕厉国清,刘金沂,赵澄秋.颜家乐测量纬度方法及李善兰的改进.自然科学史研究,1993,12(2):128—135.

测量地球上某地的天文纬度(中国古代称之为北极出地或北极高度)是天体测量的一项重要内容。除了直接测量北极星的高度这种方法之外,人们还找到多种间接测量的方法,如元朝郭守敬用高表测夏至晷影长、清朝明安图使用的太阳午正高弧法、1857 年美国科学家太尔格特(Andrew Talcott,1797—1883)提出的测纬方法。我国康熙年间,捷克传教士颜家乐首先把这种利用测量恒星出地平到上中天的时间和上中天的地平高度求当地纬度的方法介绍到中国来。

颜家乐(Karel Slaviček,1678—1735),又译作严嘉乐,1716 年来澳门,1717 年到北京,1721 年到广州,1722—1723 年到江西,1724 年第二次来北京,1735 年卒于北京。他的测量纬度的方法,据目前所知,最早记录在安徽宣城梅文鼎(1633—1721)之孙梅毂成(1681—1764)所著的《赤水遗珍》一书中。该书以"测北极出地简法解西士颜家乐法"为题介绍了颜氏的方法,称之为"颜家乐法"。

"颜氏法"测量天文纬度需要经过三个步骤:首先,测量恒星从地平到正午经历的时间(即时角),测量该星正午时的地平高度并由此查到时角的大矢、正矢及高度正弦这三个数,分别记为一率、二率、三率;其次,按照公式求出四率,即入地最深度的正弦,据此查表得到入地最深度的角度;最后,利用公式即可求出观测地点的天文纬度了。

李善兰在《天算或问》中记载了对颜家乐法的研究和改进方法,他指出[1]:

> 此法必北极出地不满四十五度,星过正午在天顶南,又必为赤道北之星则合;不如是,则不合。

在这里,他认为使用颜氏法必须同时具备三个条件:一是测量地点的纬度不能高于 45 度;二是所测量的恒星只能是天赤道以北的天体;三是星过上中天时应该在测量地点的天顶南方。李善兰认为,颜氏法的使用范围受到上述三个条件的限制,于是提出了改进方法。经李善兰改进后,测量时间、高度求天文纬度选用恒星的范围得到了扩大。不过,在当时的历史条件下,李善兰没有归纳出求入地最深度正弦、求天文纬度的简明统

〔1〕 (清)李善兰.则古昔斋算学·天算或问.顾廷龙,傅璇琮.续修四库全书(第 1047 册).上海:上海古籍出版社,1995:660.

一公式,这是其局限性。[1] 但是,他对西方传入的测纬方法,既不盲目否定,也不一概照搬,而是进行深入研究,并且找出其局限、提出改进方法加以推广,这种治学态度值得赞扬。

(三)对开普勒方程的研究

前文在讨论徐有壬的天文历法工作时,提到他曾作《椭圆正术》一书专门讨论开普勒方程的解法问题。李善兰也对此问题进行过专门研究,主要体现在他的《椭圆正术解》和《椭圆新术》两部著作之中。

《椭圆正术解》[2]是李善兰对徐有壬《椭圆正术》的解释。我们知道,李善兰与徐有壬交往甚密,曾经做过徐有壬的幕宾。当他看到徐壬的《椭圆正术》之后,认为徐法"简而密,尤便对数,驾过西人远矣"[3]。但是,考虑到徐氏算法叙述比较简单,有些步骤运用了一些

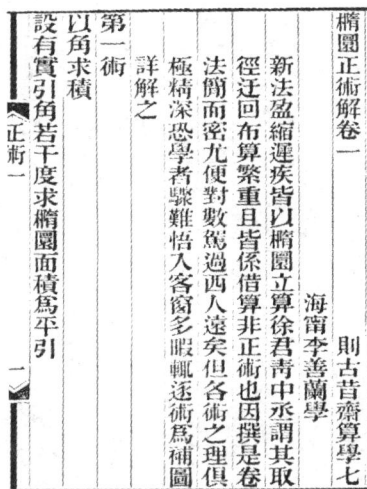

图1-8　李善兰《椭圆正术解》书影

数学定理,一般学者不易理解,因此李善兰对此问题进行了专门研究,并写成《椭圆正术解》2卷。从这本书卷首所说"客窗多暇,辄逐术为补图详解之"[4]来看,应当是他在1860年到徐有壬的江苏巡抚衙中做幕宾时所作。由于这部著作的目的在于为徐有壬的《椭圆正术》作解释,所以并不注重方法上的创新和改进。

与《椭圆正术解》不同,李善兰在他后来完成的《椭圆新术》[5]一书中则

〔1〕厉国清,刘金沂,赵澄秋.颜家乐测量纬度方法及李善兰的改进.自然科学史研究,1993,12(2):128—135.

〔2〕(清)李善兰.则古昔斋算学·椭圆正术解.顾廷龙,傅璇琮.续修四库全书(第1047册).上海:上海古籍出版社,1995:599—611.

〔3〕(清)李善兰.则古昔斋算学·椭圆正术解.卷1.顾廷龙,傅璇琮.续修四库全书(第1047册).上海:上海古籍出版社,1995:599.

〔4〕(清)李善兰.则古昔斋算学·椭圆正术解.卷1.顾廷龙,傅璇琮.续修四库全书(第1047册).上海:上海古籍出版社,1995:599.

〔5〕(清)李善兰.则古昔斋算学·椭圆新术.顾廷龙,傅璇琮.续修四库全书(第1047册).上海:上海古籍出版社,1995:612—615.

提出了改进的方法。他采用求比例方法,具体讨论了"以角求积"和"以积求角"二术。李善兰的这项工作受到了科学史界的高度评价。薄树人先生评价道:"李善兰首次在我国用无穷级数的办法来解开普勒方程。……李善兰的工作比起欧洲虽然晚了 100 多年,但却是经过他独立钻研而得到的。……他的独创精神是应该肯定的。"[1]

---

〔1〕 薄树人.清代对开普勒方程的研究.薄树人文集.合肥:中国科学技术大学出版社,2003:464—466.

第二章

浙江与两次鸦片战争期间
西方科学技术的传入

两次鸦片战争期间,在"师夷长技"思想的影响下,浙江出现了学习、引进和介绍西方军事技术的具体实践活动。同时,来华新教传教士在宁波华花圣经书房编译出版了多部介绍西方科学技术知识的著作。在这一时期,浙籍学人李善兰、张福僖还到上海参与了墨海书馆的译书工作,成绩斐然。所有这些活动的进行,大大促进了西方科学技术在浙江乃至全国的传播。

第一节 "师夷长技"背景下的技术实践与研究

一、"师夷长技"的提出和影响

鸦片战争开始前后,一些受到新学风影响的有识之士开始向西方寻求救国之道,为传统的经世致用思想注入了新的时代精神。林则徐、魏源等在这方面颇有建树。林则徐(1785—1850)不仅主张坚决抵抗外来侵略,而且是近代史上"开眼看世界的第一人"。在广东禁烟期间,林则徐摆脱了封建士大夫的盲目虚骄心理,注意"探访夷情",作出有针对性的对策,并亲自主持编译了《四洲志》。他还注重学习西方船炮技术,组织人力摘译有关船炮操作的资料,重视和支持火器研制者的研制工作,开创了学习欧美武器装备的风气之先。1841 年春,他受贬到浙江镇海军营帮办军务,向在铸炮局内主持铸炮事宜的龚振麟提供了《车轮船图说》,帮助他研制成新式车轮战船。同时,他还委托龚振麟铸造一门重达 8000 斤的巨型火炮。

著名思想家、文学家及改良主义的先驱者、仁和(今浙江杭州)人龚自珍

(1792—1841)积极支持林则徐禁烟运动和抵抗运动。当林则徐赴广东禁烟时,龚自珍专门写了一篇《送钦差大臣侯官林公序》的文章,不仅有激励林则徐彻底禁烟的词句,而且这篇文章本身也提出了禁烟方案。

魏源(1794—1857)是林则徐、龚自珍的朋友,早年受江苏布政使贺长龄(1785—1848)的邀请编辑《皇朝经世文编》,同时参与江苏漕运、水利等问题的策划。在鸦片战争期间,他曾参加浙东的抗英斗争,后退而著述,为国家和民族谋划御夷之方和制夷之策,在《四洲志》的基础上增补了大量中外资料,编写成著名的《海国图志》。在这部著作中,他提出了"师夷之长技以制夷"的主张,成为两次鸦片战争期间颇具影响力的观念。

魏源认为,英人的"长技"有三,"一、战舰,二、火器,三,养兵、练兵之法"[1]。他提出,对此既不要害怕,也不要轻敌,而是要了解和学习这些长技,把外国之长技转为中国之长技。只有这样,才能富国强兵,有效抵抗外国的入侵。为此,他建议朝廷采取一些具体的措施。如,建立造船厂和火器局,并与民用器械的生产结合起来;设立翻译机构,翻译和介绍欧美科学技术书籍等。

林则徐、魏源等的言论和行动,在当时先进的知识分子中产生了强烈反响,鼓舞了爱国将士和军事技术人员,开始进行造坚船、制力炮和练精兵的工作。两次鸦片战争期间,出现了一些"师夷之长技以制夷"的最早实践者,如丁拱辰(1800—1875)、龚振麟、丁守存(1812—1883)和黄冕等。[2]

在浙江,鸦片战争爆发以后,激起了浙江人民的坚决抵抗。[3] 在鸦片战争期间及以后的一段时间中,龚振麟、汪仲洋等也对西方科学技术尤其是军事技术的研究和吸收方面给予了一定的重视,并且在个别技术问题上有所创新。从科学技术的角度来看,这种技术研究和实践活动,一方面为西方科学技术的传入和研究起到了促进作用,另一方面也为增强浙江乃至全国的军事技术能力作出了应有的贡献。此外,著名科学家李善兰在1858年著成《火器真诀》一书,用数学理论探讨火炮的有效命中精度问题,对军事技术专家研究枪炮射击的命中问题具有启发性,我们也将进行讨论。

二、龚振麟和汪仲洋的军事技术实践

龚振麟,近代著名的火器研制家,生卒年月不详,江苏长洲(苏州辖县)

---

〔1〕 (清)魏源撰,陈华等点校注释.海国图志·卷2,"筹海篇三".长沙:岳麓书社,1998:26.

〔2〕 王兆春.中国科学技术史(军事技术卷).北京:科学出版社,1998:305—309.

〔3〕 徐和雍,郑云山,赵世培.浙江近代史.杭州:浙江人民出版社,1982:10—28.

人。出仕前为长洲监生。1839 年在嘉兴县丞任上。他素有巧思,"精于泰西算法",制造军械"覃思极巧,神明乎规矩之外"[1],名闻一方。

1840 年夏,英舰侵犯浙江沿海的舟山群岛,随即攻陷定海。[2] 龚振麟奉命调赴甬东军营,试造轮船和军械。[3] 为此,他亲自到海边观察英舰航行情况,见到了一种蒸汽机推动叶轮的火轮船[4]:

> 以筒贮火,以轮击水,测海线,探形势,为各船向导,出没波涛,维意所适。人金惊其异,而神其资力于火也。

龚振麟"心有所会,欲仿其制,而以人易火,遂鸠工制成小式,而试于湖,亦迅捷焉"[5]。其时正值鸦片战争吃紧时刻,浙江巡抚刘韵柯闻知此事后,对龚振麟大加赞赏,即令他继续试造巨舰,并将此事奏报朝廷。

1841 年春,龚振麟以林则徐提供的《车轮船图说》为参考,经过数月努力,终于制成一种车轮船,用类似蹼轮的机械推动轮船前进,时速可达 3.5海里,"驶海甚便"[6]。

后来,有四艘这种车轮船装备江南水师,参加了 1842 年的吴淞保卫战[7],发挥了重要的作用。

龚振麟在火器技术方面的最大贡献表现在两个方面:一是发明铁模铸炮法;二是制造了新型枢机炮架。[8]

中国古代铸炮历来用泥模,即合土为模,范金倾铸,层层榫合。但是,泥模制好以后需要一个月左右才能干透,如遇冬季,雨雪阴寒,则需更长时间,难以满足战时急需。因此,龚振麟创议用铁模(即铁范)铸造铁炮,并很快试制成功,大大加快了制炮的速度。至 1841 年九月浙东之战前夕,龚振麟已

〔1〕（清）龚振麟.铸炮铁模图说.（清）魏源撰,陈华等点校注释.海国图志·卷86,"筹海篇三".长沙:岳麓书社,1998:2033.

〔2〕徐和雍,郑云山,赵世培.浙江近代史.杭州:浙江人民出版社,1982:10—13.

〔3〕（清）龚振麟.铸炮铁模图说.（清）魏源撰,陈华等点校注释.海国图志·卷86,"筹海篇三".长沙:岳麓书社,1998:2032.

〔4〕（清）龚振麟.铸炮铁模图说.（清）魏源撰,陈华等点校注释.海国图志·卷86,"筹海篇三".长沙:岳麓书社,1998:2032—2033.

〔5〕（清）魏源撰,陈华等点校注释.海国图志·卷86,"筹海篇三".长沙:岳麓书社,1998:2033.

〔6〕（清）龚振麟.铸炮铁模图说.（清）魏源撰,陈华等点校注释.海国图志·卷86,"筹海篇三".长沙:岳麓书社,1998:2033.

〔7〕夏林根.龚振麟.沈渭滨.近代中国科学家.上海:上海人民出版社,1988:68—73.

〔8〕华觉明.龚振麟.杜石然.中国古代科学家传记(下集).北京:科学出版社,1993:1194—1196.

铸成120多门新型火炮。次年,写成《铸炮铁模图说》一文,并印发沿海各省参用。

龚振麟在《铸炮铁模图说》中,详细叙述了铁模铸炮的工艺过程和技术措施。[1] 首先,按照铁炮大小,分4~7节,做出泥炮。其次,按泥炮节数分制铁模泥型,每节泥型分成两瓣,用车板旋制内面,使表面光洁,然后烘干备用。泥型内放入预制的把手,浇铸时与铁模铸成一体。再次,用泥型翻铸铁模时,先将炮口那一节倒置在泥制平板上,用泥充填其中一瓣,烘干后,盖上泥制平板,将型箍紧,浇铸后便得到第一节铁模的一瓣,然后除去填泥,又可如法铸得另一瓣铁模,逐节浇铸即可铸成层层榫合的整套铁模。最后,用铁模铸造铁炮时,先在模的内表面刷上用细稻壳灰与细砂泥加水和成的涂料,再涂刷极细煤粉调制的第二层涂料,然后紧箍铁模,烘热,装配泥芯,浇入铁水,待凝固后,立即脱去铁模,趁炮身还红热时,清除毛刺,除净泥芯,得到成品。

龚振麟还在《铸炮铁模图说》中总结了铁模铸炮的优点。如,"用一工之费而收数百工之利"、"铁模用匠之省无算"、铁模铸炮"可省修饰之功"、"可省洗膛之功"、"可无蜂窝之弊"、"可经久收藏"等。与龚振麟一起铸炮的镇海粮台鹿泽长称赞说[2]:

> 振麟拟创铁模,工匠骇为河汉。既而铸炮若干,著有成法。其法至简,其用最便。一工收数百工之利,一炮省数十倍之赀。且旋铸旋出,不延时日,无暇无疵,自然光滑,事半功倍,利用无穷。辟众论之异轨,开千古之法门,其有裨于国家武备者,岂浅鲜哉!

龚振麟在铸造火炮的过程中,除按口径为基数设计火炮各部外,还对以炮耳轴为中线,分火炮前后为4:6的数据作了修正。据他推算,自炮耳中轴线至炮口与至尾珠之比为5.8:4.2的火炮,搁置在架上最为稳定。[3]

据记载,首都博物馆收藏有一门由龚振麟监造的火炮,其命铭文大部分

〔1〕 (清)龚振麟.铸炮铁模图说.(清)魏源撰,陈华等点校注释.海国图志·卷86,"筹海篇三".长沙:岳麓书社,1998:2034—2035.参见:华觉明.龚振麟.杜石然.中国古代科学家传记(下集).北京:科学出版社,1993:1194—1196.

〔2〕 (清)龚振麟.铸炮铁模图说.(清)魏源撰,陈华等点校注释.海国图志·卷86,"筹海篇三".长沙:岳麓书社,1998:2033—2034.

〔3〕 (清)魏源撰,陈华等点校注释.海国图志·卷86,"筹海篇三".长沙:岳麓书社,1998:2036—2037;参见:王兆春.中国科学技术史(军事技术卷).北京:科学出版社,1998:311—312.

尚清晰可见,是研究道光时期所铸火炮的珍贵文物。[1]

龚振麟另一项重要的技术成就是,他设计了便于重型火炮转动的磨盘式旋转炮架和轻型火炮用的炮车。龚振麟写道[2]:

> 工欲善其事,必先利其器,神器为克敌制胜之首务。若置如磐石,止击一敌,即敌适入的中,亦仅一击而已。焉望其指挥如意,所向披靡耶?今考重学引重法,制成枢机二式,昇一人之力可以旋转如圆,随向袭击。一磨盘,为战舰,为敌台,为城关攻守之具;一四辋,为行阵,为隘口,为奇仗夹击之具。纵敌如潮涌,靡不克捷。

可见,这种炮架是针对旧式炮架不能前后左右灵活移动的弊端而设计的,以满足瞬息万变的战争的需要。事实证明,龚振麟设计的炮架达到了一定的水准,可以实现旋转轰击。磨盘式重型旋转炮架分为两层,下层安轮,上层中心处设有一个形如蘑菇头的小铁轴,上万斤的火炮可通过铁轴安在架上,只需两人进行推磨式操作,便可在架上左右旋转,借以扩大火炮的射界。这种炮架主要用于安置舰首炮、要塞炮和守城炮,经过调整射角,可轰击从不同方向入侵之敌。轻型四轮炮车主要用于安置千斤以下的火炮,以便在战场上更加灵活机动地参与作战。[3]

龚振麟的发明在当时有很大影响,并被分送沿海各军营,求得推广,其著作被魏源全部收入《海国图志》之中。一直到当代,龚振麟所创用的铁模法铸造火炮技术仍然受到有关学者的高度评价。华觉明先生认为,"《铸炮铁模图说》所述铸造工艺是在传统金属型铸造技术的基础上发展、创新,才得以产生的","在一些主要技术问题上,和现代铸造学对金属型的认识是一致的。用黑色金属型铸造重数百斤至数千斤的大型铸铁件,困难很多,即使在现代亦非易事",并认为《铸炮铁模图说》一书"堪称世界上最早系统论述金属型铸造的专著"。[4]

---

〔1〕 这门龚振麟监造的火炮上的铭文为:"大清道光二十二年　岁次壬寅仲春吉日　浙江嘉兴县丞龚振麟　两浙玉泉场大使刘景雯监造　试放□……□."经文物保管部门测量,此炮口径120毫米,口壁厚52毫米,全长1400毫米,膛长1215毫米,底径约420毫米。参见:王兆春.中国科学技术史(军事技术卷).北京:科学出版社,1998:310—312.

〔2〕 (清)龚振麟.枢机炮架新式图说.(清)魏源撰,陈华等点校注释.海国图志·卷86,"筹海篇三".长沙:岳麓书社,1998:2059—2060.

〔3〕 王兆春.中国科学技术史(军事技术卷).北京:科学出版社,1998:313.

〔4〕 华觉明.龚振麟.杜石然.中国古代科学家传记(下集).北京:科学出版社,1993:1195—1196.

　　在讨论鸦片战争期间在浙江进行的火器研制工作时,还有一位重要人物值得一提,他就是时任余姚知县汪仲洋。汪仲洋,字少海,成都人。1840年九月,钦差大臣两江总督裕谦在省城设立铸炮局,令铸 3000 斤到 8000 斤大炮数十门,以重建炮台,严阵以待。当时,即由汪仲洋、龚振麟和镇海粮台鹿泽长等主管铸炮之事。[1]

　　据文献记载,汪仲洋在火炮的研究方面也取得了新的进展。他在《铸炮说》中,对火炮各部与口径的比例,铸炮材料、射程与射角的关系,发射规定和炮架的设计,都作了具体的分析和研究。[2] 此外,他还著有《安南战船说》一文[3],对鸦片战争期间所见到的战船进行了简要介绍。他在火器研究技术和西方战船技术的介绍方面的研究成果被魏源收入《海国图志》之中,在当时具有一定的影响。

三、李善兰的《火器真诀》

　　李善兰的生平和著述,我们在第一章中已经作过简要介绍。这里,我们简要介绍他的一部弹道学著作——《火器真诀》。[4]

　　《火器真诀》完成于 1859 年。此前,他于 1856 年完成了西方近代力学著作《重学》的翻译工作,我们将在本章第三节予以介绍。《火器真诀》的写作,与《重学》具有密切的联系。他在《火器真诀》"自识"中写道:

　　　　凡枪炮铅子皆行抛物线,推算甚繁,见余所译《重学》中。欲求简便之术,久未能得。冬夜少睡,复于枕上,反覆思维,忽悟可以平圆通之,因演为若干款,依款量算,命中不难矣。

　　可见,他写作《火箭真诀》的目的,在于试图在《重学》的基础上,进一步探讨计算弹道轨迹的"简便之术"。

　　《火器真诀》全书共 12 款,对各种情况下枪炮射击中发射角与射程之间

　　〔1〕 夏林根.龚振麟.沈渭滨.近代中国科学家.上海:上海人民出版社,1988:68—69.

　　〔2〕 (清)汪仲洋.铸炮说.(清)魏源撰,陈华等点校注释.海国图志·卷 86,"筹海篇三".长沙:岳麓书社,1998:2053—2055.

　　〔3〕 (清)汪仲洋.安南战船说.(清)魏源撰,陈华等点校注释.海国图志·卷 86,"筹海篇三".长沙:岳麓书社,1998:2012—2014.

　　〔4〕 (清)李善兰.则古昔斋算学·火器真诀.顾廷龙,傅璇琮.续修四库全书(第 1047 册).上海:上海古籍出版社,1995:639—642.

的关系都进行了论述。[1]

　　这部著作在李善兰生前就引起了不少人的关注。王韬(1828—1897)于1863年写成《火器略说》(刊于1881年)一书,对李善兰《火器真诀》中阐述的弹道沿抛物线轨迹下坠的精度给予了高度评价。此外,李善兰在京师同文馆的学生熊方柏、书生卢靖(1856—1948)、沈善蒸等人分别撰写相关著作,对《火器真诀》进行解释和说明。[2] 可见,此书在当时具有一定的社会影响。

　　《火器真诀》这部著作具有数学和军事技术上的双重意义。一方面,"它是我国第一部由数学家执笔的、具有精密科学意义的弹道学著作。李氏诸款是在一个抽象的力学模型的基础上,经过代数处理,最后以几何形式表现出来的,理论上是无隙可击的。李氏在书中提出的图解法则,是他创造性地学习西方科学知识的结果"[3]。另一方面,《火器真诀》"对此后军事技术家研究枪炮射击的命中问题,有很大的启发作用"[4]。

第二节　宁波华花圣经书房与近代科技的传入

　　明末清初的第一次西学东渐从乾隆中期开始出现了中断,这种状况直到19世纪初期才得以改变。1807年9月,英国伦敦会派遣的基督教新教(Protestantism)传教士马礼逊(Robert Morrison,1782—1834)到达广州,拉开了基督教新教在中国的传教历史亦即第二次西学东渐的序幕。与明清之际的天主教耶稣会士相比,新教传教士比较世俗化。在1842年《南京条约》签订之前,由于清政府禁止传教,早期来华的传教士主要在广州、澳门和南洋等地活动,而且大多服务于西人商团,不能公开其传教士身份。这些传教士当然十分了解明末清初耶稣会传教士的经验。所以,为了站稳脚跟,他们也打算以科学作为敲门砖,尝试办学、行医、办报以及翻译西学著述等。1833年,新教传教士郭士立(Karl F. A. Gützlaff,1803—1851)在广州出版的

---

〔1〕　关于《火器真诀》的研究,参见:刘钝.别具一格的图解法弹道学——介绍李善兰的《火器真诀》.力学与实践,1984(3):60—63.

〔2〕　刘钝.别具一格的图解法弹道学——介绍李善兰的《火箭真诀》.力学与实践,1984(3):63.

〔3〕　刘钝.别具一格的图解法弹道学——介绍李善兰的《火器真诀》.力学与实践,1984(3):63.

〔4〕　王兆春.中国科学技术史(军事技术卷).北京:科学出版社,1998:341.

《东西洋考每月统记传》是当时较早的一种介绍西方科技知识的月刊。[1]

1842年,清政府被迫与英国签订《南京条约》。1844年元旦,宁波正式宣告开埠,"它成为近代中国被迫对外开放的第一批口岸之一和浙江省的第一个口岸"[2]。于是,一些新教传教士开始进入宁波传教。他们在宁波开展了许多宗教、文化教育和慈善活动。其中,传教士设在宁波的华花圣经书房,编译、印刷、出版了大量宗教和科学技术方面的书籍,在传教布道的同时,促进了西方近代科学技术和医学知识的传播。本节对此进行介绍。[3]

一、新教传教士在宁波的活动概述

宁波开埠后,捷足先登的是美国浸礼会医生玛高温(Mac Gowen,Daniel Jerome,1814—1893)。他既是来到宁波的第一位传教医生,也是美国浸礼会在中国开辟传教事业的第一人。[4]玛高温早年就读于纽约州立大学医学院,毕业不久即在医学传教事业的感召下来到中国。他先在香港及舟山做了短暂的停留,于1843年11月到达宁波。他在城内商业区利用一个中国商人免费提供的房屋办起诊所,主要收治眼病患者。1845年4月,他重新建院并一再扩大规模,不仅使医院达到具有18张病床的规模,还从国外得到一批捐赠,有医疗器械、书籍、图片、解剖模型等,使医院能够利用这些器具和模型进行宣传和教育活动。据统计,1848年,这家医院接受病人4671人次。[5]虽然由于各种原因,医院几度停办,但是在此期间玛高温仍然坚持巡回施诊。

玛高温除了日常在诊所接诊和到各地巡诊以外,还经常在宁波的月湖书院讲授西方医学,培训医护人员,传播医务知识和技能。[6]但是,由于当时人们对西医西药的了解和认识有限,除眼科外,对其他外科手术信任者并不多。[7]

---

〔1〕樊洪业,王扬宗.西学东渐——科学在中国的传播.长沙:湖南科学技术出版社,2000:92—95.

〔2〕赵世培,郑云山.浙江通史(第9卷),清代卷(中).杭州:浙江人民出版社,2005:74.

〔3〕本节关于宁波华花圣经书房的建立及其科技译著的写作参考:任桑桑.宁波华花圣经书房与晚清科技传播.浙江大学硕士学位论文,2005.

〔4〕关于玛高温在宁波的医学和传教活动,参见:何小莲.西医东渐与文化调适.上海:上海古籍出版社,2006:77—78.

〔5〕何小莲.西医东渐与文化调适.上海:上海古籍出版社,2006:77.

〔6〕张磊.中国最早的西医医院——华美医院.档案与史学,1998(2):72—73.

〔7〕参见:何小莲.西医东渐与文化调适.上海:上海古籍出版社,2006:78.

这一时期,在宁波开设诊所的传教士还有麦嘉缔(Divie Bethune McCartee,中文名又为"培端")夫妇和派克(William Parker)。[1] 美国长老会麦嘉缔夫妇于 1844 年来到宁波传教。他们在自己家里开设了诊所,也经常义务出诊。这些医学活动促进了西方医学的传播。麦嘉缔夫妇还在宁波收留了一个孤儿,并给予教育,然后送到美国纽约学习医学,学成回国后长期做医疗工作,这就是中国第一个在国外留学医科的女医生金韵梅。有关金韵梅的情况,我们在第五章还会专门讨论。派克是伦敦会医生。他于 1855 年从上海来到宁波,在上海与宁波的外国团体的支持下,他得以建立医院并取得了成功。不幸的是,与他同行的妻子于 1859 年染霍乱而死,他也因此离开宁波回国。据记载,戴德生[2]曾替代派克做了 9 个月的工作,结果"独立管理这样一个大机构的紧张压力弄得他筋疲力尽"[3]。

此外,这一时期,传教士还在宁波创办了两所教会学校[4],一是 1844 年英国东方妇女教育促进会派遣的爱尔德赛(Mary Ann Aldersey)女士自费创办的一所女塾,这是浙江第一所洋学堂,也是传教士在中国创办的第一所女子学堂;二是 1845 年美国长老会在宁波江北槐树路开办的一所男童寄宿学校崇信义塾,1868 年迁往杭州,改名为育英义塾,是杭州之江大学的前身。

除上述活动之外,这一时期进入宁波的新教传教士,还在出版方面做了大量富有成效的工作。正如熊月之先生所言,"开埠以后的十几年中,宁波最引人注目的是出版方面"[5]。而这方面的工作主要是由华花圣经书房完成的,为宗教和科技知识的传播起到了重要的作用。因而,我们有必要对此书房的建立过程,以及它所出版的科技译著进行一些专门探讨。

---

〔1〕 何小莲.西医东渐与文化调适.上海:上海古籍出版社,2006:78.

〔2〕 戴德生(James Hudson Talyor,1832—1905),英国皇家外科学会会员,外科医生。1865 年 6 月,戴德生组织创立中国内地会。内地会不代表一个宗派,是由十几个国家,而后发展到 30 多个国家的教会宗派组织起来,向中国内地联合传教的大布道团。该会曾派遣大批传教士,深入中国内地、边疆和少数民族地区进行活动,活动范围较广,创办医院较多。戴德生虽主张以传播福音为首任,但是并不轻视教育及医药的重要性,特别是医药工作。据记载,戴德生本人在宁波和杭州的诊所都有过出色的医学工作的表现,但是,目前尚未找到详细的文献史料,希望早日发现并进行专题研究。参见:何小莲.西医东渐与文化调适.上海:上海古籍出版社,2006:95—96.

〔3〕 [英]汤森著.马礼逊——在华传教士的先驱.王振华译.郑州:大象出版社,2002:249.

〔4〕 熊月之.西学东渐与晚清社会.上海:上海人民出版社,1994:168.

〔5〕 熊月之.西学东渐与晚清社会.上海:上海人民出版社,1994:169.

二、宁波华花圣经书房的建立

华花圣经书房(The Chinese and American Holy Classic Book Establishment),"华"指中国,"花"是指花旗国,即美国。其前身,是美国基督教长老会的"长老会书馆"(American Presbyterian Mission Press)。1844 年 2 月 23 日,美国传教士理查德·柯尔(Richard Cole)将其迁至中国澳门,更名为"华花圣经书房"。次年,柯尔又建议将书房迁至宁波,原因是"长老会传教士剧增,为使书馆能继续工作,需要增添一些设备,而在宁波的费用可比澳门减少"[1]。1845 年 7 月 19 日,建议被接受,柯尔夫妇带着印刷机器从澳门到达宁波,并在一个多月的准备和安装之后,于 9 月 1 日正式投入使用。书房所在地为宁波江北岸卢氏宗祠。[2] 华花圣经书房的印刷机器主要购自美国,购置费用由长老会拨款。

关于书房的名称,多有争议,有些地方译为"花华圣经书房"。我们见到的该书房印刷出版的《地球说略》、《天文问答》等书,均署名"华花圣经书房",由此认为应该是"华"在前,即为"华花圣经书房",这样也与与英文名称的"中"、"美"顺序是一致的。

华花圣经书房的出版业务由出版委员会管理。委员会的成员参与选择出版的书目,决定发行量、版式以及经费,参加出书后的校正工作,负责把书分发给教会外的其他会员,并且对有关书馆的一切事宜提出意见。[3]

据统计,1845—1859 年间,宁波华花圣经书房的印刷产量达 100 多万册、5000 多万页,数量相当可观,与当时各口岸同类印刷机构相比,仅次于上海。[4] 华花圣经书房印刷出版的著作以宗教和科学著作为主。下面我们对华花圣经书房编译出版的几种科技著作进行简要介绍。

---

〔1〕 [美]麦金托什.美国长老会书馆(美华书馆)纪事.方丽译.出版史料,1987(4):12.

〔2〕 谢振声.设在江北岸的华花圣经书房——外国人在中国大陆经营印刷企业之始.出版史料,2004(2):92.

〔3〕 [美]麦金托什.美国长老会书馆(美华书馆)纪事.方丽译.出版史料,1987(4):11—18.

〔4〕 赵世培,郑云山.浙江通史(第 9 卷),清代卷(中).杭州:浙江人民出版社,2005:89—90.

三、华花圣经书房出版的主要科技译著

(一)祎理哲的《地球说略》

《地球说略》是华花圣经书房在宁波期间传教士编译出版的科技译著之一,对晚清时期西方地理学在中国的传播意义重大。

《地球说略》,作者祎理哲(Richard Quanterman Way, 1919—1895)[1],曾一度担任华花圣经书房管理者。1848 年,祎理哲编译了《地球图说》(*Illustrated Geography*)一书,由华花圣经书房出版。1856 年,祎理哲将该书扩充并易名为《地球说略》重新出版(见图 2-1)。作者在《地球说略引》中指出,编译此书的目的在于,"见夫中华之人,与他国相贸易,所在多有,可知他国之人情物产及教述礼仪等,未容惘然"。为达到这样的目的,作者在书中对世界各主要国家和地区的位置、自然环境、人口、风俗、社会教育、语言宗教、礼节等进行了介绍。

图 2-1　《地球说略》书影

祎理哲的《地球说略》通俗易懂,图文并茂,形象生动,利于传播和普及。例如,地球圆体说早在明末已经传入中国,不过,祎理哲通过更为直观和形象的实例给出了论证。他写道[2]:

> 譬如一大河,阔五六里,人侧而低其头平看对岸,则对岸之小屋小艇平地,皆不得见,只见对岸之高山大树而已。此是何故? 因水面微高,略成圆形,即能遮目之故。

---

〔1〕 祎理哲,美国长老会传教士,1819 年生于乔治亚州,1844 年来华,7 月抵达澳门,8 月到达宁波,参与管理华花圣经书房和崇信义塾。参见:熊月之.西学东渐与晚清社会.上海:上海人民出版社,1994:170.

〔2〕 [美]祎理哲.地球说略.浙江图书馆藏清咸丰六年(1856)宁波华花圣经书房铅印本:1—2.

又如有人立在海边送一大船开行。此时一眼,即见全船之身,并桅帆旗号。及船去稍远,则不见船身,犹见船桅;又再远,则不见船桅,只见船旗;更远,则旗亦不见矣。又如有人立在山顶,用千里镜望一大船来到,必先见此船之旗。渐近,则见船之桅;更近,则见此船之身。即如看此地球图一样,若水面是平坦,远望之,必先见粗大之物,而后见细小之物。是应先见船,次见桅,而后见旗。今先见小旗者,因其在高也;后见大船者,因其在低也。可知海面亦是颇圆。

又若有人用大船在中国开行,向西方而去。先过印度洋,又向西南,过亚非利加海角;又向西行,过南大西洋过南亚美理驾海角;又向西北过太平洋直由西行,即能回至中国。

又于月蚀之时,有一黑形遮盖月光。此黑影,即是地球之影。因此时日与月相对,地球适在中间。所以日光照着地球,不能射到月中,故地影,得以遮盖月色。而其黑影,正圆。可知地球全体必是圆形。

我们看到,袆理哲所举的例子,简明易懂,公众易于理解和接受,同时又有利于地球圆体说的广泛传播。

值得一提的是,《地球说略》注重对人文地理的介绍,对欧美国家学校教育和印刷出版的记载和介绍尤为详细。[1] 如在欧洲概说中写道[2]:

洲内各国,俱有书院,男女皆得入院学习文艺。其大书院系成人者,或参究医理精蕴,或讨论圣经精义。又有书院几处,所以教瞽目与耳聋口哑者。其教瞽者,用凸字印板,使之摸而认之,教聋与哑者,常以录写与看,使之记认。又有以手指伸缩为字形,令其习见而熟识之,真妙法也。

在《佛兰西国图说》中,作者写道[3]:

---

〔1〕 参见:邹振环.晚清西方地理学在中国——以 1815 至 1911 年西方地理学的传播与影响为中心.上海:上海古籍出版社,2000:87—89.

〔2〕 [美]袆理哲.地球说略.浙江图书馆藏清咸丰六年(1856)宁波华花圣经书房铅印本:40.

〔3〕 [美]袆理哲.地球说略.浙江图书馆藏清咸丰六年(1856)宁波华花圣经书房铅印本:50.

初国中书院稀少,凡入院读书大约富贵人。至今添立多处,有大书院二十六所,小书院不胜数。无论贫贱,皆得所学,至天文算法,最为精到,缘其嗜学故也。藏书之室极广大,所藏卷帙,约计数十万本。印书之局,分八十所,共计印匠三千人,或印新闻纸,或印不拘何书。

在《亚利曼列国图说》中,作者写道[1]:

是国最著名,缘其人多聪颖,且男女各善诵读,俱知文学。其大书院有二十四所,小书院比比皆是。以此国人不知学习者,千人中不过一人。不能书写者,千人中不过五六十人。卖书之人,缚之背上,载之马车,周行各处以相售。城内多藏书之室,每室所藏,约有数十万卷。倘有愿读其书者,不拘何人,尽可入内披读。

在《大英国图说》中,作者写道[2]:

今则称是国之人,最为敏达。大小书院,不计其数。凡在院者,若天文、若地舆、若算法,皆能探究其奥,至每岁无数新刊书籍,及国之新闻纸,与他国新闻纸亦无不检阅,无不诵读,以故一切时事,俱所通晓。书院规则,男女皆准入学,是以妇女之辈,尽多敏悟,即如百音琴,与诸色乐器,各能按律谱曲焉。立局印书,其字板用摆板,便于撮用,每字以铅锡铸成,如中国聚珍版然,非呆刊梓桐统板也。其刷印之法,以两人对立于印书架旁,中放摆板数块,一擂墨,一用纸压放板上,甚为便捷。

在合众国图说中,作者写道[3]:

国内多书院,凡民无论男女贫富,皆准入学。以故诵读之人,较他国为多。又有印书局几处,每日所印新闻纸,约得数千张,而

---

〔1〕　［美］祎理哲.地球说略.浙江图书馆藏清咸丰六年(1856)宁波华花圣经书房铅印本:58.

〔2〕　［美］祎理哲.地球说略.浙江图书馆藏清咸丰六年(1856)宁波华花圣经书房铅印本:68—70.

〔3〕　［美］祎理哲.地球说略.浙江图书馆藏清咸丰六年(1856)宁波华花圣经书房铅印本:96.

书籍亦印出不少。

祎理哲详细介绍了这些欧美国家的教育和出版情况,其用意"无非是为了让中国人了解西方人绝非传统中国人心目中的'蛮夷',他们有着甚至比中国人更高的文明"[1]。显然,在当时的社会背景下,这些内容对于增进公众对西方国家的了解和认识,唤起清政府对教育和出版事业的重视,都具有重要的现实意义。

《地球说略》及其早期版本《地球图说》在晚清地理学史上具有重要的学术价值。邹振环先生认为,《地球图说》是"晚清东传中国的西方地理学译著中第一部以整个地球为描述对象的简明读物"[2]。熊月之先生认为,它是一部"西人言西事的地理著作,准确性较高,在中国知识界颇有影响"[3]。据研究,魏源在《海国图志》中引用此书多达 34 处之多。[4] 该书还传入日本,1860 年东都江左老皂馆出版了箕作阮甫训点本[5],并被许多学校采用为世界地理教科书。

(二)玛高温的《博物通书》

《博物通书》(*Philosophical Almanac*),玛高温编译,宁波华花圣经书房1851 年出版。此书除包括 1851 年中西日历之外,主要部分为《电气通标》译本[6],所以学界也将其称作《电气通标》。他之所以编译此书,是因为他认为要想在中国成功传播西洋医学和科学,用中文编写介绍西方科学技术知识的著作是必不可少的。《博物通书》的编译,正是他实践这种想法的发端。[7]

此书的主要内容,我们可以通过《电气通标》序文有大致了解。序文写道:"西洋新法,凡通信移文,虽千数里,一刻可至。此宝贵之要法也,无论国事民事,皆所必需。今欲详明其理,先从电气立论;高明者即此细究,自能知

〔1〕 邹振环.晚清西方地理学在中国——以 1815 至 1911 年西方地理学的传播与影响为中心.上海:上海古籍出版社,2000:89.

〔2〕 邹振环.晚清西方地理学在中国——以 1815 至 1911 年西方地理学的传播与影响为中心.上海:上海古籍出版社,2000:87.

〔3〕 熊月之.西学东渐与晚清社会.上海:上海人民出版社,1994:173.

〔4〕 邹振环.晚清西方地理学在中国——以 1815 至 1911 年西方地理学的传播与影响为中心.上海:上海古籍出版社,2000:86.

〔5〕 邹振环.晚清西方地理学在中国——以 1815 至 1911 年西方地理学的传播与影响为中心.上海:上海古籍出版社,2000:89.

〔6〕 王扬宗.晚清科学译著杂考.中国科技史料,1994,15(4):33.

〔7〕 牛亚华,冯立昇.近代第一部电磁学著作——《电气通标》.物理学史丛刊,1996:42—49.

之。第一章引言,第二章电气玻璃器,第三章电气五金器,第四章吸铁石气,第五章连吸铁石,第六章通标。"[1]可见,玛高温认为,要想更好地向中国人介绍被看作"宝贵之要法"、"西洋新法"的电报技术知识,必须先介绍电磁学知识,因为电磁学知识是电报技术知识的理论基础。因此,该书涉及电磁学和电报知识两个方面的内容。[2]第一章介绍了一些静电学概念和静电知识;第二章介绍了玻璃筒式和圆板式两种起电机以及静电计;第三章介绍了电池装置及其制法;第四章介绍了磁学知识;第五章介绍了电磁感应方面的知识;第六章"电气通标"专论有线电报。

玛高温是我国较早使用"电"、"电气"来翻译西方学术名词的人。我国公元前的甲骨文中就有了"电"字,原意是指阴雨时云层阴阳交会发生的现象,有声曰"雷",无声曰"电"。玛高温用"电"来翻译西方的"electric"及其派生词,从此赋予了"电"字新的近代学术含义:具有能量、基本粒子等多方面的意义。[3]此外如"电线"、"电信"等词也被稍后的著作所采用。

《博物通书》是目前所知最早介绍西方电磁学和电报知识的中文著作。它的出版,"标志着西方电磁学知识开始系统地传入中国"[4]。值得一提的是,玛高温在书中对西方电磁学及其应用技术的某些最新成果及时地进行了介绍。[5]如,丹聂尔电池发明于1836年,格罗夫电池发明于1839年,在1851年初出版的《博物通书》中已有较详细的介绍。书中介绍的电磁学实验,多数是19世纪20年代或30年代的成果。特别是电报通信的介绍,都是讲述西方的最新成果,惠斯通(Charles Wheatstone,1802—1875)1840年发明的电报机已有介绍,莫尔斯(S. F. B. Morse,1791—1872)的成果(印板通字法)也有涉及。

《博物通书》出版后不久便传入日本。[6]江户末期卓有声望的儒学大家羽仓简堂(1790—1862)在安政四年(1857)"岁旦试笔"时记曰[7]:"余向恶洋学,甚于蛇蝎。近读独乙学士玛高温所翻译《航海金针》,骇其文章简洁而悉其意。又读《博物通书》,备知西人学植深厚,非华人所及。"由此可见,《博物通书》在安政四年即已在日本刊刻印行并广为传播。

---

〔1〕 转引自:牛亚华,冯立昇.近代第一部电磁学著作——《电气通标》.物理学史丛刊,1996:43.

〔2〕 牛亚华,冯立昇.近代第一部电磁学著作——《电气通标》.物理学史丛刊,1996:44—47.

〔3〕 陈步峥.近代中国的电气事业.科学中国人,1997(1—2):84—85.

〔4〕 牛亚华,冯立昇.近代第一部电磁学著作——《电气通标》.物理学史丛刊,1996:42.

〔5〕 牛亚华,冯立昇.近代第一部电磁学著作——《电气通标》.物理学史丛刊,1996:47—48.

〔6〕 王冰.近代早期中国和日本之间的物理学交流.自然科学史研究,1996,15(3):227—233.

〔7〕 转引自:王冰.近代早期中国和日本之间的物理学交流.自然科学史研究,1996,15(3):228—229.

(三)其他科学著作

《平安通书》,作者麦嘉缔(Davie Bethume McCartee,1820—1900),字培端,美国北长老会传教医师,医学博士,1844 年来华。麦嘉缔从 1850 年到 1853 年在宁波编著《平安通书》,每年出 1 册,共有 4 册。该书主要内容包括某些天文、地理常识,如太阳系知识、日晷图说、日月蚀图说、四时节气图说、时刻论、潮汐随日月图说、西洋历法缘起、镇海潮汐时刻表等。[1]由于每年日月蚀、节气、潮汐的时间都不相同,所以这种通书每年都要进行重新计算和修订。[2]该书之所以称作《平安通书》,大概是由于宁波、镇海一带多渔民,而潮汐信息对渔民来说非常重要。[3]有《平安通书》一册在手,渔民可以及时了解潮汐信息,避开潮汐,平安完成渔业活动。

据研究,1852 年前的《平安通书》被魏源《海国图志》引用 11 段。《海国图志》卷 100"地球天文合论五"的内容全部来自《平安通书》。[4]可见,《平安通书》在当时产生了较为广泛的影响。

《天文问答》,作者哈巴安德(Andrew Patton Happer,1818—1894),美国传教士,1844 年毕业于宾夕法尼亚大学,获得医学博士学位,同年来华,现在澳门传教,1847 年移居广州,行医、办学、传教。1854 年嘉约翰来穗以后,他不再行医,专门从事教育活动。1884 年,他在美国募款 10 万美元,1887 年用此款在广州创办格致书院(岭南学堂),自任监督。1891 年因病返美。此书系哈巴安德于 1849 年在宁波华花圣经书房出版,采用问答体,分22 回,每回包括一二十个问题。其回目是[5]:

> 一、论地之形如何;
>
> 二、论画分地球图;
>
> 三、论地是圆的凭据及地是一行星;
>
> 四、论天空所现的物;
>
> 五、论月盈亏、发光及月蚀的缘故;
>
> 六、论日蚀并昼夜缘故;
>
> 七、论算年月;

---

〔1〕 熊月之.西学东渐与晚清社会.上海:上海人民出版社,1994:171.

〔2〕 熊月之.西学东渐与晚清社会.上海:上海人民出版社,1994:171—172.

〔3〕 熊月之.西学东渐与晚清社会.上海:上海人民出版社,1994:172.

〔4〕 熊月之.西学东渐与晚清社会.上海:上海人民出版社,1994:172.

〔5〕 转引自:熊月之.西学东渐与晚清社会.上海:上海人民出版社,1994:173—174.

八、论日有益七色天虹出现的缘故；

九、论日有益使雨落及河源的缘故；

十、论云及露水何为而有；

十一、论日能致风起的缘故；

十二、论风有大益于人；

十三、总论日之大益；

十四、论七行星；

十五、论月、彗星、恒星并天河；

十六、论日有吸引的力量；

十七、论地有吸引的力量；

十八、论物体有相引粘合的力量；

十九、论相引粘合的力量有大小；

二十、论物有六样本性；

二一、亦论物之本性；

二二、论博物有益于人。

可见，该书的内容十分丰富，不但包括当时西方普通天文学方面的知识，而且还包括某些在现在看来属于地理学和物理学的知识，如"论地之形如何"、"论画分地球图"、"论日有益七色天虹出现的缘故"、"论物体有相引粘合的力量"、"论相引粘合的力量有大小"等。

《天文问答》"语言浅近，举例通俗，是普及科学知识的上乘读物"。在当时的社会背景下，普及普通天文学知识，"不但对中国知识界，而且对一般社会，均有一定启蒙意义"[1]。

《航海金针》，美国传教士玛高温编。此书于1853年在宁波华花圣经书房出版，共有35页，三卷，1册，该书介绍美国人来特非尔(Mr. Redfield)、英国人毕丁登(Mr. Piddington of Calcutta)和黎特(Col Reid)上校对中国海台风的有关论述。[2] 内有大幅插图，指示台风在中国海上流向。在《航海金针》的英文序言中，玛高温指出[3]：

〔1〕 熊月之.西学东渐与晚清社会.上海：上海人民出版社,1994：174.

〔2〕 王扬宗.晚清科学译著杂考.中国科技史料,1994,15(4)：33.

〔3〕 [美]来特非尔撰,[美]玛高温译.航海金针.浙江图书馆藏咸丰三年(1853)刻本。参见：王扬宗.晚清科学译著杂考.中国科技史料,1994,15(4)：33—34.

旅居中国的外国人每年赞助我们这些医师传教士救治病人数以万计,令人赞叹,然而中国人对慈善事业还有别的需求。他们实在急需在科学上的训练,而这些科学实为我们西方国家富强的根源。如果没有科学,要想开发这个帝国的潜能,那是不可能的。当然,我们为他们翻译科学著作,不仅在促进其物质利益,也应该藉以传布基督教的真理。英美各慈善机关一向仅注意传布福音,这一类介绍世俗科学的尝试,特别需要各机关的大力支持。

这段话表明,玛高温编写此书的目的在于指导中国船民在海行时少受风害,而他这样做的最终目的还在于取得中国人的信任,从而有利于开展他的宗教传播工作。

《指南针》,英国传教士胡德迈(Thomas Hall Hudson,1800—1876)编,共有 7 页,1849 年出版,这是专为海员编的关于使用指南针的说明书。胡德迈,1845 年受派来华,同年到达宁波,建立传教站。他是英国浸礼会派到中国传教的第一人。[1]

《日食图说》,玛高温编,1852 年出版,内容系测算咸丰二年冬月初一日(1852 年 12 月 11 日)在北京、上海、宁波、福州、厦门、广州、香港等地所见日食情况。[2]

第三节 墨海书馆的浙江科学家:李善兰和张福僖

上一节谈到,1844—1860 年间,宁波华花圣经书房翻译出版了多部西方科学技术著作,传播了科技文化知识。与此同时,浙籍学人在上海墨海书馆为西方科学技术的传入作出了重要贡献。其中,最主要的两位浙江科学家是李善兰和张福僖。本节主要围绕他们在墨海书馆的科学翻译工作进行一些探讨。

一、晚清上海的翻译机构——墨海书馆

1843 年 11 月,上海正式开埠。12 月,英国伦敦会传教士麦都思(Walter Medhurst,1796—1857)在经过一番充分准备以后,将设在巴达维

---

〔1〕 熊月之.西学东渐与晚清社会.上海:上海人民出版社,1994:173.

〔2〕 熊月之.西学东渐与晚清社会.上海:上海人民出版社,1994:173.

亚(今雅加达)的印刷所经由香港、舟山从南洋迁至上海,定名墨海书馆(London Missionary Society Press),第二年开始印刷出版物。从 1844 年开始,到 1860 年从宁波迁来的美华书馆(前身即华花圣经书房)在上海立足而墨海书馆的活动逐步减少。据统计,这期间墨海书馆出版各种书刊 171 种,除宗教类书刊外,属于数学、物理、天文、地理、历史等科学知识方面的书刊 33 种,占总数的 19.3%。[1] 墨海书馆出版的这些科学著作,对于开阔中国人的视野,促进西方科学技术的传播,起到了重要的作用。

在墨海书馆建立之初的三年时间里,其创始人麦都思既担任首任监理之职,又是主要撰稿人。1844—1846 年墨海书馆共出版书籍 17 种,其中 16 种是他自己编写的。1846 年年底至 1848 年,有一批传教士从各地陆续来到上海,其中一些传教士与墨海书馆有程度不同的联系。来自伦敦会的传教士伟烈亚力、艾约瑟等成了麦都思的得力助手[2]。伟烈亚力(Alexander Wylie,1815—1887),英国传教士,于 1847 年 8 月 26 日抵达上海,是伦敦会专门派来协助麦都思管理墨海书馆的。伟烈亚力在伦敦时便自学中文,博学多才,后来成为墨海书馆传播西方科学的关键人物之一。艾约瑟(Joseph Edkins,1823—1905)是英国来华传教士中著名的"中国通",于 1848 年 9 月 2 日到达上海,为伦敦会驻沪代理人,先是协助麦都思编写宗教读物并管理图书,1856 年麦都思离任回国后,他继任墨海书馆监理,也是西学传播中的重要人物。这些传教士的加盟,使得麦都思的翻译力量大大增强。

在翻译和出版宗教及科学类书刊的过程中,由于传教士很难将基督教义和科学知识用文言文恰当地表达出来,于是他们开始聘请中国学者协助完成这项工作。从 1849 年麦都思聘请落第秀才王韬(1828—1897)做中文助手开始,一批中国文人陆续进入墨海书馆参与翻译和出版工作,成为近代中国第一批兼通中西文化的知识分子。[3] 浙江学者李善兰和张福僖就是在这样的背景下进入墨海书馆从事科学翻译工作的。

二、李善兰的科学翻译工作

1852 年,李善兰进入上海墨海书馆译书。此时,他的天算研究经典之

〔1〕 熊月之.西学东渐与晚清社会.上海:上海人民出版社,1994:188.

〔2〕 这里,关于墨海书馆成员情况的简介,参见:熊月之.西学东渐与晚清社会.上海:上海人民出版社,1994:184—186.

〔3〕 王立群.近代上海口岸知识分子的兴起——以墨海书馆的中国文人为例.清史研究,2003(3):97—106.

作《弧矢启秘》(1851年刻)、《方圆阐幽》(1851年刻)、《四元解》(成于1845年)、《麟德术解》(成于1848年)和《对数探源》(1850年刻)等业已完成。正是由于这些天算著作,使他受到了墨海书馆麦都思和伟烈亚力的青睐,并决定聘请他担任西方数学和天文学等方面著作的翻译工作。这一点,在李善兰的北京同文馆同事、英国传教士傅兰雅[1]的追记中记述得十分清楚[2]:

> 李君系浙江海宁人,幼有算学才能,于一千八百四十五年初印其新著算学。一日到上海墨海书馆礼拜堂,将其书予麦[都思]先生展阅,问泰西有此学否? 其时住于墨海书馆之西士伟烈亚力见之甚悦,因请之译西国深奥算学并天文等书。

李善兰加盟墨海书馆,与传教士伟烈亚力、艾约瑟和中国学者王韬等朝夕相处,砥砺学问,使墨海书馆开始成为中外学者交流探讨西学的主要媒介,"由于博学多才的伟烈亚力及精通天算的李善兰之声名远播,遂使墨海书馆不仅是宗教书籍的印刷所,而且也成为富有学术气氛之文人汇聚地"[3]。

李善兰在墨海书馆的主要工作是与来华传教士合作翻译科学著作。在翻译过程中,沿袭了明末清初以来科技著作翻译中由西士口授和国人笔述的合作译书方法。从这种合作译书的方式来推断,当时参与译书的中国学者英语水平不会很高或者根本不懂英语。不过,据洪万生研究,李善兰"似乎已有阅读外语的能力了",至于所达到的具体水准则"有待进一步查证"。[4]

李善兰在墨海书馆的七八年间,译书成果颇为可观。据目前所知,1852年到1859年,李善兰与传教士合作翻译了《几何原本》后9卷、《重学》20卷附《圆锥曲线说》3卷、《谈天》18卷、《代数学》13卷、《代微积拾级》18卷、《植物学》8卷和《数理格致》等科学著作。下面分别予以简要介绍。

(1)《几何原本》(后9卷,伟烈亚力续译,李善兰笔受,译成于1856年,

〔1〕 关于傅兰雅的生平和科学活动,参见:王扬宗.傅兰雅.杜石然.中国古代科学家传记(下集).北京:科学出版社,1993:1346—1348;王扬宗.傅兰雅与近代中国的科学启蒙.北京:科学出版社,2000;顾长声.从马礼逊到司徒雷登——来华新教传教士评传.上海:上海书店出版社,2005:204—226.

〔2〕 [英]傅兰雅.江南制造局翻译西书事略.格致汇编,1880,3(5):11.浙江大学图书馆藏.

〔3〕 洪万生.墨海书馆时期(1852—1860)时期的李善兰.中国科技史论文集编辑小组.中国科技史论文集.台北:联经事业出版公司,1995:226—227.

〔4〕 洪万生.墨海书馆时期(1852—1860)时期的李善兰.中国科技史论文集编辑小组.中国科技史论文集.台北:联经事业出版公司,1995:230.

初刊于 1857 年）。

李善兰进入墨海书馆以后翻译的第一部科学著作是《几何原本》后 9 卷，内容包括数论、无理数和立体几何等。他在《几何原本》译序中说道[1]：

> 岁壬子(1852)来上海，与西士伟烈亚力约，续徐、利二公未完之业。伟烈君无书不览，尤精天算，且熟习华言，遂以六月朔为始，日译一题。中间因应试、避兵诸役，屡作屡辍，凡四历寒暑，始卒业。

欧几里得（Euclide，约前 330—前 275）的《几何原本》是古代西方数学乃至整个科学的典范之作。早在 13 世纪元代时就曾经传入我国，但是由于没有被翻译过来，因此对当时的中国科学发展没有产生什么影响。[2] 1607 年，徐光启 (1562—1633)与意大利来华

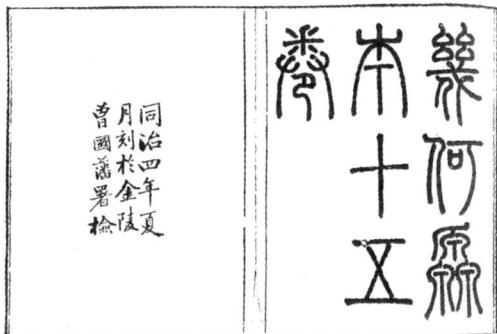

图 2-2　《几何原本》书影

传教士利玛窦(Matteo Ricci，1552—1610)合作翻译前 6 卷。徐光启曾感慨写道："续成大业，未知何日，未知何人，书以竢焉。"[3]他不曾料到，这个"续成大业"的重任正是落到了伟烈亚力和李善兰的肩上。

李善兰和伟烈亚力自 1852 年起，"凡四历寒暑"，续译《几何原本》后 9 卷，稿成后寄韩应陛(？—1860)，又经顾观光、张文虎二人校阅，并于 1857 年正式刊行[4]，时距前 6 卷初刻刊本整整 250 年，此时欧几里得《几何原

---

[1] （清）李善兰.几何原本·续译原序.见：[西洋]欧几里得撰，[意]利玛窦译，(明)徐光启笔受；[英]伟烈亚力续译，(清)李善兰笔受.几何原本.顾廷龙，傅璇琮.续修四库全书(第 1300 册).上海：上海古籍出版社，1995：148.

[2] 参见：严敦杰.欧几里得几何原本元代输入中国说.东方杂志，1943，39(13)：35—36；李迪.中国少数民族科学技术史(通史卷).南宁：广西科学技术出版社，1996：283.

[3] （明）徐光启.题《几何原本》再校本.见：朱维铮，李天纲.徐光启全集(四).上海：上海古籍出版社，2010：14.

[4] 此说由梅荣照先生等根据李善兰和伟烈亚力"序"以及韩应陛"跋"的日期断定.参见：梅荣照，王渝生，刘钝.欧几里得《几何原本》的传入和对我国明清数学的影响.梅荣照.明清数学史论文集.南京：江苏教育出版社，1990：53—83.

本》中译本才得以完璧。[1]

这次翻译所用的底本,据考可能是英国 17 世纪数学家、牛顿的业师巴罗(Isaac Barrow,1630—1677)的英译本(*Elements,the Whole Fifteen Books*)。[2]

在翻译《几何原本》过程中,李善兰并不满足于仅仅完成工作而已,而是融入了自己对某些问题独立思考的结果。在他翻译的后 9 卷中,自己所加的按语达一二十处。有些按语是对命题的说明,有些则是李善兰自己的发挥。这些按语当中不乏创见,如对无理数存在问题的讨论即是一例,"李善兰在《几何原本》的按语中讨论这个问题,在中国数学史上还是第一次"[3]。虽然李善兰的按语当中也存在不尽恰当之处,如吴起潜对卷 10 第 11 题、第 73 题的按语曾提出过异议[4],但是这些按语毕竟是李善兰独立思考的结果,对于引发人们的进一步研究还是有所助益的。

《几何原本》对我国清末的数学发展产生了积极的影响。一方面,李善兰以后,顾观光、吴庆澄、潘应祺(1866—1926)、吴起潜、周达(1879—1949)和宗森保等学者也纷纷著书研究《几何原本》。他们或者对《几何原本》的内容做某些解释,或者对《几何原本》的定理做某些阐述发挥,或对《几何原本》的题目做某些汇编,在晚清数学界也具有一定的影响。[5]另一方面,洋务运动之后,《几何原本》开始进入学堂,1905 年"废科举"之后则开始成为中学几何课程新教材的蓝本,促进了中国数学教育的近代化。

(2)《重学》(20 卷,艾约瑟口译,李善兰笔述,译成于 1856 年,付梓于 1859 年)。就在李善兰与伟烈亚力开始翻译《几何原本》不久,艾约瑟向李善兰推荐《重学》一书[6]:

　　　岁壬子(1852)余游沪上,将继徐文定公之业续译《几何原本》,

---

〔1〕 刘钝. 从徐光启到李善兰——以《几何原本》之完璧透视明清文化. 自然辩证法通讯,1989,11(3):55—63.

〔2〕 参见:梅荣照,王渝生,刘钝. 欧几里得《几何原本》的传入和对我国明清数学的影响. 梅荣照. 明清数学史论文集. 南京:江苏教育出版社,1990:59;钱宝琮. 中国数学史. 郭书春,刘钝. 李俨钱宝琮科学史全集(第 5 卷). 沈阳:辽宁教育出版社,1998:360.

〔3〕 梅荣照,王渝生,刘钝. 欧几里得《几何原本》的传入和对我国明清数学的影响. 梅荣照. 明清数学史论文集. 南京:江苏教育出版社,1990:78.

〔4〕 梅荣照,王渝生,刘钝. 欧几里得《几何原本》的传入和对我国明清数学的影响. 梅荣照. 明清数学史论文集. 南京:江苏教育出版社,1990:78.

〔5〕 梅荣照,王渝生,刘钝. 欧几里得《几何原本》的传入和对我国明清数学的影响. 梅荣照. 明清数学史论文集. 南京:江苏教育出版社,1990:79—80.

〔6〕 [英]艾约瑟口译,(清)李善兰笔述. 重学,"序". 浙江图书馆藏清同治五年(1866)刻本.

西士艾君约瑟语余曰:君知重学乎? 余曰:何谓重学? 曰:几何者,度量之学也;重学者,权衡之学也。昔我西国以权衡之学制器,以度量之学考天,今则制器考天皆用重学矣,故重学不可不知也。我西国言重学者,其书充栋,而以胡君威立所著者为最善,约而该也,先生亦有意移之乎? 余曰:诺。于是朝译几何,暮译重学,阅二年同卒业。

图 2-3　《重学》书影

《重学》20 卷的底本为英国物理学家、科学和哲学史家胡威立(W. Whewell, 1795—1866)[1]的《初等力学》,所据版次不详,其后附《圆锥曲线说》三卷的原著者和底本目前尚不清楚。这部著作由艾约瑟口译,李善兰笔述,1856 年译成,1859 年付梓,未几毁于兵,1866 年重刻印行。

李善兰在书中介绍西方重学说[2]:

> 重学分二科,凡以小重则大重,如衡之类,静重学也。凡以小力引大重,如盘车、辘轳之类,静重学也。一曰动重学,推其暂,如飞炮击敌,动重学也;推其久,如五星绕太阳,月绕地,动重学也、静重学之器凡七:杆也、轮轴也、齿轮也、滑车也、斜面也、螺旋也、劈也;而其理唯二,轮、轴、齿轮、滑车,皆杆理也;螺旋、劈,皆斜面理也。动重学之率,凡三:曰力,曰质,曰速……

《重学》全书共分为静重学、动重学和流质重学三个部分。卷 1 至卷 7 静重学部分详细讨论了有关力及其合成与分解,简单机械及其原理,重心与平衡,静摩擦力等静力学问题。其中的部分内容已在王征(1571—1644)译

---

[1]　胡威立今译惠威尔或休厄尔,涉猎物理学、物理天文学、科学教育、科学史和科学哲学等多个领域。主要著作除《初等力学》外,还包括《归纳科学史》(1837)、《归纳科学的哲学,它们的发现史》(1840)、《科学思想史》(1858)和《哲学的发现》(1860)等。

[2]　[英]艾约瑟口译,(清)李善兰笔述.重学,"序".浙江图书馆藏清同治五年(1866)刻本.

《远西奇器图说》(1627)与南怀仁(Ferdinard Verbiest,1623—1688)编纂《灵台仪象志》(1674)中有所涉及。[1]卷8至卷17动重学部分详细讨论了物体的运动,包括加速运动、抛物运动、曲线运动、平动、转动,以及碰撞、动摩擦、功和能等动力学问题,其中涉及的牛顿运动三定律、加速运动、功与能等物理原理和概念为中国之首见。卷18至卷20流质重学部分简要介绍了流体的压力、浮力、阻力、流速等流体的一般性质,其中包括阿基米德定律、波义耳定律和托里拆利实验等。

《重学》是中国近代科技史上第一部系统介绍包括静力学("静重学")、动力学("动重学")、刚体力学和流体力学("流质重学")知识的力学译著,也是当时最重要和最有影响的物理学专著。

(3)《植物学》(8卷,韦廉臣、艾约瑟译,李善兰笔述,译成于1857年,刊印于1858年)。据1858年李善兰为《植物学》写的序言可知参与该书翻译者的具体情况,他说:

> 《植物学》八卷,余与韦君廉臣所译,未卒业,韦君因病返国。其第八卷,则与艾君约瑟续译之。

可见,这部著作的大部分是由李善兰与英国来华传教士韦廉臣(A. Williamson,1829—1890)[2]所译,只有第8卷是李善兰与艾约瑟合作翻译完成的。《植物学》翻译所依据的底本是英国植物学家林德利(J. Lindley,1799—1865)所著《植物学基础》(*Elements of Botany*)一书,系节译而成。下面结合有关研究成果[3],简述这部著作的主要内容、特色和影响。

《植物学》一书相当于现在所说的普通植物学,较为系统地介绍了西方近代植物学基础知识。卷1"总论"部分的主要内容是讲述

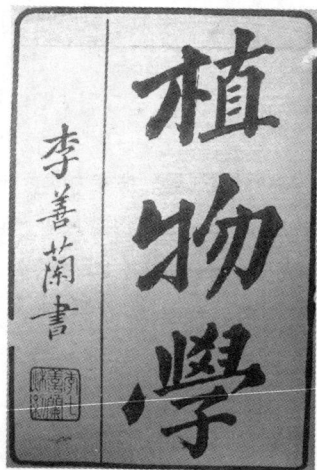

图2-4 《植物学》书影

〔1〕 王渝生.中国近代科学的先驱——李善兰.北京:科学出版社,2000:41.
〔2〕 韦廉臣,英国伦敦布道会教士,1855年来华。
〔3〕 汪子春.我国传播近代植物学知识的第一部译著《植物学》.自然科学史研究,1984,3(1):90—96.

植物研究的意义、植物和动物的异同以及植物的地理分布等。卷 2"论内体"讲述植物体的组织结构。卷 3 至卷 6"论外体"是全书的主要部分,分别讲述植物体根、茎、叶、花、果实等器官的构造及其生理功能。卷 7 和卷 8 讲述植物分类的方法。这部著作对于文艺复兴以后至 19 世纪上半叶的植物学新进展都有所反映。例如,介绍了只有在显微镜下才能看到的植物体的组织构造,介绍了近代在实验和观察的基础上建立起来的有关植物体各器官的生理功能的理论,还介绍了以植物体形态构造特点为依据的近代植物分类方法等。

在翻译《植物学》的过程中,李善兰创译了很多植物学名称和名词术语。书中除了对极少数原产于外国的植物的名称采用音译外,对于大多数植物学名称或名词术语,则很少采用音译,这无疑大大方便了中国人对所有科学内容的阅读和理解。如,"植物学"这个术语就是李善兰参照中国传统的植物学知识,从英语"Botany"一词创译过来的。他还将"Stamen"译作"须"(即雄蕊),将"Pistil"译作"心"(即雌蕊),赋予古老的"花心"和"花须"等名词以新的含义,分别代表植物体的雌性和雄性器官。作为植物分类单位的"科"也是李善兰创译的,它相当于"Family"。19 世纪后半叶来华传教士傅兰雅编译的《论植物》等中文译著所用的术语,大都沿用了李善兰所创译的植物名称或名词术语。

《植物学》是我国最早介绍近代植物学的一部译著。在其翻译完成之后,不仅在中国流传,而且也传到了日本,并对日本学术界从本草学过渡到近代植物学研究产生了一定的影响。

(4)《谈天》(18 卷,伟烈亚力译,李善兰删述,出版于 1859 年)。《谈天》是根据英国著名天文学家侯失勒(现译作赫歇尔)(John Herschel,1792—1871)[1]的天文学名著《天文学纲要》(*Outlines of Astronomy*)第 12 版(1851)译出的,由李善兰和英国来华传教士伟烈亚力合作翻译。

我们先来简单回顾李善兰翻译《谈天》所处的时代背景。清代中叶到鸦

---

　　[1]《谈天》所依据的底本《天文学纲要》的作者约翰·赫歇尔是世界著名观测天文学家威廉·赫歇尔(William Herschel,1738—1822)的儿子。威廉·赫歇尔除了发现天王星之外,还分别发现天王星和土星的卫星。在观测基础上,1782 年他编制了第一个恒星双星表;1785 年用统计方法研究恒星的空间分布,得到了第一个银河系结构图形,从此产生了恒星天文学。约翰·赫歇尔继承了父亲的工作,从 1834—1838 年在普敦给出了威廉没有观察过的南半球天空的恒星。这部《天文学纲要》即是在总结他们父子的以及欧洲的天文学主要成果的基础上写成的。原书在英国出版后,备受欢迎,曾先后多次再版。参见:叶晓青.约翰·赫歇尔的《谈天》——记我国翻译出版的第一部近代天文学著作.中国科技史料,1983,4(1):85—87.

片战争前后,中国士人心目中的天文学理论体系处于混乱的状态,这与传教士从明末到清代中叶传入中国的西方天文学理论和宇宙模型直接相关。最初,利玛窦在《乾坤体义》(1605)中介绍了亚里士多德的同心固体水晶球体系;接下来,《崇祯历书》(1634)和《历象考成》(1722)均采用了第谷的宇宙体系;1742年编纂的《历象考成后编》中抛弃了本轮、均轮学说而采用了椭圆轨道模型;1799年公开出版的法国耶稣会士蒋友仁(Michel Benoist,1715—1774)《地球图说》,介绍了哥白尼日心地动说并明确承认其准确性,此后第一次西方天文学传入中国的过程进入了中断期。我们看到,在第一次西方天文学传入中国的过程中,传教士屡次改变宇宙模型。更为重要的是,对于宇宙模型改变的原因,传教士只是从技术层面来解释,而未涉及模型背后的深层物理机制问题。随之给中国学者带来的影响是,他们认为这种不同的宇宙模型只是一种方便的数学计算工具而已,而不具有物理上的意义。[1] 如,乾嘉学者钱大昕就提出了"假象"说,"本轮、均轮本是假象,今已置之不用,而别创椭圆之率,亦假象也。但使躔离、交食推算与测验相准,则言大小轮可,言椭圆亦可"[2]。接下来,阮元(1764—1849)和李锐(1768—1817)将这种观点推进了一步,他们在《畴人传》"蒋友仁"传中论曰[3]:

> 自欧罗巴向化远来,译其步天之术,于是有本轮、均轮、次轮之算,此盖假设形象,以明均数之加减而已。而无识之徒,以其能言盈缩、迟疾、顺留、伏逆之所以然,遂误认苍苍者。天果有如是诸轮者,斯真大惑矣。乃未几而向所谓轮者,又易为椭圆面积之术,且以为地球动而太阳静,是西人亦不能坚守其说也。夫第假象以明算理,则谓椭圆面积可,谓为地球动而太阳静,亦何所不可? 然其为说至于上下易位、动静倒置,则离经畔(叛)道,不可为训,故未有若是甚焉者也。地谷(第谷)至今才百余年,而其法屡变。如此,自是而后,必更有与此数端之外,逞其私知,创为悠谬之论者,吾不知其伊于何底也? 夫如是而曰西人之言天,能明其所以然,则何如曰盈缩,曰迟疾,曰顺留伏逆,但言其当然,而不言其所以然者之终古无弊哉。

〔1〕 石云里,吕凌峰.从"苟求其故"到但求"无过"——17—18世纪中国天文学思想的一条演变轨迹.科学技术与辩证法,2005,22(1):101—105.

〔2〕 (清)罗士琳续补.畴人传·卷49,"钱大昕".上海:商务印书馆,1955:640—641.

〔3〕 (清)阮元.畴人传·卷46,"蒋友仁".上海:商务印书馆,1955:610.

　　这里,"论者"的观点应当代表了阮元和李锐的观点[1],大致包括三个方面的内容:其一,与钱大昕的观点一致,即认为西方天文学中的几种宇宙模型都不过是"假象"而已,只是"以明算理"的工具,"何所不可"? 其二,认为《地球图说》中介绍的哥白尼日心地动说"离经叛道,不可为训";其三,主张"但言其当然,而不言其所以然者"以求"终古无弊",即退回到西学传入前的中国传统历法中去。所以,我们看到,此时的中国天文学理论体系混杂,学者心目之中疑惑重重,仍然徘徊在向近代天文学转变的道路上。

　　《谈天》就是在这样的时代背景下被翻译出版的,从而开始了"西方天文学第二次传入中国的历程"[2]。李善兰在序言中说道[3]:

　　　　西士言天者曰:恒星与日不动,地与五星俱绕日而行,故一岁者地球绕日一周也,一昼夜者地球自转一周也。议者曰:以天为静,以地为动,动静倒置,违经畔(叛)道,不可信也。西士又曰:地与五星及月之道,俱系椭圆,而历时等,则所过面积亦等。议者曰:此假象也……其实不过假以推步,非真有此象也。窃谓议者未尝精心考察,而拘牵经义,妄生议论,甚无谓也。

　　这里,李善兰开门见山、简明扼要地给出哥白尼日心地动说和开普勒第一、第二定律,同时对阮元、李锐等反对意见持有者进行了措辞严厉的批评。[4] 李善兰继续写道[5]:

　　　　西士盖善求其故者也。……歌白尼(哥白尼)求其故,则知地球与五星皆绕日。……刻白尔(开普勒)求其故,则知五星与月之道皆为椭圆,其行法,面积与时恒有比例也,然俱仅知其当然,而未知其所以然。奈端(牛顿)求其故,则以为皆重学之理也。

---

　　[1]　据严敦杰先生研究,《畴人传》实为李锐编订,阮元略加删润,冠阮元之名而为之刊行"。见:严敦杰.李尚之年谱.梅荣照.明清数学史论文集.南京:江苏教育出版社,1990:455.因而,此处"论者"的观点当为阮元和李锐所共有的观点。

　　[2]　石云里.中国古代科学技术史纲(天文卷).沈阳:辽宁教育出版社,1996:267.

　　[3]　(清)李善兰.谈天·序.见:[英]侯失勒撰,[英]伟烈亚力译,(清)李善兰述,(清)徐建寅续述.谈天.顾廷龙,傅璇琮.续修四库全书(第1300册).上海:上海古籍出版社,1995:501.

　　[4]　陈美东.中国科学技术史(天文学卷).北京:科学出版社,2003:749—750.

　　[5]　(清)李善兰.谈天·序.见:[英]侯失勒撰,[英]伟烈亚力译,(清)李善兰删述,(清)徐建寅续述.谈天.顾廷龙,傅璇琮.续修四库全书(第1300册).上海:上海古籍出版社,1995:501.

由此可见,李善兰对西方近代天文学理论从哥白尼、开普勒到牛顿的演进脉络有十分清晰的认识,指出西方天文学家"善求其故",特别是牛顿已给出了宇宙模型背后的物理机制即"重学之理",这无疑也是对阮元和李锐等"但言其当然,而不言其所以然者"以求"终古无弊"的消极思想的尖锐而又有力的批评。

李善兰在序言中明确指出[1]:

> 余与伟烈君所译《谈天》一书,皆主地动及椭圆立说。此二者之故不明,则此书不能读。

李善兰还精当地介绍了牛顿万有引力学说及其与哥白尼日心地动说和开普勒行星运动定律之间的关系,并认为它们"是定论如山,不可移矣",还辅以证据作进一步说明。[2] 由此可以看出,李善兰明确告诉读者,《谈天》以哥白尼日心地动说、开普勒三定律和牛顿万有引力定律立论,避免了过去由于传教士屡次改变宇宙模型而未给出深层次解释带给中国人的思想混乱。书中还不时对本轮、均轮以及水晶球体系等模型进行科学上的反驳,这也对人们更好地接受哥白尼、开普勒和牛顿学说具有一定的作用。

《谈天》是一部近代意义上的天文学著作,系统地总结了19世纪中期以前的近代天文学成果。[3] 全书不仅以全新的方式介绍了天球模型、各种天球坐标系、天文投影原理以及球面三角形基础,而且还从天体测量学的角度总结了影响天体视位置的各种因素,如蒙气差、光行差、地平视察、周年视察、章动和岁差等。全书的重点是太阳系天文学,不仅描述了太阳系的全貌(包括行星系统、卫星系统、小行星及彗星等),而且介绍了太阳系各天体本身的一些简单的物理状况(如太阳的自转、太阳黑子、日珥、日冕、月球表面状况、火星极冠、木星条纹、土星光环以及彗星的组成等内容)。此外,《谈天》还介绍了太阳系以外的天体层次,介绍了恒星天文学研究的主要进展。

特别值得一提的是,李善兰在翻译《谈天》的过程中创译了一系列天文学专门术语,如月球天平动、月角差、二均差、光行差、章动、恒星自行、

---

〔1〕 (清)李善兰.谈天·序.见:[英]侯失勒撰,[英]伟烈亚力译,(清)李善兰删述,(清)徐建寅续述.谈天.顾廷龙,傅璇琮.续修四库全书(第1300册).上海:上海古籍出版社,1995:501.

〔2〕 参见:陈美东.中国科学技术史(天文学卷).北京:科学出版社,2003:749—750.

〔3〕 薄树人.中国天文学史.台北:文津出版社,1996:308.

双星、变星、三合星、星团、星云等等，"以其贴切而合理，至今为天文学界所沿用"[1]。

在李善兰和伟烈亚力翻译的《谈天》出版 15 年后，1874 年，中国江苏籍学者徐建寅(1845—1907)在 1859 年旧译本的基础上，增补了直至 1871 年的天文学新成果，由江南制造局刊出《谈天》增订本，即为现今多见的"伟烈亚力口译、李善兰删述、徐建寅续述"的版本。[2]

《谈天》的翻译出版，"在国人面前展示了一幅令人眼花缭乱的天文学进展的崭新图景，大大开阔了国人的眼界"，"面对如此丰富多彩的天文学内涵，国人又一次如同二百余年前西方地圆说等传入时相似，既感新鲜又是惊愕，并开始了新一轮学习、消化吸收的过程"[3]。有学者甚至认为，"从某种意义上讲，李善兰和《谈天》在中国天文学发展史上的转折地位堪与哥白尼和他的《天体运行论》相比"[4]。

(5)《代微积拾级》(18 卷，伟烈亚力口译，李善兰笔述，译成并出版于 1859 年)和《代数学》(13 卷，伟烈亚力译，李善兰笔述，译成并出版于 1859 年)。

《代微积拾级》[5]译自罗密士所写的教材 *Elements of Analytical Geometry and of the Differential and Integral Calculs*(New York：Harper & Brothers Publishers,1851)，是西方近代高等数学传入中国的第一本译著。罗密士(Elias Loomis,1811—1889)，美国数学家、气象学家、实用天文学家和数学教育学家。他 1830 年毕业于耶鲁学院，后去法国留学。1844—1860 年，他任纽约市立大学数学与自然哲学教授。1860 年起任耶鲁大学教

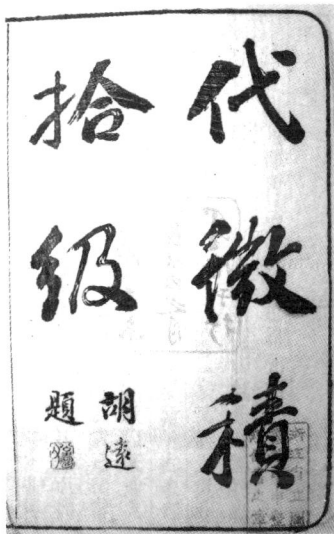

图 2-5　《代微积拾级》书影

授。除《代微积拾级》外，罗密士的其他一些数学著作也被翻译成中文，如

〔1〕　陈美东.中国科学技术史(天文学卷).北京：科学出版社,2003：755.

〔2〕　陈美东.中国科学技术史(天文学卷).北京：科学出版社,2003：751.

〔3〕　陈美东.中国科学技术史(天文学卷).北京：科学出版社,2003：755.

〔4〕　王渝生.中国近代科学的先驱——李善兰.北京：科学出版社,2000：44.

〔5〕　[美]罗密士撰,[英]伟烈亚力口译,(清)李善兰笔述.代微积拾级.浙江图书馆藏清咸丰九年(1859)刻本.

《代数备旨》(*Elements of Algebra*),《形学备旨》(*Elements of Geometry*)、《八线备旨》(*Trigonometry*)和《代形合参》(*Elements of Analytical Geometry*)等,而且多次印刷,流传广泛。[1]

《代微积拾级》是面向一般读者的微积分教材,通俗易懂,便于初学者学习。全书由 18 卷构成。卷 1 至卷 9 为解析几何的内容,包括用代数丰富解几何问题、作方程图法、点和线、圆、抛物线、椭圆、双曲线、代数曲线以及超越曲线等问题。卷 10 至卷 16 是微分学的内容,包括论微分、高阶微分、麦克劳林级数、泰勒级数、偏微分和全微分、初等超越函数(指数函数、对数函数、三角函数)的微分、导数的应用、曲率、曲率半径与渐屈线、曲线的凹凸性与奇异点等问题。卷 17 和卷 18 为微分学的内容,包括论各微分之积分和定积分的应用等问题。在解析几何方面,该书内容仅局限于平面解析几何,而未涉及立体解析几何的内容,同时也仅注重几何图形的度量上的代数属性,而缺少空间位置关系方面的几何属性讨论。[2]

《代数学》13 卷,首 1 卷,与《代微积拾级》同年出版,李善兰与伟烈亚力合译,底本是英国数学家棣么甘(Augustus De Morgan,1806—1871)所著的《初等代数学》(*Elements of Algebra*,1835)。这是我国第一本符号代数学的读本,论述初等代数问题,兼论指数函数、对数函数的幂级数展开式问题。[3]

值得一提的是,李善兰和伟烈亚力在翻译《代微积拾级》和《代数学》的过程中,创立了一套数学符号和数学术语,标志着中国近代数学符号与数学术语体系已经得以建立起来,这在中国近代数学史上具有重要的意义。[4]

李善兰和伟烈亚力合作翻译的上述两本数学著作在晚清期间还传入了日本,并产生了较大的影响。明治五年(1872),日本翻刻出版了《代数学》。而《代微积拾级》一书则是当时传到日本的影响最大的数学译著。在日本东北大学图书馆,藏有《代微积拾级》的自笔誊写本以及由中译本翻译而来的日译本。对日本影响最大的是数学术语,"《代微积拾级》中的数学术语绝大多数被日本所采用,多数沿用至今"[5]。

〔1〕 张奠宙.《代微积拾级》的原书和原作者.中国科技史料,1992,13(2):86—90.

〔2〕 李兆华.中国数学史大系(清中期至清末卷).北京:北京师范大学出版社,2000:145—151.

〔3〕 钱宝琮.中国数学史.郭书春,刘钝.李俨钱宝琮科学史全集(第 5 卷).沈阳:辽宁教育出版社,1998:360.

〔4〕 李兆华.中国数学史大系(清中期至清末卷).北京:北京师范大学出版社,2000:177—182.

〔5〕 李迪.中国数学通史(明清卷).南京:江苏教育出版社,2004:549—553.

　　(6)《数理格致》(又名《奈端数理》,李善兰与伟烈亚力合译,未出版)。

　　据傅兰雅《江南制造总局翻译西书事略》记载:"(李善兰)于墨海书馆……与伟烈亚力译《奈端数理》数十页。"[1]这里,"奈端",即英国物理学家牛顿(Isaac Newton,1643—1727);"数理",即牛顿所著《自然哲学的数学原理》(*Philosophiae Naturalis Principia Mathematica*,1687)之简称。由此可知,在墨海书馆期间,李善兰与伟烈亚力合作翻译了牛顿《原理》的一部分。由于这部分译稿没有正式刊印出版,所以,它的去向及其具体内容长期以来受到学界关注,成为一个未解之谜。李善兰的朋友、清末著名数学家华蘅芳曾试图删改该译稿,未果。[2]后被大同译书局"借去",却由于"戊戌难作"而"散佚"[3],

---

　　〔1〕[英]傅兰雅.江南制造总局翻译西书事略.格致汇编,1880,3(5):11.浙江大学图书馆藏.参见:王扬宗.晚清科学译著杂考.中国科技史料,1994,15(4):36.

　　〔2〕华蘅芳,字若汀,清末数学家、翻译家和教育家。江苏无锡人。华蘅芳的弟子丁福保(1874—1952)在《算学书目提要》(1899)中说道:"《奈端数理》四册,英国奈端撰,伟烈亚力、傅兰雅口译,海宁李善兰笔述。案:是书分平圆、椭圆、抛物线、双曲线各类,椭圆以下尚未译出。其已译者,亦未加删润。往往有四五十字为一句者,理既奥赜,文又难读。吾师若汀先生(华蘅芳)屡欲删改,卒无从下手。后为大同书局借去,今已不可究诘。谨告当代畴人,如获此书,亟付梓人,当亦好奇者所乐观。"引自:丁福保.算学书目提要·西算类.浙江图书馆藏清光绪二十五年(1899)无锡竢实学堂刻本:14.这里所说的"《奈端数理》四册",根据丁福保所述内容"分平圆、椭圆、抛物线、双曲线各类,椭圆以下尚未译出"来判断,大体上相当于牛顿《自然哲学的数学原理》卷首和第一卷前四章,与李善兰"与伟烈亚力译《奈端数理》数十页"的内容基本吻合。参见:王扬宗.晚清科学译著杂考.中国科技史料,1994,15(4):36—37;韩琦.《数理格致》的发现——兼论18世纪牛顿相关著作在中国的传播.中国科技史料,1998,19(2):82—83.

　　〔3〕根据丁福保《算学书目提要》的记载,华蘅芳"屡欲删改"李善兰与伟烈亚力合译稿本未果,"后为大同书局借去,今已不可究诘。谨告当代畴人,如获此书,亟付梓人,当亦好奇者所乐观"。引自:丁福保.算学书目提要·西算类.浙江图书馆藏清光绪二十五年(1899)无锡竢实学堂刻本:14.这里所说的"大同书局",即指清末维新运动期间,主持《时务报》的汪康年、梁启超等人组织的大同译书局。华蘅芳之弟华世芳在给汪康年的信中曾写道:"《奈端数理》及《合数术》二书,昨已由家兄取去,未识即是尊处所要否。"引自:上海图书馆编.汪康年师友书札(三).上海:上海古籍出版社,1986:2229.参见:洪万生.同文馆算学教习李善兰.杨翠华,黄一农.近代中国科技史论集.台北:"中央研究院"近代史研究所;台湾新竹:"清华大学"历史研究所,1991:234;王扬宗.晚清科学译著杂考.中国科技史料,1994,15(4):36—37;韩琦.《数理格致》的发现——兼论18世纪牛顿相关著作在中国的传播.中国科技史料,1998,19(2):82—83.另,梁启超在《论中国学术思想变迁之大势》中亦提及此事:"天算之学,自王寅旭、梅定九大启其绪,尔后经师殆莫不算。故诸实用科学中,此为独盛。阮氏(元)《畴人传》、罗氏(士琳)《畴人传补》备载之。咸同间,则海宁李壬叔(善兰)、金匮华若汀(蘅芳)最名家。壬叔续译成《几何原本》,若汀译《奈端数理》,未卒业。若汀先生于丁酉(1897)冬以其所译《奈端数理》属鄙人拟校印之。未印而戊戌难作,行箧书物悉散佚。兹编与焉,七年来耿耿负疚,不能其怀。微闻此编未遭浩劫,为竞卖者所得,未知今归谁士。海内君子有藏之者,亦使鄙人对于译者得赎重咎也。"引自:梁启超.论中国学术思想变迁之大势.上海:上海古籍出版社,2001:135.尽管这段话中将《奈端数理》的译者李善兰误为华蘅芳,但却印证了丁福保所记大同书局丢失书稿的记录。参见:戴念祖.梁启超丢失《奈端数理》译稿.中国科技史料,1998,19(2):86.

造成这部译稿在 1899 年后一度不知所踪。[1] 20 世纪 30 年代,该译稿为浙江大学教授章用所得。章用英年早逝,该译稿亦下落不明。[2] 直到 1995 年,中国科学院自然科学史研究所研究员韩琦博士访问伦敦大学期间在英国发现《数理格致》稿本 63 页,才终于解开了这个谜团。据考证[3],这部分稿本即前述李善兰"与伟烈亚力译奈端《数理》数十页"。我们不妨把这一稿本称为"《数理格致》英藏 63 页稿本"。据研究,此稿本包括已译成卷首的"定义"和"运动的公理或定律"部分,以及第一卷"物体的运动"的前四章。[4]

至于李善兰在江南制造局翻译馆继续翻译牛顿《原理》的情形,我们将在第三章进行简要讨论。

如上所述,李善兰在墨海书馆工作期间,与来华传教士伟烈亚力、艾约瑟等合作翻译了多部科技著作。他所做的翻译工作,历来受到人们的赞誉。熊月之先生评价道:"严格地说,在晚清西学东渐史上,李善兰是致力于西方自然科学著作翻译的第一个中国学者。"[5]

三、张福僖与《光论》的翻译和研究

1853 年,李善兰介绍自己的好友、物理学家张福僖进入墨海书馆工作。从此,张福僖成为墨海书馆中又一位浙江籍科学家。

张福僖(? —1862),字南坪,或作南屏、南平,别字仲子。生年未见记载。他生于浙江归安(今湖州)的一个贫苦家庭,自幼好学深思,偏爱天文历

---

〔1〕 Elman, Benjamin A. *On Their Own Terms*: *Science in China*, 1550—1900. Cambridge, Mass.: Harvard University Press, 2005:298;[美]本杰明·艾尔曼.中国近代科学的文化史.王红霞,姚建根,朱莉丽等译.上海:上海古籍出版社,2009:108.

〔2〕 1937 年 2 月 22 日,章用在给中国数学史家李俨先生的信函中写道:"《数理格致》四册,书内又题《数理钩元》,有'蠵蝒巢'印,虽未署作者、译者名,然细读之下,即知为奈端译文,其出李善兰之手,亦无疑问。"引自:李俨.章用君修治中国算学史遗事.科学,1940,24(11):799—804.章用英年早逝,他的藏书遗赠浙江大学图书馆.1986 年初,中国科学院自然科学史研究所韩琦博士曾往寻访此书,未果.他获悉,"文革"期间,浙江大学的古籍被整车送给浙江图书馆,于是前往浙江图书馆查询,也无所得.参见:韩琦.《数理格致》的发现——兼论 18 世纪牛顿相关著作在中国的传播.中国科技史料,1998,19(2):83.

〔3〕 韩琦.《数理格致》的发现——兼论 18 世纪牛顿相关著作在中国的传播.中国科技史料,1998,19(2):83.

〔4〕 韩琦.《数理格致》的发现——兼论 18 世纪牛顿相关著作在中国的传播.中国科技史料,1998,19(2):83—84.

〔5〕 熊月之.西学东渐与晚清社会.上海:上海人民出版社,1994:268.

算。曾中秀才,后因不喜作八股文,于科举仕途无甚进步。1839年,著名天算学家陈杰告病辞职,从北京回到乌程老家,以授徒为生。张福僖拜陈杰为师。同时问业于陈杰的还有丁兆庆、项锦标等。张福僖在陈杰的指导下,学业进步较快,成为陈杰最得意的门生之一。1843年,陈杰从项名达处获取二边夹一角径求夹角对边之术,并把他传授给自己的弟子。张福僖很快掌握了这种有关三角形勾股相求问题的新方法,还与丁兆庆、项锦标一起对该术作了图解,合编成《两边夹角径求对角新法图说》一书。全书"洋洋数千言",陈杰称该书"讲解明晰,戛戛独造",将它附于自己的《算法大成》上编卷5之中。[1]

　　除了这部算学书之外,张福僖还著有两本天文历法著作,即《彗星考略》和《日月交食考》。这两部著作由于无刻本传世,原稿也已散佚,其具体内容已无从了解。据推测,《彗星考略》可能是在陈杰所撰写的研究彗星运行轨道德著作《彗星谱》的基础上,对彗星作进一步研究的成果。[2]诸可宝在《畴人传三编》中称张福僖"精究小轮之理,著有《彗星考略》若干卷"[3]。由此可以看出,张福僖所研究的仍然是《崇祯历书》和《历象考成》中的第谷天文学体系。这种天文学体系在《历象考成后编》中已经被抛弃了,所以在鸦片战争前后研究本轮、均轮等被诸可宝称之为"小轮之理"的问题,已经远远落在时代后面了。当然,这也与我们前面提到的传教士在传入宇宙模型问题上给中国人带来的思想混乱有关,不能完全责怪张福僖本人。

　　张福僖进入墨海书馆并被聘为译员以后,随着学术环境的变化,他本人的学术思想也开始发生变化,逐渐转向致力于西方"天算格致诸书"的翻译工作。[4]《光论》即是他这一时期科学翻译工作的代表性成果。

　　张福僖在翻译《光论》等西方物理学著作的同时,并未放弃对天文算学的研究。例如有一次,他在好友李善兰处见到戴煦的著作,深感兴趣。后来他专程前往杭州拜访戴煦。戴煦也是学识渊博的学者,不仅在数学研究方面颇有成就,而且对蒸汽机、火轮船等也有研究,并著有《船机图说》。戴煦

---

　　〔1〕　关于张福僖的生平介绍,参见:王锦光,余善玲.张福僖.沈渭滨.近代中国科学家.上海:上海人民出版社,1988:80—85.
　　〔2〕　王锦光,余善玲.张福僖.沈渭滨.近代中国科学家.上海:上海人民出版社,1988:81—82.
　　〔3〕　(清)诸可宝.畴人传三编.卷3,陈杰(附丁兆庆、张福僖).上海:商务印书馆,1955:766.
　　〔4〕　(清)张福僖.光论·自叙.浙江图书馆藏清光绪二十一年(1895)元和江标湖南使院刻本.

留张福僖在家小住数日,共同研讨一些问题。张福僖还将戴煦的有关著述全部抄录副本,带回仔细研究。

1860年初,张福僖和李善兰应江苏巡抚徐有壬的邀请,到苏州抚署充当幕宾。徐有壬当时正在刻印项名达所著的《象数原始》等书,于是张福僖、李善兰与之"同任雠校之役"。后来,此书"刻垂成,未有印本"[1]。在徐有壬幕府,他们几人经常聚于一起,互相辩难,砥砺学问,福僖学问大进。[2] 1862年春,太平军围逼湖州,张福僖以其母在围城中,谋划入城探望,但是仓促之中被太平军兵士俘获,作为清军奸细被杀害于湖州城下[3],时当中年。

《光论》系张福僖于1853年所译,该书是流传至今的最早把西方近代光学知识介绍到中国的译著。

在此之前的明末清初,西方光学知识开始传入我国,但是这些知识非常零散、不成系统,甚至包括一些错误。较早在中国介绍西方光学知识的著作是来华德国传教士汤若望(Johann Adam Schall von Bell,1591—1666)于1626年所著的《远镜说》。这部著作中附有一幅伽利略整架望远镜的外形图,最早在我国介绍望远镜知识。在《远镜说》之后,我国许多书中都论及伽利略和望远镜,西方光学知识逐渐在我国流传。不过,该书中的光路图是错误的。1674年,来华比利时传教士南怀仁(Ferdinard Verbiest,1623—1688)主编的《灵台仪象志》卷4之中介绍了光的折射和散射知识。但是,书中关于棱镜色散和虹霓生成的解释是完全错误的。[4]

鸦片战争前后,以郑复光(1780—?)、邹伯奇为代表的我国学者进行过一些光学方面的研究工作。郑复光著有《镜镜诊痴》一书(1846年出版),根据当时我国已有的光学知识,对一些几何光学基本知识,以及面镜、透镜、远镜和照明灯等许多实用光学仪器的成像原理和制造方法,作了详细的讨论和图示。但是,对于光的本性及光与色的关系等,还是从所了解,对于色散问题,仍然延续了南怀仁的错误解释。邹伯奇则吸收了当时已经输入我国的西方光学知识,著有《摄影之器记》、《格术补》等著作。这些著作记述了他对摄影器的研究,讨论了凹透镜、凸透镜及多种透镜组、望远镜的结构和成

〔1〕(清)诸可宝.畴人传三编·卷3,陈杰(附丁兆庆、张福僖).上海:商务印书馆,1955:766—767.

〔2〕王锦光,余善玲.张福僖.沈渭滨.近代中国科学家.上海:上海人民出版社,1988:80—85.

〔3〕(清)诸可宝.畴人传三编·卷3,陈杰(附丁兆庆、张福僖).上海:商务印书馆,1955:767.

〔4〕王冰.明清时期西方光学的传入.自然科学史研究,1983,4(4):381—388.

像原理等光学理论问题。[1]

《光论》的翻译和出版,适逢鸦片战争前后郑复光、邹伯奇等学者对西方光学知识展开研究的时期。这部著作与此前传入的光学知识著作比较起来,内容更具有系统性,错误也比较少,是近代光学史和中外物理学交流史上的一部重要译著。

《光论》所依据的底本以及原作者均不详,尚待考证。据研究,《光论》所依据的底本似乎不止一种,可能增加了一些从当时各种杂志上摘译而来的资料。另外,从后九节内容没有插到适当的地方并加以修改润饰来看,该书实际上是一本没有完全定稿的译本。[2]

作者在"自叙"中对全书内容略加介绍并作了一些精辟的论述。他认为[3]:

> 明天启间,西人汤若望著《远镜说》一卷,语焉不详。近歙郑浣香先生汶(复)光著《镜镜诊痴》五卷,析理精妙,启发后人,顾亦有未得为尽善者。咸丰癸丑(1853)艾君约瑟聘予在沪译天算格致诸书,《光论》此其一种也。

这里,张福僖对《远镜说》和《镜镜诊痴》两部光学著作的评价是比较恰当的,不过其中没有提到前书中还存在错误。《镜镜诊痴》确是"未得为尽善",例如其中说到三棱镜"此无大用,取备一理"就是一种没有事实根据的主观臆断。"自叙"中还提到一种测定光速的方法,实际上就是1675年丹麦科学家罗麦(Olaus Rosmer,1644—1710)利用木星的卫星发生掩食现象来测定光速的方法。[4]最难得的是,张福僖在"自叙"中还提到光谱中的暗线和明线:"太阳光中有无数定界黑线,惟电气、油火、烧酒诸光但有明线,而无暗线。"[5]太阳光谱的暗线由渥拉斯顿(William Hyde Wollaston,1766—1828)于1802年首先观察到,1814年德国物理学家夫琅和费(Joseph Fraunhofer,1787—1826)又对此进行了精心观察,发现了576条太阳光谱因被物质吸收而产生的暗线(吸收线),而太阳光谱暗线形成的原因,则直到

〔1〕 王冰.明清时期西方光学的传入.自然科学史研究,1983,4(4):381—388.

〔2〕 王锦光,余善玲.张福僖和《光论》.自然科学史研究,1984,3(2):189—193.

〔3〕 (清)张福僖.光论·自叙.浙江图书馆藏清光绪二十一年(1895)元和江标湖南使院刻本.

〔4〕 王锦光,余善玲.张福僖和《光论》.自然科学史研究,1984,3(2):189—193.

〔5〕 (清)张福僖.光论·自叙.浙江图书馆藏清光绪二十一年(1895)元和江标湖南使院刻本.

1859 年德国物理学家基尔霍夫（Gustav Robert Kirchhoff,1824—1887）提出分光学的基本定律以后,才得以说明。可见,关于光谱的暗线和明线的知识在西方也是新知识,而张福僖及时将它介绍到了中国,并提到了渥拉斯顿、夫琅和费的名字（分别译作武腊斯顿、弗兰和林必）。[1] 这些记载表明,通过翻译《光论》这部著作,张福僖有机会接触到世界物理学领域的一些最新进展情况,并积极探索和传播有关知识。

《光论》正文约 6000 字,附图 17 幅,"首次较有系统地向我国介绍大量几何光学知识"[2]。诸如:光的直线传播;平行光的概念;光的照度;介质的疏密及其均匀与否对光的传播的影响;反射定律等。从量的关系上论证折射定律、临界角（"角限"）和全反射现象、海市蜃楼幻景形成的原因"光差变象"等,则是首次被介绍到中国来。《光论》中还述及了色散、光谱等光在传播过程中与物质发生相互作用时的部分现象,这已经涉及了物理光学的知识。

《光论》翻译完成后,在墨海书馆未能印行,而于 1896 年收入江标（1860—1899）辑《灵鹣阁丛书》第二集中,1936 年又被收进商务印书馆编辑的《丛书集成初编》中,得以广泛流传。关于张福僖在墨海书馆译书的具体数目,未见详细记载。从他在"自叙"中所说"译天算格致诸书"[3]来看,似应包括多种译著。不过,目前见于记录者仅有两部——《光论》和《声论》[4],而后者未能印行,今已不知其下落。[5]

长期以来,《光论》这部著作受到学术界较高的评价。王锦光先生评价道:"(《光论》)是最早把西方近代光学知识系统地介绍到我国的一本书。"[6]特别值得一提的是,张福僖在《光论》中画出了正确的光路图。正如王冰所指出的,"在我国书籍中正确地画有光路图,亦始于《光论》一书"[7]。

〔1〕 王锦光,余善玲.张福僖.沈渭滨.近代中国科学家.上海:上海人民出版社,1988:80—85.

〔2〕 王锦光,洪震寰.中国光学史.长沙:湖南教育出版社,1986:147.

〔3〕 (清)张福僖.光论·自叙.浙江图书馆藏清光绪二十一年(1895)元和江标湖南使院刻本.

〔4〕 王冰.中国物理学史大系(中外物理交流史).长沙:湖南教育出版社,2001:114.

〔5〕 王扬宗.晚清科学译著杂考.中国科技史料,1994,15(4):32—40.

〔6〕 王锦光,余善玲.张福僖和《光论》.自然科学史研究,1984,3(2):189—193.

〔7〕 王冰.明清时期西方光学的传入.自然科学史研究,1983,4(4):381—388.

第三章

浙江与洋务运动时期的科技引进

　　跨入 19 世纪 60 年代的中国,对外经历了两次鸦片战争的失败,对内则受到以太平天国为首的农民起义的冲击。特别是第二次鸦片战争的失败,极大地震撼了清朝统治者和士绅阶层。他们普遍痛感此役带来的创伤,因此,逐步形成了要求学习西方以求自强的社会思潮和有声有色的洋务运动。洋务运动的倡导者、参与者和支持者基于对国内国际形势的变化,继承第一次鸦片战争前后经世派提出的"师夷制夷"思想,提出"中学为体,西学为用"的思想主张,并制定"借法自强"的开放政策,打出"求富"的旗号。这场谋求"自强"和"求富"的洋务运动,从购买和制造枪炮船舰开始,发展到兴办近代工业,附带还有译书和办学的活动。这场运动一直持续到 1894 年中日甲午战争爆发时为止,学界通常将 19 世纪 60—90 年代称为"洋务运动"时期。

　　这一时期,浙江也受到了洋务运动的影响并开展了引进西方科技的活动。一方面,出现了仿制西方船炮的活动,并且建立近代军工企业和民用企业,引进了西方科学技术。另一方面,浙江人也在江南制造局等省外洋务机构中为引进西方近代科学技术作出了重要贡献。本章对浙江及浙江人在洋务运动时期的科技引进和传播活动进行探讨。

第一节　西洋轮船和机器的试制

　　晚清的洋务运动是从仿制西洋坚船利炮发动的,相应的,近代机械工业也首先为了生产坚船利炮而创办。这种特点,在洋务运动初期的浙江均有所反映。我们这里从几个具体的个案来看浙江在这一时期试制西洋轮船和机器方面的工作。

一、左宗棠在杭州的蒸汽船试验

我国对西洋蒸汽机轮船的介绍和仿制活动,从第一次鸦片战争前后已经开始。我们在第二章中提到,1840—1841 年,嘉兴县丞龚振麟曾经结合自己的观察以及林则徐提供的有关资料,在甬东仿制西洋轮船,但是他没有解决蒸汽机的试制问题,或者"以人易火",或者"用类似蹼轮的机械推动轮船前进",所以还停留在"车轮船"的阶段,未能研制成功以蒸汽机为动力源的火轮船。

与龚振麟处于同一时期的科学家丁拱辰、郑复光(1780—?)、丁守存,以及一些不知名的人都对轮船设计问题进行过讨论,并进行了初步的研制实验,可以说是轮船技术"效法之初基"[1]。值得一提的是,丁拱辰在第一次鸦片战争时试制成功了中国人自造的第一台小型蒸汽机。[2]

1855 年,宁波商人合资购得"宝顺号"轮船,其船长为宁波人张斯桂。[3] 宝顺轮是近代中国引进的第一艘轮船。[4] 洋务运动开始以后,1861 年,曾国藩(1811—1872)在安庆内军械所试制成中国第二台小型蒸汽机。1865 年,徐寿和华蘅芳等人在南京研制成功蒸汽轮船"黄鹄"号。可见,在 19 世纪 60 年代初,研究和仿制西洋蒸汽机轮船已成为一股潮流。正是在这样的背景下,时任闽浙总督的左宗棠在杭州进行了蒸汽机轮船的仿制试验。

左宗棠(1812—1885),字季高,又字朴存,湖南湘阴人,洋务派代表人物之一。他举人出身,初入湖南巡抚骆秉章幕,1860 年由曾国藩推荐,率湘军五千人赴江西、皖南与太平军作战。1862 年初,任浙江巡抚,后升任闽浙总督。1866 年,依靠法国人日意格(Prosper Marie Giguel,1835—1886)开办福州船政局。此后历任陕甘总督、军机大臣、总理衙门大臣和南洋大臣等职。

---

〔1〕 关于第一次鸦片战争前后中国对西方轮船的介绍和研制问题,参见:Needham, Joseph. *Science and Civilisation in China*, vol. 4, Part Ⅱ: Mechanical Engineering. Cambridge University Press,1965:387—389;王锦光,闻人军. 中国早期蒸气机和火轮船的研制. 中国科技史料,1981, 2(2):21—30;李迪. 第一次鸦片战争前后传入我国的西方科学技术. 中国科学技术史论文集(第一集). 呼和浩特:内蒙古教育出版社,1991:133—135. 张柏春. 中国近代机械简史. 北京:北京理工大学出版社,1992.

〔2〕 杜石然,林庆元,郭金彬. 洋务运动与中国近代科技. 沈阳:辽宁教育出版社,1991:65.

〔3〕 龚缨晏.张斯桂:从宁波走向世界的先行者. 宁波大学学报(人文科学版),2008,21(6): 12—16,41.

〔4〕 《浙江航运史》编委会. 浙江航运史(古近代部分). 北京:人民交通出版社,1993:238.

左宗棠对轮船发生兴趣,也是在第一次鸦片战争前后。他观察到英侵略军之所以横冲直撞,"以数十艘之众,牵制吾七省之兵",主要原因在于"炮大船坚"。基于这样的分析,他主张造炮船、火船,"以之制敌"。后来,左宗棠任闽浙总督,又参与镇压太平军,成为清朝政府倚重人物,便决心将早年造船的设想付诸实践。

1864 年 10 月,左宗棠在杭州时,曾依靠一位 60 多岁的中国工人,可能是旧式造船工人,制造了一艘蒸汽船。这次试制轮船的情形,被在华法国军官日意格在 1864 年 10 月 16 日的日记中记载了下来。他写道[1]:

> 该船依靠宁波船的样式。它可容两人,一人在前面,另一个在后面。大体上,机器各部分齐全,它足够说明一艘蒸汽船如何工作,但仅此而已。左宗棠要另日在西湖试验它,他给我看建造蒸汽船的两件工具。他告诉我,一个 60 多岁的中国人用它建造轮船。

可以推测,在当时的条件下,这艘汽船是用手工制成的。虽然这次轮船试制说明了这位工人的智慧,但是也说明,手工生产的产品十分原始。如果按部就班,中国轮船制造要很长时间才能达到西方最低的水平。[2]

这次轮船试航行之后,左宗棠又"另日在西湖试验它"。这一点,可以从左宗棠后来对此次试验活动的回忆中找到依据。他在《船政奏议汇编》卷 1 中回忆说[3]:

> 前在杭州时,曾觅匠仿造小轮船,形模粗具,试之西湖,驶行不速,以示洋匠德克碑、税务司日意格。据云大致不差,惟轮机须从西洋购觅,乃臻捷便。因出法国制船图册相视,并请代为监造,以西法传之中土。

通过这次"西湖试验",左宗棠认识到中国造船技术不如外国,尤其是轮船的关键动力部件"轮机"与要求尚有较大距离,惟其"从西洋觅购,乃臻捷

---

〔1〕 参见:杜石然,林庆元,郭金彬.洋务运动与中国近代科技.沈阳:辽宁教育出版社,1991:46—47.

〔2〕 杜石然,林庆元,郭金彬.洋务运动与中国近代科技.沈阳:辽宁教育出版社,1991:46—47.

〔3〕 (清)左宗棠等奏,(清)福建船政总局.船政奏议汇编·卷1.浙江图书馆藏清光绪十四年(1888)刻本:7.

便"。于是,他自然想到请外国工匠"代为监造"。

我们看到,正是在杭州期间进行的蒸汽船试验,使左宗棠深刻认识到引进西方科学技术对近代化工厂的建立和发展的重要性。旧式手工业生产方式无法承担近代化工厂运转中提出的复杂的技术问题,因而他早年提出了"机器造船创举""不能不依赖西方的技术知识的输入"[1]。可见,杭州的蒸汽船试验使左宗棠的思想发生了一次转向。

后来,左宗棠奉命调闽去镇压太平军在南方的余部,其洋务事业也随同迁闽。1866 年,左宗棠从法国购进机器设备,引进技术人员,在福州马尾创办福州船政局。开办初期,左宗棠即提出,"轮船一局,实专为习造轮机而设","除拟买现成轮机两付外,其余九付皆开厂自造"。左宗棠此举与他在杭州的轮船试制关系甚为密切。1870 年开始仿造"轮机",次年 6 月便完成了福州船政局自造的第一部蒸汽机,左宗棠在杭州没有实现的愿望终于得以实现。到 1874 年,福州船政局已成为远东最大的近代化机器工厂。[2]

值得一提的是,在这种引进和仿造西洋蒸汽机轮船的潮流之中,也有热心人在此基础上潜心研究并作了一些可贵的船舶改造尝试。据记载,1878年,有人在福州船厂开始试制以内燃机作为动力的轮船。有研究者认为[3],他就是浙江临海人董毓琦(1815?—1880?)。[4] 董毓琦于 1878 年试制轮船成功,也就意味着他在这一年已经试制成功了内燃机。西方内燃机的试造始于 1862 年,到 1876 年取得专利权。董毓琦是否接触了有关西

---

[1] 杜石然,林庆元,郭金彬.洋务运动与中国近代科技.沈阳:辽宁教育出版社,1991:46—47.

[2] 参见:杜石然,林庆元,郭金彬.洋务运动与中国近代科技.沈阳:辽宁教育出版社,1991:46—47.

[3] 杜石然,林庆元,郭金彬.洋务运动与中国近代科技.沈阳:辽宁教育出版社,1991:70—71.

[4] 董毓琦,字子册,浙江临海人。据黄钟骏《畴人传四编》,董毓琦曾任广东海阳县、梁安县知县,并著有《星算补遗》8 种,包括《笠写壶金》《髀矩测营》《视径举隅》《筹笔初梯》《交食南车》《仓田辨正》《九环西解》和《珠算探骊》等。参见:(清)黄钟骏.畴人传四编·卷 8,"董毓琦".上海:商务印书馆,1955.97;孙延钊.浙江畴人别记(四).浙江省通志馆馆刊,1945,1(4):9—10.他的著作还包括其他算书多种,如《筹算》《簿算补编》《胡氏宕田算稿》《盛世参岑算稿》等[参见:李迪.中国数学史大系(副卷第二卷,中国算学数目汇编).北京:北京师范大学出版社,2000:637]。由此看来,董毓琦在天算方面著述颇为丰富。不过,这些著作基本上没有引起现代学者的关注,更未见到专题研究。目前仅知已有学者对其《筹算》进行了初步评价,认为这部著作与瑞浩的《筹算浅说》、许桂林(1778—1821)的《算牖》、何梦瑶(1693?—1783?)的《算迪》、刘衡(1776—1841)的《六九轩算书》等算书相类似,"对筹算有所论述,但新意不多,主要是重复前人的工作"。参见:郭世荣.纳贝尔筹在中国的传播与发展.中国科技史料,1997,18(1):17.因而,对于董毓琦的诸多天算著作仍然值得进一步展开专题研究,对其内容进行深入分析,进而给出总体性的评价。

方内燃机研制方面的资料,尚有待进一步研究。不过,"中国人几乎在同一时间也进行了内燃机的试验,这是不可置疑的"[1]。

二、浙江机器局与炮船制造

19世纪60年代开始的洋务运动,大体上以购买西方新式武器、船舰进而创办近代军用企业为开端,到70年代以后,逐步发展到近代民用企业。近代军用企业的兴办,与当时李鸿章、曾国藩、奕䜣等洋务派官员主张的"借法自强"主张密切相关。洋务运动期间由清政府中枢直接拨款和各省督抚自筹经费,共建立近代军用企业20多家。其中1865—1890年,洋务派创建了21个局厂。这21个局厂,就其规模和生产能力来看,大致可分为三个类别。第一类,大型局厂5个,包括江南制造局、金陵机器局、福州船政局、天津机器局、湖北枪炮厂,其中除福州船政局专门生产轮船外,其他四局都能生产抢、炮、子弹、火药,有的还能生产轮船、机器,并有钢厂炼钢。第二类,中型局厂5个,包括广州机器局、山东机器局、四川机器局、吉林机器局、北京神机营机器局,一般能够造枪支、子弹、火药,有的也能造炮。第三类,包括设在杭州的浙江机器局在内的11个局厂,"规模都比较小,有的很小,只能制造子弹、火药,而且有的生产还不经常,时开时停"[2]。

浙江机器局正式创办于1883年。不过,在此前已有创办之议,并进行了船炮的试制工作。[3] 1876年4月上海《申报》报道[4]:

> 杭垣本设小制造局,所用工人不过二十名光景。近闻亦能造
> 铜帽、开花弹,并铸小炮已五十尊云。

关于"小制造局"是否运用了动力设备,由于缺乏史料记载,目前尚难以断定。

1877年,梅启照接任浙江巡抚以后,在兴办浙江机器局方面继续进行了努力。1882年2月北京《京报》所载梅启照的奏折中说[5]:

---

〔1〕 杜石然,林庆元,郭金彬.洋务运动与中国近代科技.沈阳:辽宁教育出版社,1991:71.

〔2〕 董光璧.中国近现代科学技术史.长沙:湖南教育出版社,1997:210—211.

〔3〕 赵世培,郑云山.浙江通史(第9卷),清代卷(中).杭州:浙江人民出版社,2005:267—269.

〔4〕 孙毓堂.中国近代工业史资料(第一辑上册).北京:中华书局,1962:510.

〔5〕 孙毓棠.中国近代工业史资料(第一辑上册).北京:中华书局,1962:510—511.

　　浙江候补知县蒋锡璠，臣在浙抚任内，知之有素。……委其管
理机器局……该员讲求来复机器，试造后门洋枪，发交绿营演放，
竟及二百步外。臣见军需局洋装田鸡炮系生铁铸成，倘用火药稍
多，即易炸裂，少又不能及远，拟改为纯熟钢铁。该员即自出新意，
如式改造，取名"虎蹄（蹲）炮"……他如门炮、水雷各种，亦皆能仿
造适用。臣试造小轮船，式长三尺，内藏暗水柜，以借碰漏而能不
沉。该员前赴上海洋行，用勾股算法，长阔深均加三十倍，如式购
造，计长九丈。造成后，从上海吴淞口波涛汹涌之中，自行驾驶入
钱塘江试验，取名曰"惠济"，经臣奏明在案。……该员购制此船，
价银九千两。

　　这里，我们看到，当时已经有人可以运用来复机器即蒸汽机制造洋枪、
洋炮和水雷等军用器材。另外，他们已经开始尝试制造小轮船，但是还不能
制造大轮船，于是出资九千两银交由上海洋行制造。

　　但是，梅启照兴办浙江机器局的努力并没有取得最后的成功。据 1884
年十一月十一日《申报》刊登的文章说[1]：

　　梅小严（启照）中丞抚浙时，曾究心于洋务，讲求夫西法，欲设
制造局于杭垣，而志未逮也。

该文还写道[2]：

　　欲以机器缫丝，补女工之不足，购得缫丝机器若干具，尚未试
办，而中丞旋即交卸入都。其所购机器卒为上海之缫丝厂转购以
去，论者惜之。

　　由上述引文可见，梅启照兴办浙江机器局的愿望并没有实现，"志未逮
也"。在努力兴办军事工业的同时，他还曾经购置若干缫丝机器，致力于兴
办民用工业，但是，由于他"旋即即交卸入都"，此事遂被搁置。据记载，梅启
照所购置的这批缫丝机器，最后被 1882 年英商所办的上海公平丝厂仅以

---

　　〔1〕　孙毓堂.中国近代工业史资料（第一辑上册）.北京：中华书局，1962：511.
　　〔2〕　孙毓堂.中国近代工业史资料（第一辑下册）.北京：中华书局，1962：973.

7000 元廉价购去使用。[1]

继梅启照努力兴办浙江机器局之后,1883 年 9 月,时任浙江巡抚刘秉璋(1826—1905)筹银 10 万两,着手在杭州创建浙江机器局。他在奏折中说道[2]:

> 窃查浙省各营多用洋枪,所需铜帽及后门枪子等件,购自外洋,往往有需时日,应当添购机器,自行制造,庶几源源接济。前经派委候补知府王恩咸暨江西候补知县徐春荣赴沪购办,并一切配用炉锅等项全具,俾资制造。

据记载,刘秉璋曾雇用德国人参与浙江机器局的创建,一切工程均按照德国厂图建造,"雇德国洋匠通事人等,按照图式,昕夕讲求"[3]。

浙江机器局主要从事"制造弹药、火雷和修理枪支"等项事务。此外,还进行了蒸汽轮船的研制工作。[4] 不过,从现有资料记载来看,似乎浙江机器局没有得到很大的发展,加之"两度失火,残破不堪"[5],没有取得重大的和有影响力的成就。

第二节 浙江近代民用企业的兴办及其技术引进

浙江最早的近代企业是外国人兴办的。例如,我们在上一章介绍的宁波华花圣经书房就属于外国势力在浙江兴办的一家工业企业。19 世纪 60 年代初期以后,浙江又出现了几家外商投资的近代工业企业。1862 年,美商旗昌洋行(Russell & Co.)斥资并吸收中国买办商人资本创设了旗昌轮船公司,并开展航运业务。1879 年,又一家外商航运企业——英商太古轮船公司(China Navigation Company Ltd)在宁波江北岸外设立了分公司,主要经营轮船业务。[6]

[1] 朱新予.浙江丝绸史.杭州:浙江人民出版社,1985:134;赵世培,郑云山.浙江通史(第 9 卷),清代卷(中).杭州:浙江人民出版社,2005:268.
[2] 孙毓棠.中国近代工业史资料(第一辑上册).北京:中华书局,1962:512.
[3] 孙毓棠.中国近代工业史资料(第一辑上册).北京:中华书局,1962:512.
[4] 杜石然,林庆元,郭金彬.洋务运动与中国近代科技.沈阳:辽宁教育出版社,1991:46—47.
[5] 史群.浙江民族资本主义近代工业的产生和发展.浙江学刊,1964(2):48—54,50.
[6] 赵世培,郑云山.浙江通史(第 9 卷),清代卷(中).杭州:浙江人民出版社,2005:86—87.

19世纪70年代以后,洋务派看到西方之所以拥有强大的军事力量,是因为有近代民用企业作基础,而中国的军用企业要想维持下去,也必须建立起自己的近代民用企业。于是,洋务派提出"求富"的口号,认为"必先富而后能强",大力宣扬为"自强"而"求富"。同时,随着洋货进口日增,白银不断外流,利权逐渐丧失。鉴于这一情况的不断发展,洋务派主张堵塞漏厄,"稍分洋商之利",收回部分利权。由于这种思想的驱使和军事事业的推动,19世纪70年代以后洋务派又兴办了一批民用企业。在洋务运动期间,全国建立的近代民用企业达167家。[1]

19世纪80年代中后期起,浙江开始出现私人资本经营的近代民用企业,也就是民族资本主义近代企业。浙江私营企业相对集中在棉纺织和缫丝工业以及航运业,这是由浙江的经济和资源所决定的。1887年开办的宁波通久源轧花厂是浙江第一家私营民用企业。到19世纪末,全省私营企业共约40家。在新式企业开办的同时,产生了浙江的早期近代资本家和早期近代工人,他们的人数,至19世纪末,前者约为100人,后者约为7000人。另外,这一时期不少浙籍资本家已经在省外特别是上海开展了经营新式企业的活动,被称为"浙江帮",其中"宁波帮"又占有明显的优势。[2]

对于19世纪80—90年代浙江近代民用企业发展的总体状况,历史学界已有较为详细的研究和描述。[3] 本章拟选取当时几家典型的民用企业作为案例,揭示这一时期浙江民用企业的建立和发展以及技术引进状况。

一、宁波通久源机器轧花厂

创建于1887年的宁波通久源机器轧花厂是浙江第一家具有一定规模的近代民用企业,也是当时全国"最大的机器轧花厂"[4]。

通久源的创办人严信厚(1838—1907),字筱舫,浙江慈溪人,曾充任李鸿章的幕僚和督销长芦盐务河南官运事。他在担任长芦盐务十余年期间,积累了巨资,"自是而京师,而上海,而广东,而福建,而宁波,所至皆有廛舍"[5]。

〔1〕 董光璧.中国近现代科学技术史.长沙:湖南教育出版社,1997:228—229.
〔2〕 赵世培,郑云山.浙江通史(第9卷),清代卷(中).杭州:浙江人民出版社,2005:265.
〔3〕 赵世培,郑云山.浙江通史(第9卷),清代卷(中).杭州:浙江人民出版社,2005:265—298.
〔4〕 董光璧.中国近现代科学技术史.长沙:湖南教育出版社,1997:229.
〔5〕 汪敬虞.中国近代工业史资料(第二辑上册).北京:中华书局,1962:929.

1887 年,严信厚在宁波北门外湾头,创建了通久源机器轧花厂。这家工厂是在一个旧式轧花厂的基础上建立起来的,最初使用 40 台用踏板操纵的手摇轧花机,每台由一个工人操作。严信厚投资 5 万两,从日本购入蒸汽发动机、锅炉和 40 台新式轧花机,并聘用日本工程师和技师若干名,雇用工人三四百人。建成之后,日夜开工,"获利较丰"[1]。

1891 年后,通久源"从英国购买了一座新的、大马力的发动机和锅炉,又从日本输入了轧花和纺纱的补充机件"[2],企业得到进一步扩大。至 1893 年,已经年产皮棉 6 万余担。[3]

1894 年,通久源机器轧花厂扩建纺纱车间,将生产范围从单纯的棉花加工发展为兼营纺纱。到 1896 年,纺纱车间建成,该厂厂名亦改为"通久源纱厂"。通久源纱厂有柔钢锅炉 3 台以生蒸汽之用,抽纺桶共有 11048 个。据《中外日报》1898 年 9 月 21 日报道,到 1898 年,该厂又"新添纺织机器",招募工人,扩大生产规模。[4]

通久源纱厂初期的发展较为顺利,获利也较高。不过,它的后期挫折频生。1910 年前后因农村经济萧条而停工三年,并于 1917 年关闭。通久源机器轧花厂,是浙江传统的手工工场转化为近代工业的典型。在这个转化过程中,近代机器技术的引进起到了关键的作用。

通久源纱场是浙江最早的近代纺纱厂,它与随后的通益公纱厂、通惠公纱厂被合称为浙江"三通"。

二、杭州通益公纱厂和萧山通惠公纱厂

"三通"之二是 1897 年开办于杭州的通益公纱厂。它的主要创办人是庞元济、丁丙和王震元。庞元济(1864—1949),字莱臣,号虚斋,湖州人。庞家是南浔丝业中四家最大的富豪"四象"之一,庞元济以捐银赈灾获赏候补四品京堂。他先后在杭州、上海创办企业多家。他也是国内外著名的古画鉴赏家和收藏家,有《虚斋名画录》16 卷,《中华历代名画志》1 册。丁丙(1832—1899),字松生、嘉鱼,号松存,钱塘人。著名藏书家,有嘉惠堂藏书楼,并曾多方收购和补抄散佚了的文澜阁《四库全书》,另有《善本书室藏书

〔1〕 徐和雍,郑云山,赵世培.浙江近代史.杭州:浙江人民出版社,1982:149—150.
〔2〕 彭泽益.中国近代手工业史资料(第二卷).北京:中华书局,1962:235.
〔3〕 彭泽益.中国近代手工业史资料(第二卷).北京:中华书局,1962:236.
〔4〕 徐和雍,郑云山,赵世培.浙江近代史.杭州:浙江人民出版社,1982:150.

志》《武林掌故丛编》《武林往哲遗著》等。他与庞元济等合股兴办了多家工厂。王震元,字兰圃,杭州富商,为通益公纱厂的首任经理。

1889 年,庞元济和丁丙、王震元等在杭州城北拱宸桥运河西岸开始筹建"通益公纱厂"。庞元济和丁丙等筹集股本号称 40 万两,向国外订购纺纱机器。经过 8 年筹办,于 1897 年正式开工。全厂有纱锭 15000 枚,雇用工人 1200 人。通益公纱厂开工投产后运行良好,1899 年获利甚巨。但是,由于营运资本不足,被迫于 1902 年宣布停办。

"三通"之三是 1899 年开办于萧山的通惠公纱厂。通惠公纱厂的主要创办人为楼景晖和陈光颖。楼景晖,字映斋,嵊县人,四品衔候选同知。陈光颖,字伯蕴,萧山绅商,后为通惠公纱厂首任经理。

通惠公纱厂设于萧山东门外转坝,1895 年开始筹建,初期集资 45 万元,1899 年建成投产。纱厂的设备主要购自英国,初期有透平式蒸汽机、弹花机、疏花机、并条机、精粗纺机等机器和纱锭 1.09 万枚。聘英国技师帮助安装机器及培训技术,英人康克马克为监工。通惠公纱厂投产后的生产经营和经济效益良好,并在 1900 年增加蒸汽机和纱锭,着手扩大生产规模。后来的发展道路较为曲折,并于 1941 年毁于日寇手中。[1]

三、慈溪火柴厂和杭州蒸汽石印厂

1889 年,宁波道台批示慈溪县的仁乾以及其他华商商号,允许宁波商人在慈溪开办火柴厂,制造火柴。慈溪火柴厂雇用日本工匠参与生产。据 1889 年 1 月 11 日《捷报》报道,外国人认为慈溪火柴厂的兴建"是一个新的创举,可使中国在这种一直被外国人入口货独占的行业中,今后也可分得一分利润"[2]。《慈溪县志》对火柴厂的兴建也有记载[3]:"至近代,新兴工业开始起步。清光绪十五年(1889)建立之慈溪火柴厂,为浙江首家民营火柴厂。"这个评价是准确的。实际上,慈溪火柴厂不仅是浙江近代首家民营火柴厂,在全国也是最早的,它"是中国兴办的近代火柴企业的开端"[4]。

此外,1892 年,杭州市中心出现了一家蒸汽石印厂。当时一位来杭州

〔1〕 关于浙江"三通"的介绍,参见:赵世培,郑云山.浙江通史(第 9 卷),清代卷(中).杭州:浙江人民出版社,2005:272—279.

〔2〕 乐承耀.宁波近代史纲(1840—1919).宁波:宁波出版社,1999:162.

〔3〕 慈溪市地方志编纂委员会.慈溪县志.杭州:浙江人民出版社,1992:380.

〔4〕 董光璧.中国近现代科学技术史.长沙:湖南教育出版社,1997:229.

的外国人曾参观过这家石印厂,并专门在 1892 年 12 月 23 日的《捷报》上发表了一篇报道[1]:

> 本城使用蒸汽机的石印工厂,是我最近看到的一桩新鲜的事情。当我昨天路过城中心一条静静的街道时,可见一座和寻常炉灶烟囱一样大小的高而细的烟囱,正喷出缕缕浓烟。走进房子里,才知道这就是最近开设的印刷厂。因为时间已晚,约有三十个工人都在收工,所以未能看到开工情况,经理非常有礼貌,他请我在开工时间再来看看。他们有印刷机两台,由一台小发动机发动。印刷是在方约二英尺、厚约三英寸的白石板上进行。经理说,这些白石板是从英、德两国买来的,据说是天然石,但他认为都是人工制造品。他对怎样安排石板以准备印刷,曾给我仔细说明。方法是把用油墨抄写好了的纸铺在石板平面上,在手工操作的钳砧下进行压印。之后,石板只须用小铁凿清除一下可能粘在上面的小块污斑。在我这对于这行业毫无经验的人看来,它确是很令人惊叹的了。他们印出来的样本都很精美。如果有机会,我打算再去杭州这个蒸汽石印厂仔细参观一番。

由此可知,当时杭州蒸汽石印厂有印刷机两台,并由一台小发动机发动,并雇用工人约 30 人。这是洋务运动时期在浙江较早出现的由私人资本创办的近代印刷厂。虽然规模不大,经营情况也不甚了解,但却是"浙江民营近代印刷业之始"[2]。

除上述棉纺、缫丝、火柴、石印等实业外,在 19 世纪末之前,浙江在焙茶、面粉、采煤以及航运等业方面也创办了几家近代新式企业[3],这里不赘述。

第三节　浙籍学人在江南制造局的科学翻译工作

洋务运动时期浙江的科技引进活动,主要体现在这一时期兴办的军事企业和民用企业对西方以及日本等国的科技引进之中,已如前述。除此之

---

〔1〕　孙毓棠.中国近代工业史资料(第一辑下册).北京:中华书局,1962:1010—1011.

〔2〕　浙江省轻纺工业志编辑委员会.浙江省轻工业志.北京:中华书局,2000:20.

〔3〕　赵世培,郑云山.浙江通史(第 9 卷)清代卷(中).杭州:浙江人民出版社,2005:282—285.

外,还有一些浙籍学人进入了当时国内最为重要的科技著作编译机构——江南制造局翻译馆之中,与来华传教士合作翻译科技著作,也为西方科技知识的引进作出了自己的贡献。本节即对洋务运动时期浙籍学人在江南制造局翻译馆内进行的科学翻译工作进行探讨。

一、江南制造局翻译馆

江南制造局是中国第一个大型的近代军事企业,以制造军火武器为主。江南制造局设立翻译馆主要是受徐寿的推动。徐寿曾被曾国藩召至幕下,在安庆内军械所从事轮船仿制的工作,并与华蘅芳等人合作研制成功了"黄鹄号"轮船。1867年,曾国藩调徐寿到江南制造局襄办造船。徐寿根据他在安庆等地造船的经验,深感制洋器必须明其理法。因此,他一到局便向曾国藩建议在该局翻译西书,并被允许进行一些译书的尝试。1868年6月,正式在江南制造局内设立翻译馆,聘请傅兰雅进入翻译馆专事译书工作。后来,曾国藩对第一批译书感到满意,遂指示扩大翻译规模,委任徐寿、华蘅芳和徐建寅等为翻译委员,并增聘传教士金楷理(Carl T. Kreyer,1839—1914)、林乐知(Young John Allen,1836—1907)等为口译。[1] 浙江学者李善兰、郑昌棪、王汝骐、周郇和舒高第等也先后被增聘为翻译馆译员,从事科技著作的翻译工作。

据统计,从1868年到1879年年底,江南制造局翻译馆译成刊书47种,译成未刊45种,未译完者12种。其中,诸如《代数术》、《金石识别》、《地学浅释》、《电学》、《决疑数学》、《化学鉴原》等书,都是英美比较著名的教科书或者专著,具有较高的水平。此外,还翻译了不少有关各种技术的著作,直接配合局内的造船制械,很多译著属于首次被翻译介绍到国内。这一时期的科技翻译工作,"奠定了翻译馆在近代西学东渐史上无可替代的重要作用"[2]。进入19世纪80年代以后,翻译馆起色不大。到戊戌维新前后,随着大批留学生开始执笔译述,该馆口译笔述的翻译方法逐步被淘汰。

洋务运动期间江南制造局翻译馆的科技著作编译工作,对于培育科技工作者具有重要的作用。另一方面,江南制造局翻译馆出版的科技译著为

---

〔1〕 有关江南制造局翻译馆的建立及译书状况,参见:王扬宗.江南制造局翻译馆史略.中国科技史料,1988,9(3):65—74;董光璧.中国近现代科学技术史.长沙:湖南教育出版社,1997:245—259.

〔2〕 董光璧.中国近现代科学技术史.长沙:湖南教育出版社,1997:246.

当时的新式学堂提供了教材和参考书。直到 20 世纪初，江南制造局翻译馆的不少译著还在为人使用。中国近代的先进知识分子，"从洋务时代的先知先觉者，到维新运动时代的康有为、梁启超、谭嗣同等人，一直到鲁迅那一代人，在他们求知的过程中，都经历了一个学习制造局译书的阶段"[1]。

下面，我们分别对在江南制造局翻译馆从事过科技翻译工作的浙籍学者李善兰、郑昌棪、王汝骐、周郇和舒高第等的工作进行简要介绍。

二、李善兰与《数理格致》的续译

我们在第二章已经提到，李善兰在上海墨海书馆期间曾经与伟烈亚力合作翻译了牛顿《原理》的一部分。前已述及，1860 年起直到 1868 年，李善兰辗转于苏州、上海、安庆和南京之间，最主要的工作是完成了《则古昔斋算学》的刻印工作。1868 年，李善兰到上海江南制造局翻译馆有一段译书经历。据傅兰雅《江南制造总局翻译西书事略》记载[2]，李善兰曾在墨海书馆与伟烈亚力译《奈端数理》数十页，"后在翻译馆内与傅兰雅译成第一卷。此书虽为西国甚深算学，而李君亦无不洞明，且甚心悦，又常称奈端之才。此书外另设西国最深算题，请教李君，亦无不冰解。想中国有李君之才者极稀；或有能略与颉颃者，必中西广行交涉后，则似李君庶乎其有。"由此可见，在江南制造局翻译馆，李善兰又与傅兰雅合作在墨海书馆已译"《奈端数理》数十页"的基础上，继续完成了第一卷的翻译工作。[3]

牛顿的划时代巨著《自然哲学的数学原理》一书共分为三卷。其中，第一卷共包括 14 章。我们已经提到，李善兰和伟烈亚力在墨海书馆已译成卷首的"定义"和"运动的公理或定律"部分，以及第一卷"物体的运动"的前四章，即我们所说的"《数理格致》英藏 63 页稿本"的内容。由此可知，第一卷后 10 章应为李善兰和傅兰雅在江南制造局翻译馆所译。至于李善兰未能翻译牛顿《原理》全书的原因，则主要由于他不久即离沪赴京任同文馆算学教习所致。[4]

不过，对于包含李善兰与傅兰雅合作翻译的第一卷后 10 章的内容的

〔1〕董光璧.中国近现代科学技术史.长沙:湖南教育出版社,1997:247.

〔2〕[英]傅兰雅.江南制造总局翻译西书事略.格致汇编,1880,3(5):11.浙江大学图书馆藏;黎难秋.中国科学翻译史料.合肥:中国科学技术大学出版社,1996:416.

〔3〕王扬宗.晚清科学译著杂考.中国科技史料,1994,15(4):36—37.

〔4〕韩琦.《数理格致》的发现——兼论 18 世纪牛顿相关著作在中国的传播.中国科技史料,1998,19(2):82.

《数理格致》则至今未见。我们相信,此书也许仍然"还在天壤之间"[1],希望早日得以发现,供学界研究和评价。

顺便提及,牛顿《自然哲学的数学原理》的第一个完整中译本完成于1932年,译者是郑太朴(1901—1949)。近年来,又有新的中译本问世[2],为研读和深入了解牛顿的这部巨著提供了便利条件。

三、周郇与《电学纲目》的翻译

周郇(1850—1882),字叔篔,初名郇雨,号黍香,浙江临海人。他举人出身,初好训诂音韵之学。曾任国史馆誊录,后被任为临海县候补知县,著有《黍音词》1卷,《黍香遗稿》2卷。周郇后转向"究心时务","博及天文算数,与西国化电医矿诸学,汽机火器之法"[3]。他利用所见中外天文算学文献,潜心研究,融会贯通,曾自创平环晷仪,并著有《晷仪记》1卷。他还在研习西方科学著作的基础上,利用化学仪器来做实验,对书上的新理论和新方法进行验证,"匠心独造,穷极精微"[4]。

1879年,周郇进入江南制造局翻译馆,与传教士合作翻译科技著作数种,包括《电学纲目》、《电气镀金略法》[5]、《制造巴得兰水泥理书》和《作宝砂轮法》等。其中,以较早介绍西方近代电磁学知识的《电学纲目》最为重要。

《电学纲目》[6]1卷,周郇和傅兰雅合译,1879年由江南制造局刊行。[7]这部著作的底本是英国物理学家廷德耳(又译作丁铎尔、田大里,

---

〔1〕 王扬宗.晚清科学译著杂考.中国科技史料,1994,15(4):37.

〔2〕 参见:[英]牛顿.自然哲学之数学原理.王克迪译,袁江洋校.北京:北京大学出版社,2006.

〔3〕 孙延钊.浙江畴人别记(四).浙江省通志馆馆刊,1945,1(4):10.

〔4〕 徐华焜.周郇和《电学纲目》.物理学史,1988(1):52—55.

〔5〕 此书原载江南制造局编辑发行的中国近代最早的科技刊物《格致汇编》(创办于1876年)1878(1—9)中。参见:王扬宗.晚清科学译著杂考.中国科技史料,1994,15(4):38.

〔6〕 [英]田大里辑,[英]傅兰雅口译,(清)周郇笔述.电学纲目.浙江图书馆藏清光绪二十二年(1896)上海鸿文书局石印本.

〔7〕 由于《电学纲目》未明确标注出版时间,所以有文献将其出版时间定为"不确"。贝内特(Adrian Arthur Bennett)则认为该书的出版时间不迟于1894年,但并未明确指出具体年份。根据梁启超《西学书目表》记载,"《电学纲目》,光绪五年(1879),傅兰雅、周郇,制造局本",所以《电学纲目》应刊行于1879年。参见:梁启超.西学书目表,上卷.浙江图书馆藏清光绪二十三年(1897)沔阳庐氏刻本:2;Bennett, Adrian Arthur. *John Fryer: The Introduction of Western Science and Technology into Nineteenth-century China*. Cambridge, Mass.: East Asian Research Center, Harvard University; distributed by Harvard University Press, 1967:98;徐华焜.周郇与《电学纲目》,杭州大学学报(哲学社会科学版),1988,15(1):53.

John Tyndall,1820—1893)[1]的《电学七讲教程讲义》(*Notes of a Course of Seven Lectures on Electricity*,1875)。[2]《电学纲目》初刊后,又被收入《西学大全》以及《富强丛书》之中,流传较为广泛。

《电学纲目》以问答的形式,比较系统而全面地介绍了西方电磁学知识的大部分成果,如电流、欧姆定律、放电、电磁感应、磁介质、变压器等。大部分知识都是第一次被介绍到中国来。这部著作与同时期的译著比较起来,内容较为深入,多从原理方面论述,有些问题也进行定量讨论,列出许多计算公式以表述定律。[3]

值得一提的是,《电学纲目》比较早地介绍了法拉第(Michael Faradey,1791—1867)在1831年发现的电磁感应现象。关于切割磁力线产生感生电流的现象,该书介绍道:"法拉待(法拉第)查得通电气体移过吸铁力线上,如顺其线而移,则无附电气;如横其线而移,则生附电气。"[4]这里"吸铁力线"即是法拉第的"磁力线"概念"附电气"指感生电流。

书中介绍了磁通量变化产生感生电流的现象,写道:"如发电气器之电路相近处,有能通电气体,而不切于电路,则成电路时,其能通电气体要有自生电气之事,又断电路时亦然"[5],并说此附电气"在极微时内显出"。这可以用实验进行验证,"如令吸铁器之一极点与附圈渐近,则附圈要生附电气,渐远亦然。但所现附电气不过于近时或远时之间而现。如吸铁器近时或远时忽止,则附电气亦即绝",而且"原圈有通断电气之事,附圈内要有相配之附电气,此附电气行动之方向与原电气方向相反"[6]。这里,"原圈"指初级线圈,"附圈"指次级线圈。

由此可见,《电学纲目》已经比较严密详尽地介绍了电磁感应现象这一

---

〔1〕 廷德耳(田大里)于1853年任伦敦皇家研究院自然哲学教授,1867—1887年继法拉第之后任该院院长。1852年当选为英国皇家学会会员。著有《抗磁性与磁晶态作用的研究》(1870)、《辐射热领域的分子物理学》(1872)、《关于光学的六次讲演》(1873)和《电学七讲教程讲义》(1875)等。

〔2〕 王冰.晚清时期(1610—1910)物理学译著书目考.中国科技史料,1986,7(5):7.王冰.中国物理学史大系(中外物理交流史).长沙:湖南教育出版社,2001:117.

〔3〕 刘凤荣,李迪.十九世纪中后期西方电学知识传入我国的经过(一).物理学史,1989(2):17—26,41.

〔4〕 [英]田大里辑,[英]傅兰雅口译,(清)周郇笔述.电学纲目.浙江图书馆藏清光绪二十二年(1896)上海鸿文书局石印本:15.

〔5〕 [英]田大里辑,[英]傅兰雅口译,(清)周郇笔述.电学纲目.浙江图书馆藏清光绪二十二年(1896)上海鸿文书局石印本:14.

〔6〕 [英]田大里辑,[英]傅兰雅口译,(清)周郇笔述.电学纲目.浙江图书馆藏清光绪二十二年(1896)上海鸿文书局石印本:15.

电磁学中的最重大的发现之一,而且直到 20 世纪初都没有电磁学书籍超过它。[1]

四、舒高第、郑昌棪和王汝骈的科学翻译工作

洋务运动时期,进入江南制造局翻译馆参与科技著作翻译工作的浙江学者,还有舒高第、郑昌棪和王汝骈等。下面对他们的译书工作略作介绍。

舒高第(1844—1919),字德卿,浙江慈溪人。1877 年入江南制造局翻译馆任译员,是"浙江第一位懂外语的译书者"[2]。据统计,他的译著在江南制造局刊行的就有 20 种,分别是:《产科》、《妇科》、《前敌须知》、《临阵伤科捷要》、《炮乘新法》、《铁甲丛谈》、《炮法求新》、《水雷秘要》、《炼金新语》、《炼石编》(以上 10 种与郑昌棪合译)、《内外理法》、《英国水师律例》、《海军调度要言》、《爆药记要》、《淡气爆药新书》、《农务全书》、《种葡萄法》、《探矿取金》、《矿学考质》、《美国宪法纂释》等,涉及农、医、兵、工、政等方面[3]。

郑昌棪,浙江海盐人。他于 1880 年

图 3-1 《格致启蒙》书影

入翻译馆,参与译书 16 种。除上列与舒高第合作翻译的 10 种以外,还与他人合作翻译了《格致启蒙》、《水师章程》和《列国岁计政要》等著作。[4]

《格致启蒙》4 卷,包括化学、格物学、天文学和地理学各一卷,郑昌棪与林乐知合作翻译,于 1879 年刊行。《格致启蒙·格物学》原著者为都蔼,即英国著名物理学和气象学家斯图尔特(B. Stewart,1828—1887)。格物学卷的底本为其所著《格致启蒙丛书·物理学》(*Science Primer Series, Physics*,1872)。[5]

---

〔1〕 徐华焜.周郇和《电学纲目》.杭州大学学报(哲学社会科学版),1988,15(1):52—56.

〔2〕 汪林茂.浙江通史(第 10 卷),清代卷(下).杭州:浙江人民出版社,2005:272.

〔3〕 汪林茂.浙江通史(第 10 卷),清代卷(下).杭州:浙江人民出版社,2005:272—273.

〔4〕 汪林茂.浙江通史(第 10 卷),清代卷(下).杭州:浙江人民出版社,2005:273.

〔5〕 王冰.中国物理学史大系(中外物理交流史).长沙:湖南教育出版社,2001:117.

《格致启蒙·天文学》底本是英国天文学家洛克耶耳(J. Norman Lockyer)所著的《格致启蒙丛书·天文学》(*Science Primer Series, Astronomy*),与艾约瑟《西学启蒙十六种》之一《天文启蒙》相同。《格致启蒙·天文学》共七章,第一章论述地球及其运动,第二章论月球及其运动,第三章论太阳系各行星、彗星,第四章论太阳,第五章论恒星,第六章论"分划天穹之用",第七章"论日月诸星行次亘古不紊",此章内阐述了牛顿万有引力学说。此书除江南制造局刊本外,还有上海石印本、《富强斋丛书》续集本、《西学大成》本等,也是清末流传较广的一部天文学译本。当时传教士译刊的《天文图说》、《天文揭要》等书的内容与此书大同小异,似乎没有更多的创新之处。[1]

王汝骐,乌程人。他也通英语,19世纪90年代入翻译馆,单独或与他人合作译书约6种:《化学源流论》、《农学理说》、《相地探金石法》、《工业与国政相关论》、《照相镂板印图法》、《金工教范》等。[2]

这里,需要指出的是,除了江南制造局翻译馆以外,这一时期浙江籍学者还在上海美华书馆[3]与西方来华传教士合作翻译出版科学著作多种。如,山阴(今浙江绍兴)人谢洪赉(1873—1916)与美国传教士潘慎文(Alvin Pierson Parker, 1850—1924)合作译书三种[4]:

《格物质学》(*Popular Physics*),1898年出版,美国史砥尔(Joel Dorman Steele, 1836—1886)原著,中译本凡144页,为自然科学类教科书,书末附有习问和中西名目表。时人评价此书"诚格物教科书之善本也"。至1903年已出了四版。

《代形合参》(*Elements of Analytical Geometry*)3卷,1893年出版,美国罗密士原著,为数学教科书,所据底本为李善兰和伟烈亚力翻译《代微积拾级》所依据的英文版修订本。

《八线备旨》(*Trigonometry*)4卷,1894年出版,美国罗密士原著,为三角学教科书,后附中西名目表。

此外,浙江慈溪人刘廷桢与英国医士梅藤更合作编译西医著作多种,我们将在第五章进行介绍。

---

〔1〕　参见:董光璧.中国近现代科学技术史.长沙:湖南教育出版社,1997:255.

〔2〕　汪林茂.浙江通史(第10卷),清代卷(下).杭州:浙江人民出版社,2005:273.

〔3〕　美华书馆的前身是宁波华花圣经书房,我们在本书第二章第二节已作专门讨论。该书房于1860年由宁波迁址上海东门外,后迁北京路,美国长老会主持,姜别利(William Gamble, 1830—1886)负责。从此,墨海书馆的主要业务便已被美华书馆所取代。参见:熊月之.西学东渐与晚清社会.上海:上海人民出版社,1994:481—484.

〔4〕　熊月之.西学东渐与晚清社会.上海:上海人民出版社,1994:483.

第四章

浙江与清末的科技研究和传播

19世纪90年代中期开始至清末,随着甲午战败以及戊戌维新运动和清末"新政"的推行,浙江科学技术的发展进入了新的历史阶段。一些浙江学者开始展开相关科学技术研究工作,李善兰和杨兆鋆等的数学研究颇具代表性。20世纪初期,一些留学生开始发表科学研究论文,介绍新近出现的西方科学技术研究成果,并对有关成果作了进一步研究。与此同时,近代科学技术在清末浙江得到了广泛的传播和普及,出现了科学社团,出版了科学杂志和科技丛书,从而促进了科学技术在浙江乃至全国的传播和普及;西方近代技术在交通运输、信息传播以及农业生产中得到了较为广泛的推广和应用;一些浙籍学者则介绍和传播了西方科学方法和科学精神。

第一节　浙江学者的科技研究工作

一、李善兰及其《考数根法》

我们在本书前三章中,分别讨论了李善兰的传统数学研究工作、弹道学研究以及西方科学著作的翻译工作。这里,我们则关注他在19世纪60年代末到70年代初所做的一项数学研究工作。1868年,他应邀入京担任同文馆算学总教习,执教10余年。在他开始担任总教习前后,曾经研究过数论方面的问题。实际上,李善兰早在翻译《几何原本》后9卷时,就注意到了有关数论方面的问题,他当时沿用了《数理精蕴》将素数译为"数根"的译法。但是,判定一个数是否是素数的方法并没有同时传入我国。李善兰在这样的背景下,开始研究素数判定法问题。后来伟烈亚力从李善兰那里得到了一个判定素数的方法,将其译成英文,于 1869 年 5 月 10 日给香港的一家英文杂志《有关中国和日本的札记和答问》(*Notes and Queries on China and Japan*)写信,附上了李善兰得到的一个定理。当月,此信所介绍的问题便被冠以"中国定理"(Chinese Theorem)发表在该杂志上。

所谓"中国定理"是指:若 $2^p - 2 \equiv 0 (\mathrm{mod}\ p)$,则 p 为素数,也就是费尔玛(Pierre Fermat)定理的逆定理。我们现在已经知道这个定理不真。"中国定理"刊登以后,引发了许多讨论和争论,当时大部分欧洲人对此持批判态度。李善兰很快吸收了欧洲人对"中国定理"讨论的信息,在不到三年的时间里,发表了《考数根法》[1],成为清末素数研究的一项重要成果。[2]

《考数根法》首刊于 1872 年艾约瑟主编的《中西见闻录》第二、三、四期内。1897 年,《湘学报》以《中西见闻录》传本较少,特转载了该文。同年又收入《西学新政丛书》中《算学名义释例》之内。还有《中西算学九种》之四本、《湘学报类编》本和《湘学报大全集》本。《考数根法》注有"则古昔斋算学第十四种"字样,应属其 1867 年出版的《则古昔斋算学》的后续研究工作。

李善兰的《考数根法》并没有收入前述"中国定理"的内容,可见他已知费尔玛定理的逆定理不真。在《考数根法》中,李善兰给出了他自己的素数判定定理,并在此基础上给出了四种判断素数的方法,得到了相当于费尔玛小定理的理论。

李善兰的《考数根法》是中国第一部素数论专著,受到数学史界的高度评价:"他在不了解西方的素数论研究成果的情况下,独立地获得了费尔玛小定理的相关结果,尽管晚于欧洲,但反映了李善兰乃至中国数学家的数学能力与水平。特别是他开清末数论研究之风,在国内外产生一定的影响。"[3]所以,李善兰的素数判定法研究也是清末浙江科技发展史上的一个重要成果。

二、劳乃宣及其《古筹算考释》

劳乃宣(1843—1921),字季瑄,号玉初,晚年号矩斋,又号韧叟,浙江桐

---

〔1〕 (清)李善兰.考数根法.郭书春.中国科学技术典籍通汇(数学卷),第 5 册.郑州:河南教育出版社,1993:1025—1032.

〔2〕 关于李善兰"中国定理"的提出过程及相关评价,参见:韩琦.李善兰"中国定理"之由来及其反响.自然科学史研究,1999,18(1):7—13.

〔3〕 关于《考数根法》的介绍,参见:田淼.《考数根法》导读.李迪.中华传统数学文献精选导读.武汉:湖北教育出版社,1999:725—735.

乡人。同治十年(1871)进士,曾在河北秦皇岛、蠡县、完县、吴桥、宁津等地任地方官20余年。1900年返回浙江。1901年10月至1902年任浙江求是大学堂(浙江大学前身)总理,1902年至1903年6月任浙江大学堂(浙江大学前身)总理。后来,议设简字学堂,为官话字母增其母韵。1908年召入都以四品京堂候补,充宪政编查馆参议、政务处提调,次年受诏撰经史讲义。后曾参与修刑律,又任江宁提学使和京师大学堂总监督兼学部副大臣。退位后隐居河北涞水。晚年参加德国汉学家尉礼贤(Richard Wilhelm, 1873—1930)在青岛组织的尊孔文社并主社事,著《共和正解》。1917年居住曲阜。同年张勋复辟时授他法部尚书,劳乃宣以衰老为由辞掉。著有《遗安录》、《古筹算考释》、《约章纂要》以及《诗文稿》等书。

劳乃宣被称为近代音韵学家,拼音文字的提倡者。同时,他对于中国古代算书亦有特殊爱好。早在1876年所著的《笔筹算略》6卷中,就在最后一卷专门讨论筹算问题。后来,他曾经撰写《古筹算考释》6卷(1883,1886刊行),《汇算浅释》2卷(1897),《筹算分法浅释》1卷(1898),《筹算蒙课》1卷(1898),《垛积筹法》2卷(1894),《古筹算考释续编》8卷(1899)。在这些研究古算的著作中,《古筹算考释》堪称其代表作,并已引起当代学者的关注和研究。

劳乃宣在《古筹算考释》"自序"中说[1]:

> 古算皆筹也。珠盘兴而筹之用渐废,西法盛而筹之传遂绝。嘉道以来,诸先生表彰(章)中法不遗余力。筹为中法根本,失传已久,而无力为之疏通,证明之,真阙典也。……乃征考诸书,加以训释,缀以图草,辑为此编,以明古筹算之法。凡术之涉乎筹者备详之,其解则略焉。专释筹义,非谈算理也。千古良法湮没数千年,一旦复明快何如乎!

这里,劳乃宣谈到他编撰此书的缘起和目的,即为长期以来不受学界重视的古筹算方法进行"疏通证明",以使感兴趣者更容易理解筹算算法问题。

《古筹算考释》卷1为筹制、算位、乘除、开方;卷2为今有、诸分;卷3为衰分、盈不足;卷4为方程;卷5为天元;卷6正负开方。实际上,劳乃宣在此书中将古筹算从记数法到解多元方程和高次方程的传统数学成果——进行了详细解释,在记数法、乘除运算和解题方法等方面提出了一些独到见

---

〔1〕 (清)劳乃宣.古筹算考释·自序.浙江大学图书馆藏清光绪十二年(1886)木刊本.

解,特别是其中给出的乘法算式,指出的开方、天元诸法的筹式作用对今人亦有启示作用。

19 世纪末,虽然数学计算已由珠算和笔算取代了筹算,但是数学家在从事古算整理和研究时仍要借助筹式。但是,这时的数学教育已经受到西方的影响,用笔算而废筹算。在这样的背景下,劳乃宣大力鼓吹筹算,无疑对于筹算的传承是有积极意义的,"其复古之功亦大矣"[1]。

三、杨兆鋆及其《须蔓精庐算学》

杨兆鋆(1854—?),字诚之,号须圃,乌程人。[2] 其父杨徵,廪贡生,同治、光绪年间担任浙江龙游县学训导,有子 6 人,杨兆鋆排行第四。其长兄自同治初年广方言馆成立后,即应聘为中文教习。杨兆鋆于 1868 年入广方言馆英文馆学习,曾师从华蘅芳学习算学,同美国林乐知学习英文。1871年 9 月,杨兆鋆被两江总督咨送到京师同文馆英文馆学习。该年恰逢京师同文馆大考,在参加考试的人中,虽然杨兆鋆年龄最小,但是成绩竟名列全馆第二。他在京师同文馆学习 6 年,师从李善兰学习算学。在此期间,他的算学才能受到李善兰、席淦等人的高度赞赏。他还曾与贵荣等合编《同文馆算学课艺》4 卷,其中收录了杨兆鋆对 5 道算题的解答,可从一个侧面反映他的数学水平。[3]

1877 年,杨兆鋆毕业后升迁出馆,任苏松太道公署翻译。1884 年,经许景澄奏调为出使德、法等国随员,期限为 3 年。杨氏抵德不久,即协助接收北洋向德订造的定远、镇远、济远 3 船,并于轮船驶回中国时,奉命坐在定远之上,以监督实际操作的洋员。后返回驻德使馆,并协助许景澄完成《外国师船表》一书。杨兆鋆回国后,以江苏候补道分省差委。1893 年,杨兆鋆任金陵同文馆教习,并编写《天问堂课艺》。1896 年,金陵同文馆由张之洞奏请扩充为江南储材学堂。1897 年,杨兆鋆任江南储材学堂督办,负责招收学生和聘请教习等事务。1902 年,杨兆鋆奉旨以江苏候补道的身份任出使

---

〔1〕　关于劳乃宣及其数学研究工作,参考了王青建的研究成果,见:王青建.《古筹算考释》研究.自然科学史研究,1998,17(2):111—118.

〔2〕　钱宝琮.浙江畴人著述记.郭书春,刘钝.李俨钱宝琮科学史全集(第 9 卷).沈阳:辽宁教育出版社,1998:294.

〔3〕　这里,关于杨兆鋆的生平和数学研究工作,参见:王全来.杨兆鋆"平圆容切"问题研究.西北大学学报(自然科学版),2005,35(6):835—839;王全来.对杨兆鋆关于"双曲线焦点位置作图问题"的研究.广西民族学院学报(自然科学版),2006,12(3):47—51.

比利时大使。他是我国第一位专驻比利时的使节,期满后,于1905年回国。1914年,杨兆鋆居住在苏州葑门内吴衙场,此后行踪未见记载。

杨兆鋆的数学研究工作主要体现在《须曼精庐算学》24卷之中。该书完成于1898年,但是当时未刻。1916年,由其表弟刘翰怡嘉业堂刊刻,收入《吴兴丛书》内。1986年,文物出版社据吴兴刘氏嘉业堂本重印,与《爨桐庐算剩》合刻成7册。《须曼精庐算学》内容较广,包含了当时传入的不少西方数学知识和大部分中国传统数学内容,涉及圆锥曲线、天文历法、重学、几何、垛积、四元术、不定方程等。杨兆鋆在《须曼精庐算学》中所做的数学工作有:提出了"四面体测量"法,研究了求双曲线焦点位置的作图问题及圆之间相切的作图问题。这些工作在一定程度上表明了西方数学传入中国后对当时中国数学界的一些重要影响。

平圆容切是指一个大圆内容若干个小圆,这些小圆中相邻的两个相切,而且都与大圆相切。在我国数学发展史上,对圆中容圆的问题很少涉及,只是到了元代朱世杰的《四元玉鉴》中才见端倪。到了清代,关于圆之间相容的问题才开始为中算家们所研究。在《几何补编》、《算迪》等著作中便涉及了一个大圆内容几个相等小圆的问题。关于圆之间相切的作图问题在中算著作中首次见于《同文馆算学课艺》卷2。杨兆鋆在《须曼精庐算学》"平圆容切"中提出了诸多圆之间相切的作图问题,进一步丰富了《同文馆算学课艺》中的作图类型。

杨兆鋆在吸收和消化《几何原本》、《数理精蕴》等相关知识的基础上,将欧氏几何作图方法应用到了圆与圆之间相切的作图问题中去,但是,对于一些复杂的几何作图问题如阿波罗尼圆问题,由于缺乏必要的知识,杨氏未能正确解决。"平圆容切"没有作图理论方面的阐述,只是就题论题,但它却是在当时历史条件下,用欧氏几何作图法解决圆之间相切作图问题的一个重要尝试。杨氏在"平圆容切"方面的工作表明,他能够对所学知识灵活应用,融会贯通,具有一定的数学研究才能。尽管存在着一定的不足,但从当时的历史条件来看,对其工作还是应当给予肯定的。

杨兆鋆的另一项重要工作是他对求双曲线焦点位置的作图问题进行的研究。李善兰曾在《椭圆拾遗》卷2中给出了9个求椭圆焦点位置的作图问题,从而成为研究圆锥曲线作图问题的第一位中算家。杨兆鋆作为李善兰的学生,深受其数学工作的影响,在《须曼精庐算学》"椭曲同诠"中讨论了4个求椭圆焦点位置的作图问题,其法均来源于其师李善兰。除此,他又研究了6个求双曲线焦点位置的作图问题。求双曲线焦点位置的作图问题是杨兆鋆独立提出和研究的,在一定程度上丰富了圆锥曲线的作图问题的类型。

这些问题均为已知双曲线的一个焦点及其他一些条件,用作图方法求另一个焦点。解决这类问题需要综合应用双曲线及其切线的许多性质和几何作图方面的知识。

杨兆鋆在吸收和消化西方传入的圆锥曲线知识的基础上,对李善兰和伟烈亚力合译的《圆锥曲线说》中的部分命题给出了新的证明方法,并利用欧氏几何作图方法求解双曲线焦点位置,是对清末中算家李善兰为代表的对圆锥曲线研究重要方向的继承和发展。他的工作表明,继李善兰之后,浙籍学人中仍有对数学有浓厚兴趣者,尽管与当时有影响的数学家的工作不能相媲美,但是毕竟进行了一定的研究工作,这在当时的社会文化背景下实属难能可贵。

四、方克猷及其《方子壮数学》

方克猷(1870—1907),字子壮,号凤池,於潜(今属杭州临安)人。他 7 岁束发受经,过目成诵,父督教亦甚严。12 岁应童子试,以第一名考取秀才。13 岁补县学生员,邑人誉为"神童"。继入杭州紫阳书院求学,光绪十一年(1885)选拔贡,七试皆冠其曹,时年甫 16 岁。光绪十六年(1890)经殿试,方克猷年仅二十即中进士,改任刑部主事。1896 年,考取总理各国事务衙门章京,逾年传补章京,遭父去世,归里丁忧三年。1900 年服阕,仍值总理衙门,专司军务电报。第二年又考取出使德国随员,随庆亲王与德谈判。1902 年,报送热河理刑司,兼都统衙门办事司员。都统锡文诚、松忠节亦雅重其才,并委为热河练军营务处会办、陆军中学堂总办,荐保员外郎,受代法部补举叙司主事。当时朝廷诏改官制、订法律,方克猷均有所陈说,颇具维新精神。终以积劳成疾,于 1907 年卒于京邸,年仅 38 岁。[1]

方克猷笃嗜测算,不但深于钻研,而且"躬历阡陌,测绘其田亩为实验,邃于畴人家学"。杭州人吴士鉴,与方克猷同举于乡,同官于京师,在为方写的墓志铭中说:"殿潜山之嶔崎,亘千百年而一泄其奇,学则丰而志则赍,曾不能大其设施,抱憾书而长逝,其庶乎畴人之大师。"[2]

方克猷著有《尖锥术解》、《尖锥曲线考》、《八线法衍》、《诸乘差对数说》、

---

　　〔1〕王珍.清末数学家方克猷传略.杭州市政协文史委员会.杭州文史丛编(5).杭州:杭州出版社,2002:465—466;杨一平.方克猷.宋传水,袁成毅.杭州历代名人(下).杭州:杭州出版社,2004:542—543.

　　〔2〕王珍.清末数学家方克猷传略.杭州市政协文史委员会编.杭州文史丛编(5).杭州:杭州出版社,2002:465—466.

《四元术赘》各一卷,合刻为《方子壮数学》。[1] 顺德李文田为之序。未刻者尚有《圆锥曲线说》、《尖锥术衍》、《三角公式》、《勾股公式》、《火器真诀衍》等。方克猷的数学工作,主要集中于尖锥术、二次曲线及对数等方面,"大体上是李善兰某些工作的继续"[2]。对于方克猷的数学工作,还值得继续深入研究。

五、诸可宝及其《畴人传三编》

诸可宝,字迟鞠,浙江钱塘人,曾担任江苏昆山县知事。他在科学史上留给后人的一项重要工作是,继《畴人传》和《续畴人传》之后,编撰了《畴人传三编》。这部著作主要属于中国天文学史、数学史方面的研究成果。编写这样的著作,对编者有较高的科学素养要求,一是能够理解所涉及中国数学家和天文学家的科学著作的科学内涵;二是能够对科学家的科学工作给出自己的评价。因而,这种研究工作本身具有一定的学术价值。我们在这里对诸可宝的工作略作介绍。

提到《畴人传三编》,我们首先需要简要介绍此前出版的《畴人传》、《畴人传续编》和《近代畴人著述记》等与此直接相关的几部著作。[3]

《畴人传》是一部评述历代天文学家、数学家活动的传记集,于1810年定稿出版。阮元是《畴人传》的组织者和主持人,并亲手写了"传论",而各传正文则主要是由李锐搜集整理而成的。[4]《畴人传》46卷,前42卷233篇,记载上起传说中三皇五帝时代,下迄嘉庆四年(1799)去世的中国天算学家275人。作为附录的后4卷36篇,记载西洋天文学家、数学家和来华传教士41人。

1840年,罗士琳撰成《续畴人传》6卷,包括"补遗"2卷和"续补"4卷。"补遗"2卷收录了宋元时代以及在《畴人传》出版前去世而《畴人传》没有收录的天文历算家16人的传记。"续补"4卷则介绍了嘉庆、道光年间去世的历算家27人。

《续畴人传》出版40多年后,数学家华蘅芳在《学算笔谈》"论《畴人传》

〔1〕钱宝琮.浙江畴人著述记.郭书春,刘钝.李俨钱宝琮科学史全集(第9卷).沈阳:辽宁教育出版社,1998:293.

〔2〕李迪.中国数学通史(明清卷).南京:江苏教育出版社,2004:463.

〔3〕关于《畴人传》及其续编的研究,参见:傅祚华.《畴人传》研究.梅荣照.明清数学史论文集.南京:江苏教育出版社,1990:219—260.

〔4〕傅祚华.《畴人传》研究.梅荣照.明清数学史论文集.南京:江苏教育出版社,1990:220.

必须再续"中提出,由于《畴人传》和《续畴人传》的编撰,"古今以来算学之源流,名人之著作,无不斑斑可考矣"。但是,"道、咸以来,迄今又数十年,算学日新月盛,人才辈出,……若不亟为之传,未免为算学中一件大缺憾之事"[1]。1884 年,华蘅芳之弟华世芳曾撰《近代畴人著述记》,概述 33 名学者的天文和数学著作。

1886 年,诸可宝完成《畴人传三编》的编撰工作,共 7 卷。前两卷"补遗",收录了清初至道光年间去世的天算学家 52 人的传记。接下来的 4 卷介绍了道光至光绪初年去世的学者 58 人,其中有不少浙籍著名科学家,如项名达、徐有壬、戴煦、李善兰等位列其中。在最后一卷中,介绍了 3 位清代女天文学家、15 位西洋人和 1 位日本人。

诸可宝在编写此书的过程中,"广泛收集资料,也做了认真的分析,能提出独到的见解"[2],反映了他对当时天算知识传承和发展的深刻理解和认识。他的这部科学家传记为研究道光至光绪初年的天算学家的生平经历提供了不可或缺的史料。

《畴人传三编》有《南菁书院丛书》本。1896 年,《畴人传》正、续和三编以及华世芳《近代畴人著述记》被收入《测海山房中西算学丛刻初编》中,同时该"合刻四种"又有上海玑衡堂石印单行本。1935 年,商务印书馆根据"合刻四种"排印,收入《国学基本丛书》中。1955 年,商务印书馆还将前三编断句,排印单行本,便于后人阅读。

在《畴人传三编》出版之后,湖南澧州人黄钟骏父子于 1898 年编成《畴人传四编》11 卷附 1 卷。编者对前三传的遗漏进行了补充,网罗散佚,以备稽考。据统计,书中立传的中国人 283 人,西洋人 157 人。

《畴人传》及其续编出版后,即在国内外科学史界产生了较为广泛的影响。[3] 可以说,这部著作已经成为研究中国科学史的必读书,而浙籍学者诸可宝为之作出的积极贡献不可磨灭。

六、杜亚泉与虞和钦的化学命名方案研究

杜亚泉(1873—1933),生于浙江绍兴府山阴县伧塘乡(今浙江上虞长

〔1〕 转引自:傅祚华.《畴人传》研究.梅荣照.明清数学史论文集.南京:江苏教育出版社,1990:252.

〔2〕 傅祚华.《畴人传》研究.梅荣照.明清数学史论文集.南京:江苏教育出版社,1990:252.

〔3〕 参见:傅祚华.《畴人传》研究.梅荣照.明清数学史论文集.南京:江苏教育出版社,1990:257—259.

塘)。原名炜孙,字秋帆,笔名伧父。少时刻苦自修,精于历算,通日语,长于理化、矿物及动植物诸科。他青少年时即觉帖括非所学,改治训诂。甲午后,又觉训诂无裨实用,再改学历算。1898 年应蔡元培之聘,任绍兴中西学堂算学教员。1900 年,为提倡科学,培养人才,创办亚泉学馆(后改为普通学书室),同时编辑出版《亚泉杂志》。[1] 1903 年,应商务印书馆夏粹芳、张元济之邀赴沪,负责编辑教科书。1911 年,杜亚泉被聘为《东方杂志》主编,前后凡九年。"五四"时期,发生东西文化论战。这场论战肇始于《新青年》主编陈独秀批判《东方杂志》上发表的三篇文章。不久,杜亚泉迫于形势(受论战影响)而辞去主编职务,仅担任编辑教科书工作。同时,还创办了新中华学院,两年后因经费告绌而停办,负债数千元。淞沪战争爆发,商务印书馆毁于日军炮火。杜亚泉居家回乡避难,次年去世。由于他在化学元素中文译名方面的首创性工作,人们称他是"中国科学界的先驱",徐寿以后至20 世纪初成绩卓著的学者。[2]

杜亚泉在化学元素中文译名方面的工作,主要体现在他提出了化学无机物命名方案,见之于他所编译的《化学新教科书》(1905 年商务印书馆出版)附录之八"本书中无机物命名释例"。杜亚泉参考了《化学新教科书》的原作者吉田彦六郎的日文译名和益智书会的新译名方案,参以己意,确定了他的译名方案。杜亚泉的无机物命名方案是"中国学者发表的第一个化合物的系统命名方案",说明"到 20 世纪初,我国学者对于化学知识的掌握已有了明显的进步"[3]。

对于有机化合物,杜亚泉还没有拟定合适的命名方案。他采取的办法是,尽量从旧译,也拟定了少量的新译名,但自己也认为"殊无条理"。实际上,关于有机化合物的命名,从有机化学传入中国以后,长期没有得到解决。其原因,一是由于最初翻译的有机化学书都比较陈旧,没有系统介绍国际上通行的有机物命名方案;二是有机物的试验和研究比较复杂,清末国人的化学研究主要局限于无机化学和分析化学方面;三是翻译者外语水平的限制。

---

〔1〕 王元化指出,"亚泉"二字为"氩"、"线"之省笔。氩是一种惰性化学元素,线在几何学上表示无体无面,这两个字原表示自谦之意。可是,他没有料到,现在线已经成为具有广泛用途的重要元素了。参见:王元化.杜亚泉与东西文化问题论战.许纪霖,田建业.杜亚泉文存.上海:上海教育出版社,2003:1.

〔2〕 王元化.杜亚泉与东西文化问题论战.许纪霖,田建业.杜亚泉文存.上海:上海教育出版社,2003:1—3.

〔3〕 赵匡华.中国化学史(近现代卷).南宁:广西教育出版社,2003:84—91.

基于这样一些原因,有机物命名方案的出台比无机物命名方案推迟了几年。[1]

在中国最早尝试制订有机化合物系统名称的是浙江学者虞和钦。虞和钦(1879—1944),字自勋,仕名铭新,生于镇海柴桥(今浙江宁波北仑)。他于 20 世纪初赴日留学,先到清华学校就读,于 1905 年考入日本东京帝国大学读化学,1908 年毕业。留学期间,著译过多种化学著作。1909 年,文明书局出版了虞和钦所著《有机化学命名草》,针对有机物之由来、性质、效用、构造等确定命名。

虞和钦在《有机化学命名草》自序中写道:"译义难事也。有机质名最复杂者也,而欲一一命名,决非深邃是学者,穷岁月而为之不为功。学肤若余,安克有济,故茌苒有待,不敢辄为者,盖忽忽五六年。乃者我国译化学书渐增,而学名盖纷殽乱,佶屈聱牙,满纸皆是。……余又何忍而见此?"基于这样的考虑,他开始致力于有机物命名方案的研究和翻译,著成《有机化学命名草》一书,全书 100 页,分为"脂肪族"和"芳香族"两篇,每篇 34章。每章之首,"必先述其命名之义,及其质之由来,一扫以往译名冗长无义之弊"[2]。

这是我国首次制订的有机化合物系统名称,曾被不少化学著作采用,并受到中国化学界的好评。化学史家袁翰青(1905—1994)院士评价道:"虞先生没有造一个新汉字而能把重要的有机物用译义的方法予以命名,这是一件相当不容易的工作。"[3]当然,这种做法也显得有些保守,遇到有机物变化急剧,成分复杂,所冠系词也有累积至十数字的,但是虞和钦的研究动机和思路至今仍受到学术界的好评。[4]

七、洪炳文及其《空中飞行原理》

洪炳文(1848—1908),浙江温州(古称东瓯)瑞安人,字博卿,号棣园居士,有花信楼主人、雪斋主人、保鉴主人、悼烈主人、绮情生、好球子等十几个

---

〔1〕 赵匡华. 中国化学史(近现代卷). 南宁:广西教育出版社,2003:84—91.

〔2〕 转引自:谢振声. 近代化学史上值得纪念的学者——虞和钦. 中国科技史料,2004,25(3):209—215.

〔3〕 袁翰青. 有关我国近代化学的零星史料. 中国化学史论文集. 北京:生活·读书·新知三联书店,1956:298—301.

〔4〕 谢振声. 近代化学史上值得纪念的学者——虞和钦. 中国科技史料,2004,25(3):209—215.

笔名。[1] 幼时入塾读书,18 岁入县学,不久中廪生。1890 年,被选入北京国子监读书,成为岁贡。此后在乡试中落第,从此放弃科举。1902 年,温州府学堂(现浙江温州第一中学前身)成立,洪氏被聘为历史、地理教员。1909 年,他任浙江余姚教谕兼训导。不久,他辞职返回故里。此前,他只担任过两次幕僚。第一次是 1896 年冬,其侄洪叔林任江西余干县令,请炳文入幕。他乘此机会游历了许多地方,见识大进。第二次是 1907 年初,上元人李滨率领"上江水师"驻在婺州(今浙江金华一带),请洪氏担任幕僚。

洪炳文由于科场失意,一生中的大部分时间住在家乡。他设帐授徒,教学效果良好,并被瑞安孙家诒善词塾聘为教习。此外,他还从事经史学术以及汉魏六朝唐宋文学的研究,并且殚心词章,尤其致力于戏曲创作,作品可观,成绩斐然。与此同时,洪氏热心社会公益事业,在筹办文化教育事业、设置消防、筹措育婴堂经费以及改善医疗条件方面均出力甚多。洪炳文还热心科学技术活动,尤其在航空科学启蒙方面所做的工作为后人所称道。

洪炳文在航空科学启蒙方面的主要著作是《空中飞行原理》。这部著作的主要内容来自《空中航行术》(高鲁著,1910 年初版)一书,洪炳文运用他通过阅读当时书刊杂志所积累的航空新知识,对有关问题进行了注释和发挥,提出了自己的看法。[2] 这里,《空中航行术》的作者高鲁(1877—1947),福建长乐人,字曙青,号叔钦,是中国天文事业奠基者之一。[3]《空中航行术》到 1913 年时已出版了三版,到 1918 年又重印两次。洪氏将此书作为研究和介绍的文献之一,也说明他善于接受新鲜事物,具有敏锐的观察力和判断力。

《空中飞行原理》分上、下两卷。上卷讲"重于气者",共 40 余节。每节都有洪炳文加的按语,或者对高鲁所述条目给以诠释,或者对各国飞行器进行比较,指出它们的优劣和发展趋势,并结合中国情况提出自己的看法。他所讲述各点,多半与近代科学原理相符合。[4] 如,高鲁在《空中航行术》中提到:"夫空中压力之变迁,自有定例。升高者知离地愈远,所受之压力愈微。"洪氏在《空中飞行原理》中补充道:"空中压力,高则渐微,由是球易膨胀,或至炸裂,斯诚乘球者之险事矣。凡升高一千尺,则寒暑针降一寸。在极高山顶放枪,其声仅如荷兰水瓶揭软木塞之响。又在高山煮汤,沸界较迟

〔1〕 洪炳文的生平,参见:洪震寰.洪炳文及其著作.中国科技史料,1985,6(4):57—62.
〔2〕 洪震寰.洪炳文及其著作.中国科技史料,1985,6(4):57—62.
〔3〕 关于高鲁的生平和科学工作,参见:马星垣.高鲁.《科学家传记大辞典》编辑组.中国现代科学家传记(第六集).北京:科学出版社,1994:269—276.
〔4〕 潘吉星.洪炳文及其《空中飞行原理》.中国科技史料,1983,4(4):62—66.

于平地,皆为空中压力高则渐微之一证。"[1]

《空中飞行原理》下卷评述了各种飞车(飞机),包括美国莱特(Wright)兄弟的飞机:"能升高行远,为飞车中之最良云。"[2]

洪炳文在完成《空中飞行原理》以后,于1910年夏五月将书稿进呈浙江巡抚增韫,同时递上禀呈和说帖各一份,提出了发展中国航空事业的一系列构思和建议如培养、储备航空人才,建立学堂,搜集国内外技术资料,建立军用气球队等。[3]

我们看到,洪炳文对航空科学的介绍虽然内容浅显,未涉及复杂的计算问题,但是在当时的社会背景中,他的这种研究和探索精神值得赞赏。

洪炳文一生著述颇丰,据洪震寰先生统计,总计各类著作达七八十种之多,其中:戏曲类约37种,诗文类约15种,经史研究类约5种,地方史类约9种,科学技术类约12种。[4] 这里,简要列出科学技术类著作。属于医药方面的有《十二经引经药性》、《本草》、《服食补益汇方》、《丹方制药饮馔选酿各法》等4种;属于航空的有《空中飞行原理》、《飞艇丛谭》等2种;属于技术的有《格致制造卫星脞录》;专述物类相感的有《物情识小录》;专门记载物产的有《土产行销远近表并序及杂说》、《江海渔业调查说》、《中国直省物产分类志》等3种。还有一本《楝园臆说》,大概也是科技杂说之类的著作。此外,他还在农学研究方面做了许多实际的工作,曾著有《农会博议》一文,畅论农业的重要性。

八、浙江留学生的科学研究工作

关于清末时期浙江留学生的科技教育,我们将在第七章中进行专门讨论。这里,仅就浙江留学生在科学研究方面所做的一些作进行简要介绍。

如我们在第七章所述,从19世纪70年代开始,浙江就不断有留学生通过官派或自费等渠道出国学习先进科学技术。到20世纪初年,陆续有留学生学成回国。据统计,1907—1911年的5年间,毕业回国留学生获得格致、数理、化学、工、农、医各科进士和举人功名的,分别有18人和35人。[5] 早期回国留学生中,除少数从政外,多数从事自然科学方面的教育和研究工

---

〔1〕　转引自:潘吉星.洪炳文及其《空中飞行原理》.中国科技史料,1983,4(4):64.

〔2〕　潘吉星.洪炳文及其《空中飞行原理》.中国科技史料,1983,4(4):64.

〔3〕　潘吉星.洪炳文及其《空中飞行原理》.中国科技史料,1983,4(4):64—65.

〔4〕　洪震寰.洪炳文及其著作.中国科技史料,1985,6(4):57—62.

〔5〕　汪林茂.浙江通史(第10卷),清代卷(下).杭州:浙江人民出版社,2005:281.

作。如鲁迅、章鸿钊、何育杰、俞同奎等,在清末就开展了一些自然科学研究方面的工作。

鲁迅(1881—1936),浙江绍兴人,原名周树人,字豫山、豫亭,后改名为豫才。早年曾在江南水师学堂、矿物铁路学堂以及日本仙台医学专门学校较为全面地学习自然科学,后来成为伟大的文学家。他从1903年即开始发表自然科学方面的论著,如《中国地质略论》、《说钼》、《中国矿产志》等。[1]

章鸿钊(1877—1951),吴兴(今浙江湖州)人,字演群,号爱存,笔名半粟。1902年考入上海南洋公学东文学堂,学习日语、地理、历史、哲学等学科。1904年学校停办,应校长罗振玉之邀赴广州,在两广学务处襄办编辑教科书。1905年被选派留学日本,先在京都第三高等学校预科班,后转入本科。1909年毕业后升入东京帝国大学理学院地质系,专攻地质学。1911年毕业,获得理学学士学位,论文题目为《浙江杭属一带地质》,为我国早期区域地质调查报告的范本。[2] 1911年,章鸿钊学成回国,获格致科进士衔,入京师大学堂农科讲授地质学,这是中国地质学者走上大学讲台的开端。[3]

何育杰(1882—1939),浙江慈溪人,字吟苢。他早年就读于宁波储材学堂。1900年应试入第。因爱好西洋学术,于1901年入京师大学堂师范馆格致科。1904年,他作为京师大学堂第一批留学生之一出国留学。何育杰入英国维多利亚大学学习语言,一年后转入曼彻斯特大学攻读物理。1907年获得学士学位以后,曾游历德、法诸国,1909年回国。[4] 何育杰回国后,又获得格致科进士衔,任京师大学堂格致科教习,成为中国近代物理学第一批拓荒者之一。[5]

俞同奎(1876—1902),浙江德清人。1904年,他被京师大学堂派往英国利物浦大学学习化学,后获得硕士学位,是最早获得硕士学位的中国留学

〔1〕 汪林茂.浙江通史(第10卷),清代卷(下).杭州:浙江人民出版社,2005:282.

〔2〕 吴凤鸣.章鸿钊.《科学家传记大辞典》编辑组.中国现代科学家传记(第五集).北京:科学出版社,1994:308—317.

〔3〕 汪林茂.从传统到近代——晚清浙江学术的变迁.浙江大学学报(人文社会科学版),2004,34(5):50.

〔4〕 戴念祖.何育杰.《科学家传记大辞典》编辑组.中国现代科学家传记(第二集).北京:科学出版社,1991:127—129.

〔5〕 汪林茂.从传统到近代——晚清浙江学术的变迁.浙江大学学报(人文社会科学版),2004,34(5):44—53.

生之一。他还与中国同学一起组建了"中国化学会欧洲支会"〔1〕。回国后担任京师大学堂理科教授、化学研究所主任。〔2〕

此外,还有一些留学生将自己的研究成果写成论文发表。如,在日本东京浙江同乡会创办的《浙江潮》中,浙江留学生发表了若干篇科学研究论文。〔3〕除前述鲁迅撰写的《中国地质略论》、《说钼》外,在《浙江潮》第4、5、7、10期上署名壮夫的《地人学》,讨论了地理环境与社会政治、经济文化发展之间的关系。第4期上署名何燏时的文章《气体说》,论述了气体的性质,气体在各种压力、温度下的变化,以及气体动力学原理。载于第10期的《说合金》一文,论述了合金的定义、合金的制成以及合金的物理性质等。还有《植物与人生之关系》(载第9期)、《水力说》等文章。我们看到,虽然这些留学生的研究论文还比较肤浅,但是结合当时的历史背景来看,他们的科学研究工作却是难能可贵的,可以看作是"近代自然科学创立、学术研究活动开始的表现"〔4〕,因而也是晚清浙江科技史上值得关注的重要活动。

此外,浙籍学人虞和钦以及金韵梅等,也进行过相关科学研究工作。前者在本节已有介绍,后者将在第五章中进行讨论,这里不赘。

第二节　科学社团、报刊和丛书与科学传播

一、科学社团与科学传播

甲午战争后,浙江出现了一些致力于传播和普及科学技术知识的科学社团。〔5〕数学方面,1897年杨枢在杭州创立了群学会,订有《群学会习算条例》,以研习数学作为学会的主要活动;同一年,平阳诸生黄庆澄创办了算学会,并编辑出版了算学杂志《算学报》;1899年,瑞安学计馆学生组织成立了天算学社。农学方面,在罗振玉等人于上海成立"务农总会"的倡导下,由

〔1〕　陈歆文.中国近代化学工业史(1860—1949).北京:化学工业出版社,2006:371;范铁权.近代中国科学社团研究.北京:人民出版社,2011:34—35.

〔2〕　参见:汪林茂.从传统到近代——晚清浙江学术的变迁.浙江大学学报(人文社会科学版),2004,34(5):50.

〔3〕　汪林茂.浙江通史(第10卷).清代卷(下).杭州:浙江人民出版社,2005:283.

〔4〕　汪林茂.从传统到近代——晚清浙江学术的变迁.浙江大学学报(人文社会科学版),2004,34(5):50.

〔5〕　参见:汪林茂.浙江通史(第10卷),清代卷(下).杭州:浙江人民出版社,2005:273—279.

黄绍箕(1854—1907)、黄绍第(1855—1914)发起,1898 年 3 月务农会瑞安支会正式成立。化学方面,1897 年 9 月,秀水廪生董祖寿发起创办化学公会,是中国第一个化学研究团体[1];1899 年,镇海人钟观光、虞和钦等在当地创办四明实学会,从事应用化学研究,成立后即进行制造黄磷的实验,并于次年迁往上海,创办灵光造磷公司。医学方面,1906 年绍兴创办医学研究社,社长胡瀛峤;1908 年,名医何廉臣创立绍兴医药会;1910 年,湖州医学会成立;同一年,严州中西医学研究会成立。此外,还有浙籍人士在省外特别是上海创办的科学社团,也具有较大的影响。如,绍兴秀才杜亚泉于1900 年在上海创办亚泉学馆,传授理化知识;还有镇海人虞辉祖、钟观光、虞和钦等继创办灵光造磷公司后,1901 年在上海创办了科学仪器馆,经销从国外进口的各种科学研究和实验仪器及药料,1904 年还在汉口、沈阳设立了分馆。

这里,我们对瑞安天算学社略作展开论述。瑞安天算学社与瑞安学计馆有密切关联。[2] 学计馆是一个以数学教育作为宗旨的教育机构。学计馆的学生除了课内学习之外,他们还有兴趣要涉猎更多的数学知识。同时,馆外也有不少学生对数学抱有浓厚的兴趣。为加强数学传播和交流,学计馆内的学生与馆外的数学爱好者于 1899 年自发联合成立了一个以专门研究天文算学问题为宗旨的学术社团组织——瑞安天算学社。[3] 它是我国最早的地方性科学社团之一。

孙诒让在"瑞安天算学社序"中讲述了学社的缘起[4]:

　　古之达士,知天文而通九数者,谓之畴人。依声类以诂其谊,则畴之言犹俦也。管子治齐教士之法曰:群萃州处。郑君释宫正之教道曰:辈作辈学。夫聚其群辈相与切磨而讲贯之,斯非俦学之谊证乎?泰西教学修明,冥符古谊,通都大邑率有算学之会。极涤洞微,自相师友,新率捷式日出不穷,斯则俦学之大效也。迩来吾乡学者多涉西学,而治算者尤盛。然紬书布策,闭门独笑,虽用志

---

〔1〕 化学公会的社团宗旨是:欲图自强,在兴格致;欲兴格致,在兴化学。规定每月进行两次化学实验,"借助实验以探求真理"。参见:(清)董祖寿.化学公会缘起.杭州经世报馆.经世报,1897(5);"格致一".浙江图书馆藏;范铁权.近代中国科学社团研究.北京:人民出版社,2011:20.

〔2〕 关于瑞安学计馆的算学教育及其创建人孙诒让倡导教育活动的背景,我们将在第七章第二节中进行简要探讨。

〔3〕 洪震寰.清末的"瑞安学计馆"与"瑞安天算学社".中国科技史料,1988,9(1):80—87.

〔4〕 转引自:洪震寰.清末的"瑞安学计馆"与"瑞安天算学社".中国科技史料,1988,9(1):81.

不纷,而鲜渐摩论难之益,则学会之意未甚明也。从子冲,少嗜兹学,叹泰西学会之善,爰与同人联算学社,分期聚讲,以互相考质,其用意甚盛,里之贤者,亦多赞其成。余谓我朝明算专家,以梅勿庵、戴东原为宗。读其书者咸谓勿庵之言详明,唯恐人之不解。东原之言奥衍,唯恐人之易解。虽其学之优劣固不系是,而其用心之公私,斠然不可诬已。我乡多好学深思之士,然不免或囿于私,往往矜已而且以嫉人。夫挟其一得震而矜之,其所造已江溢而不足观,而况以已之所不解而嫉人之解,则必将终其身与迷谬为缘,岂非学者之蔽欤? 欲祛斯弊,而道以大公,则莫若揭勿庵之旨以为准的,唯恐人之不解,而人与已相悦以解,公其所得,以互相饷遗,由是而跻于在夐绝精眇之域,则在泰学西学会之意,以复兴中国固有畴人之盛业,意在斯乎! 意在斯乎!

可见,瑞安天算学社是仿照西方自然科学学会建立起来的科学社团。孙诒让还讲述了天算学社在推动数学传播和发展方面的作用,并对当时的不良学风提出了批评。

天算学社共有社员 16 人,以孙诒让的从侄孙冲为社长,订有社章 10 条,并定期举行研讨会,鼓励社员撰写论文。1901 年底,由于"社员星散"而告结束。

二、科学报刊与科学传播

鸦片战争后,报刊被西方人带进中国,带进浙江。甲午战争之前,西方传教士在宁波创办了《中外新报》、《宁波日报》、《甬报》等报刊,是最早在浙江出现的几家近代报刊。甲午战后,由于社会对传播和获取信息及新知识和新思想的需求不断增长,浙江人也开始自办报刊。据统计,从 19 世纪 50 年代末到 1911 年,在浙江本地创办的以及浙江人创办于外地但主要面向浙江的报刊至少有 84 种。[1] 下面我们介绍几种主要的科学报刊及其在科学传播中的作用。

(一)《利济学堂报》

瑞安人陈虬(1851—1904)于 1885 年在瑞安创办利济医院和利济学堂,

---

〔1〕　汪林茂.浙江通史(第 10 卷),清代卷(下).杭州:浙江人民出版社,2005:357—366.

我们将在第七章有专门探讨。学堂还刊行了《利济学堂报》，刊登医学方面的著述，包括学堂教习、医院医生和学生撰写的文章。除此之外，这份杂志还宣传一些维新思想，起到了开启民智的作用。

《利济学堂报》创刊于光绪二十二年（1896）十二月，是我国第一份医学杂志。[1]《利济堂学报》为木版刻印本，半月刊，每年出版 24 期，以 24 节气日为出刊之日，各期封面上印有"立春"、"惊蛰"等节候的名称。每期约 100 页，约 3 万字，其中医学论著文章约占 2/3，辟有"文录"、"院录"、"书录"3 个栏目。"文录"主要刊发医家论医的文章；"院录"主要刊发学堂自编的医学讲义，还包括学堂的一些规章制度；"书录"主要刊发学堂教习阐述医学名著的讲稿。此外，还有"时事鉴要"、"洋务掇闻"、"艺事稗乘"、"见闻近录"等专栏。[2]

《利济堂学报》的发行面很广，在杭州设点发行学堂报，在全国一些主要大城市都有代售处。据 1897 年第 4 期末页载，本郡各地销售点有 20 多处，本省销售点有杭州崇文书院、宁波述古斋、绍兴墨润堂书坊、嘉兴天德药行、金华张寿仁药铺等 30 多处，省外则在北京、天津、上海、南京、苏州、汉口、福州等大城市都设有代售处，甚至还远销到港澳。

《利济学堂报》在我国医学报刊史上有其重要的价值与地位，对促进当时医药学术的交流，维新思想的传播，都发挥过一定的作用。可惜的是，该杂志存世极少，作为创办编辑发行之乡的瑞安，才仅存 3 册，今藏玉海楼中。[3] 目前，对此杂志的专题研究尚显不够深入，值得继续展开研究工作。

（二）《农学报》

我国近代关于外国农学著作的翻译和介绍，比其他学科稍晚一些。随着洋务运动的破产，革命与维新两派中的有识之士，都已意识到农业是发展工商业的基础，是使中国实现富强的前提，于是开始关注农学和农业发展问题，致力于农学知识的介绍、引进和传播工作。1896 年，浙江上虞罗振玉

---

〔1〕 俞天舒.利济医学堂和学堂报.浙江文史集粹（教育科技卷）.杭州:浙江人民出版社，1996:19—22.

〔2〕 俞天舒.利济医学堂和学堂报.浙江文史集粹（教育科技卷）.杭州:浙江人民出版社，1996:21.

〔3〕 俞天舒.利济医学堂和学堂报.浙江文史集粹（教育科技卷）.杭州:浙江人民出版社，1996:22.

(1866—1940)[1]等人在上海发起成立务农会。1898 年以后正式定名为
"江南农学总农会",后来又简称"江南总农会",现在则通称为农学会或上海
农学会。[2]

　　农学会成立之初制定的计划很庞大,
但是实际上最主要的工作是创办和发行
《农学报》以及编辑出版《农学丛书》。罗振
玉是编辑出版《农学报》和《农学丛书》的主
持人。创刊之初的《农学报》,欧美及日本
农学报刊的译文约占一半左右的篇幅。译
文之中,西文均出自国人之手,而东文翻译
则由日人藤田丰八(Fujita Toyohachi,
1869—1929)等担任。为了培养自己的翻
译人才,1898 年 5 月,罗振玉与藤田丰八在
上海办起了东文学社,招收各地学生入学。
曾在学社就读过的学生中,知名者有海宁
王国维、山阴(今绍兴)樊炳清、桐乡沈纮。
樊炳清和沈纮后来都为《农学报》和《农学

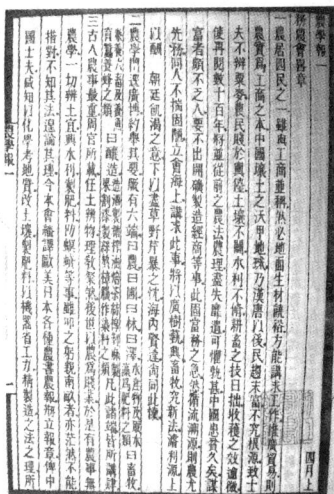

图 4-1　《农学报》书影

丛书》翻译了大量的农业科技文章和书籍,"堪称国内培养的最早的日文翻
译"[3]。樊炳清(1877—1931?),字少泉,又字抗父,成绩卓越的翻译家。沈
纮,字昕伯,1898 年入东文学社学习日语。清末出洋留学,久滞未回。1918
年因病早逝于法国巴黎。[4]

　　《农学报》出版于 1897 年 5 月,至 1907 年 1 月停刊,前后出报 315 期。
它虽称报,实为期刊,初为半月刊,1898 年起改为旬刊。半月刊时,每期

---

　　〔1〕　罗振玉,字雪蕴,号雪堂,又称永丰乡人、仇亭老民,祖籍浙江上虞,从曾祖父起寓居江苏
淮安。自幼随塾师习四书五经,16 岁回乡应童子试,以县学第七名考取上虞县秀才。后数次赴乡
试未中。早年从事经史考据之学,有著作近 20 种。1896 年离开淮安赴上海创设农学会,刊行《农
学报》,创办东文学社,并编印《农学丛书》。1902 年赴日本考察教育,著有《扶桑两月记》。1909 年
再赴日本考察农学,聘技师,成《扶桑再游记》。1911 年举家赴日,专心著述,直至 1919 年携家返国。
1940 年卒于旅顺。1898 年,罗振玉曾拟创办上虞农工学堂,且已"初有规模",但由于维新变法的失
败,致使这一计划未能实现。参见:吕顺长.清末浙江与日本.上海:上海古籍出版社,2001:181—187.

　　〔2〕　董恺忱,范楚玉.中国科学技术史(农学卷).北京:科学出版社,2000:835.

　　〔3〕　李廷举,[日]吉田忠.中日文化交流史大系(科技卷).杭州:浙江人民出版社,1996:
323—324.

　　〔4〕　李廷举,[日]吉田忠.中日文化交流史大系(科技卷).杭州:浙江人民出版社,1996:341.

8000 字左右。改成旬刊以后,则减至四五千字。[1]

《农学报》的主要内容可分为四大类:一是各省农政,即各级地方官员有关农业的奏折、公牍及各级官署拟定的章程等官方文件;二是各地农事动态及务农会经办事项;三是从国外农业报刊书籍上翻译过来的文章;四是辑佚的古农书和由当时人依据农事实践所总结撰著的部分传统农书。[2] 罗振玉本人也在《农学报》上发表了不少有关农事的文章。[3]

《农学报》出版十年,译书百种,介绍了大量国外农业科学教材、基础知识、实用技术以及各国农业概况等,促进了中国传统农业向近代农业的转变。它还辑录了当时各省的农情以及民间树艺、养殖等传统经验,具有一定的参考价值。[4]

(三)《算学报》

在中国近代科学技术史上,有两种同名的《算学报》,而且均与晚清浙江学人有密切关系,这里有必要作简要介绍。

第一种为黄庆澄主办的《算学报》。黄庆澄(1863—1904),浙江平阳人,原名炳达,字钦教,号愚初,亦作源初,晚年自号寿昌主人。[5] 少时,从同乡杨镜澄读书并师事孙诒让、金晦等人。1894 年,中甲午科顺天举人。1889年,由张焕纶聘为上海梅溪书院教习。当时,黄氏还研治西学,颇有心得,并有远游之志。1891 年,任安徽潜山县幕僚,曾上书安徽巡抚沈秉成,提出政见,为沈氏所赏识,介绍他赴日本考察。1893 年五月启程,七月返回。在日本游历了东京、西京、奈良、长崎、神户、大阪、横滨等七大城市,接触中日学者名流达七八十人之多。回国后整理日记,成《东游日记》一书。1896 年,黄庆澄创办《算学报》。1901 年,由孙诒让推荐,经温处道童兆蓉委派,担任温州蚕桑学堂堂长,致力于科技实业教育的工作。他还撰写过许多普及性的自然科学书籍,如《代数钥》、《几何第十卷讲义》、《代数执掌》、《算学启蒙》、《几何浅释》、《学算初阶》、《比例新术》、《开方提要》、《中西普通书目表》等。[6]

---

〔1〕 朱先立.罗振玉与《农学报》.中国科技史料,1986,7(2):26—28.

〔2〕 董恺忱,范楚玉.中国科学技术史(农学卷).北京:科学出版社,2000:835—836.

〔3〕 关于《农学报》的详细篇目,参见:朱先立.《农学报》主要篇目索引.中国科技史料,1986,7(2):29—36.

〔4〕 朱先立.我国第一种专业性科技期刊——《农学报》.中国科技史料,1986,7(2):18—25.

〔5〕 洪震寰.《算学报》与黄庆澄.中国科技史料,1986,7(5):36—39.

〔6〕 汪林茂.浙江通史(第 10 卷).清代卷(下).杭州:浙江人民出版社,2005:274.

黄庆澄主编的《算学报》于 1896 年六月出版第 1 期,第二年五月停刊,前后共出 12 册,月刊,每期 30～40 页,约万余字。《算学报》的内容都是黄庆澄一人所写,深入浅出地介绍数学知识。[1] 现将《算学报》各册具体内容简介如下:

第 1 册论加减乘除、命分、约分、通分之理。包括"命位"、"总论加减乘除之法"、"命分"、"约分"、"通分"、"总论诸分"各栏,其中"总论加减乘除之法"一栏又分为加法、减法、乘法、乘法歌、除法各项。

第 2 册总论比例,包括正比例、转比例、连比例、合比例、加减比例等各项。

第 3 册开方提要。总论开方,附有天元定位说、天元加减乘除正负说以及论西人通分连乘用公倍数法。

第 4 册至第 10 册即《代数钥》1～7 册。第 1 册论加减乘除法。第 2 册论诸分。第 3、4 册论诸乘方法。第 5 册论方程纲领。第 6 册论通加为乘之源。第 7 册再论三次式以二求一法,论三次式不能化之根,论三次式虚根之所以别,论通四次式为三次式法。

第 11、12 册为《几何原本》第 10 卷释义。内容包括:释无等线、释无等几何、释无等面、释相似面、释和面、释较面、释矩、释六和线、释六较线、释总义。

黄庆澄主编的《算学报》所刊内容大部分是中国传统数学中浅显易懂的知识以及西方传入的初等数学知识,在数学知识的普及方面起到了积极的作用,因而被认为是中国近代教育史上的一件大事。[2]

在黄庆澄《算学报》停刊两年后,朱宪章、朱成章、严杏林、严槐林四人于光绪二十五年(1899)八月创刊出版《算学报》。四位创刊人均为广东番禺数学家徐绍桢(1861—1936)的弟子。严杏林、严槐林兄弟是浙江桐乡人。广东番禺朱氏昆仲为徐绍桢的外甥,与严氏兄弟由此相识。朱宪章首先提出创办《算学报》的想法,得到了严氏兄弟的支持,遂得以创办发行。

朱宪章等人创办的《算学报》为月刊,每月十五日出版。《算学报》3 期共刊出文章 37 篇,其中第一期 13 篇,第二期、第三期各 12 篇,全部稿件均为朱、严四人"平日读书所得者"[3]。从内容上看,多为对当时的数学知识

---

〔1〕 参见:李兆华.中国近代数学教育史稿.济南:山东教育出版社,2005:222—224.

〔2〕 陈学恂.中国近代教育大事记.上海:上海教育出版社,1981:101.

〔3〕 李兆华.中国近代数学教育史稿.济南:山东教育出版社,2005:224—227;郭世荣.清末朱宪章等人创办的《算学报》.中国科技史料,1991,12(2):88—90.

的进一步注释和说明,内容创新不多。不过,在 1899 年,该刊是全国"仅有的数学月刊","对于数学知识的普及起到了促进作用"[1]。

(四)《亚泉杂志》

《亚泉杂志》的创办人杜亚泉的生平和活动,我们在本章第一节已经作过简要介绍。1900 年,杜亚泉到上海,自费创办亚泉学馆,创办并编辑出版了我国较早的一种综合性科技刊物——《亚泉杂志》。该杂志由上海商务印书馆印刷,亚泉学馆发行。该刊每月两期,初八日和二十三日各出一期。至 1901 年 6 月停刊,共出版 10 期。

《亚泉杂志》的内容涉及数理化农工诸学科,较为系统地介绍了西方最新的科研成果。它的出版,对当时中国的科技、政治、文化、思想起到了一定的促进作用。[2]

图 4-2 《亚泉杂志》书影

(五)《科学世界》

《科学世界》由上海科学仪器馆创办于 1903 年 3 月。上海科学仪器馆的主要创办人虞辉祖、钟观光(1868—1940)[3]、虞和钦,都是浙江宁波镇海人。《科学世界》杂志自创刊后,一共出版过 17 期,其中 1903 年至 1904 年间刊行 12 期,尔后 1921 年至 1922 年间又发行了 5 期。刊物设有"图画"、"论说"、"原理"、"实习"、"拔萃"、"传记"、"教科"、"学事汇报"、"小说"等 9 个栏目,内容均与自然科学相关。

《科学世界》曾介绍过多方面的自然科学知识和新工艺、新技术,对促进我国科学教育事业

图 4-3 《科学世界》书影

〔1〕 李兆华. 中国近代数学教育史稿. 济南:山东教育出版社,2005:226.

〔2〕 高峻. 中国最早的自然科技期刊——《亚泉杂志》. 出版史料,2003(2):92—95.

〔3〕 钟观光的传记参见:陈锦正,钟任建. 钟观光.《科学家传记大辞典》编辑组. 中国现代科学家传记(第一集). 北京:科学出版社,1991:443—449.

和民族工业的发展有过积极的作用[1],是中国最早的综合性科学期刊
之一。

除上述五种科学报刊在科学传播中发挥了重要作用外,《中外新报》、
《经世报》以及《浙江潮》也涉及了一些科学知识,对科学技术的传播起到了
应有的作用。《中外新报》(*Chinese and Foreign Gazette*,亦作 *Sino-For-
eign News*)是宁波开埠后由新教传教士发行的一份中文月刊杂志。据研
究,该杂志于 1859 年创刊,北长老会传教士应思理(Elias B. Inslee)任编辑,
1861 年停刊。这份杂志在国内至今尚未发现,所幸的是,在哈佛燕京学社
藏有三期(第二号、第四号、第十号)并已做成胶片。《中外新报》主要刊发宗
教、科学技术以及一些新闻报道的内容,对西方科学技术的传播起到了应有
的促进作用。[2]《经世报》于 1897 年 8 月创刊并在杭州出版,是浙江维新
派的重要宣传刊物,由章炳麟、陈虬、宋恕等主编。该刊设有格致栏目,其中
不少内容直接译自伦敦格致报、巴黎自然报等外文科学期刊。从《经世报》
的内容和报道量来看,"可算得上是当时一种重要的综合性科学译刊"[3]。
《浙江潮》创刊于 1903 年 2 月,由浙江留日同乡会主办,编辑兼发行人有浙
江留日学生孙翼中、王嘉榘、蒋智由、蒋方震等人。[4]《浙江潮》主要刊发革
命宣传的文章,传播较为广泛,每期印数都超过 5000 册,而且还经常重印。
《浙江潮》也刊发了一些自然科学类的文章,如上节所述。这些自然科学类
的文章,在促进科学传播和普及方面也发挥了一定的作用。

三、科学丛书的出版

(一)王西清与《西学大成》

洋务运动之后,一些有识之士越来越认识到近代科学技术对中国发展
的重要性,因而,把传播和普及西方科学知识视为己任。鄞县人王西清(生
卒年不详)"探讨西学有年",并致力于把明清以来重要科技译著尽量辑集重
新出版。他将这些科技译著分为若干门而总其大成,编纂为《西学大成》。

---

〔1〕 谢振声.上海科学仪器馆与《科学世界》.中国科技史料,1989,10(2):61—66.

〔2〕 龚缨晏,杨靖.关于《中外新报》的几个问题.社会科学战线,2005(3):315—317.

〔3〕 关于《经世报》的评介,参见:李亚舒,黎难秋.中国科学翻译史.长沙:湖南教育出版社,
2000:218.

〔4〕 汪林茂.浙江通史(第 10 卷),清代卷(下).杭州:浙江人民出版社,2005:152.

该丛书辑于 1888 年,刊印于 1896 年。[1]

《西学大成》分自然科学译著为数学、天文学、地理学、历史、军事、化学、矿物、物理等门类。书中收入了华蘅芳、徐寿、徐建寅以及赵元益、王德均等人的译作,也收入了罗士琳、徐有壬等人对西学的研究成果。

《西学大成》所涉及的学科比较完整,是晚清科技传播史上的一套重要丛书。它的编纂出版,在一定程度上标志着"自然科学著作进入系统化阶段"[2]。

(二)陈维祺与《中西算学大成》

《中西算学大成》[3]是清末较为全面系统的汇集编纂当时中西数学主要内容的一部大型丛书。该丛书的主要编纂者陈维祺,字仲周,浙江嘉善人,寓居上海,生卒年不详。[4] 陈维祺潜心研究数学,会通中西,多有所得。他是数学家刘彝程(1833?—1920?)[5]弟子中的佼佼者。《中西算学大成》的编纂得到了刘彝程以及多位学友的帮助。

《中西算学大成》于 1889 年由上海同文书局石印刊行,共 100 卷,约 175 万字。大体上按照数学的内容分门别类、由浅入深地进行编排。目录如下:

图 4-4 《中西算学大成》书影

卷一,河图洛书、周髀经解、度量权衡名义。
卷二至卷十七,几何原本一至十七。

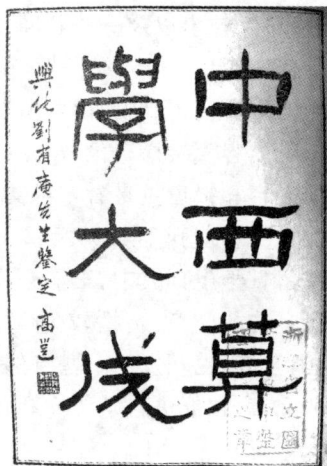

〔1〕 参见:杜石然,林庆元,郭金彬.洋务运动与中国近代科技.沈阳:辽宁教育出版社,1991:170—171.

〔2〕 杜石然,林庆元,郭金彬.洋务运动与中国近代科技.沈阳:辽宁教育出版社,1991:170—171.

〔3〕 (清)陈维祺纂.中西算学大成.浙江图书馆藏清光绪二十七年(1901)石印本.

〔4〕 吴裕宾.《中西算学大成》的编纂.中国科技史料,1992,13(2):91—94.

〔5〕 关于晚清数学家和数学教育家刘彝程及其数学教学和研究工作,参见:吴裕宾,朱家生.刘彝程的数学教学与研究.扬州师院学报(自然科学版),1990,10(4):33—40;田淼.清末数学家与数学教育家刘彝程.李迪.数学史研究文集(第三辑).呼和浩特:内蒙古大学出版社,台北:九章出版社,1992:117—122;田淼.刘彝程垛积术研究.李迪.数学史研究文集(第五辑).呼和浩特:内蒙古大学出版社,台北:九章出版社,1993:70—81.

卷十八至卷二十一,笔算一至四。

卷二十二,诸乘五。

卷二十三至二十五,诸比例一至三。

卷二十六,借衰术。

卷二十七,盈朒术。

卷二十八,方程术。

卷二十九、三十,勾股术一、二。

卷三十一,平三角。

卷三十二,测量。

卷三十三、三十四,割圆术一、二。

卷三十五、三十六,各面形一、二。

卷三十七、三十八,各体形一、二。

卷三十九,弧三角。

卷四十至五十,天元术一至十。

卷五十一、五十二,四元术一、二。

卷五十三,缀术。

卷五十四、五十五,借根方一、二。

卷五十六、五十七,对数术一、二。

卷五十八至七十九,代数一至三,代数术四至二十二。

卷八十至八十三,微分术一至四。

卷八十四至八十七,积分术一至四。

卷八十八至九十六,重学一至九。

卷九十七,比例规解。

卷九十八,对数表。

卷九十九,八线表。

卷一百,八线对数表。

从这个目录可以看出,《中西算学大成》既包括了许多中国传统数学知识,又介绍了一些西方传入的数学知识,但是其中没有涉及中国的大衍求一术和西方的决疑数学理论。[1] 这部丛书对当时数学教育和数学知识的传播具有一定的积极作用,但是,由于它刊行较晚,加上当时留学派返人员不断增加,西方更为先进的数学著作和教科书被迅速翻译和介绍进来,所以

---

〔1〕 李迪.中国数学通史(明清卷).南京:江苏教育出版社,2004:531—532.

《中西算学大成》似乎未能引起广大学子的关注和重视,因而影响比较有限。[1]

(三)徐树勋与《算学丛书》

徐树勋,乌程人,徐有壬之侄孙。1899 年,徐树勋编纂出版《算学丛书》。[2] 成都算学书局刊本《算学丛书》,收入算学著作 18 种。

子目:

> 务民义斋算学九种,(清)徐有壬撰。
>
> 董方立算书五种,(清)董祐诚撰。
>
> 夏紫笙算书五种,(清)夏鸾翔撰。
>
> 代数术,二十五卷首一卷,[英]华里司撰,[英]傅兰雅口译,
> 　　(清)华蘅芳笔述。
>
> 代数须知,一卷,[英]傅兰雅撰。
>
> 改正形学(备旨),十卷,[美]狄考文,(清)邹立文同译。
>
> 圆锥曲线,三卷,[美]求德生选译,(清)刘维师笔述。
>
> 形学备旨习题解证,八卷,(清)徐树勋撰。
>
> 勾股六术,附勾股表,一卷,(清)项名达撰,附表贾步纬撰。
>
> 三角和较术,一卷,(清)项名达撰。
>
> 弧三角举隅,一卷,(清)江临泰撰。
>
> 平三角举要,五卷,(清)梅文鼎撰。
>
> 古筹算考释,六卷,(清)劳乃宣撰。
>
> 比例汇通,四卷,(清)劳乃宣撰。
>
> 增删算法统宗,十一卷,(清)梅瑴成增删。
>
> 算法须知,一卷,(清)华蘅芳撰。
>
> 算雅,一卷,(清)李固松撰。
>
> 画器须知,一卷,[英]傅兰雅撰。

由此可见,徐树勋编辑的《算学丛书》之中既有中国传统数学著作,也有西方数学著作以及融合中西数学之作。虽有不少重要著作未收,但是已经大体上可以反映清代数学著作的概貌,同时促进了数学在清末的传播。

---

〔1〕吴裕宾.《中西算学大成》的编纂.中国科技史料,1992,13(2):94.

〔2〕李兆华.中国近代数学教育史稿.济南:山东教育出版社,2005:23,216—217.

(四)罗振玉与《农学丛书》

前已述及,除《农学报》外,罗振玉还编印出版了《农学丛书》。《农学丛书》主要是从《农学报》所刊登的文章中经过选择重新编就的丛书,但在汇编时也收入了新的译作与专著。这套丛书的内容非常丰富。这里,我们仅列出第一集共20册的篇目,以窥一斑。[1] 其中,书名前阿拉伯数字为本集内册次,书后括弧内的数字是《农学报》首次登载时的刊期。

1. 农书,2卷,(宋)陈旉撰。
　农学初阶,[英]华来思著,吴治俭译,(3)。
2. 农学初级,[英]旦尔恒理著,[英]秀耀春译,范熙庸述,(73)。
　农学入门,3卷,[日]稻垣乙丙著,[日]古城贞吉译,(1)。
3. 土壤学,[日]池田政吉著,[日]山本宪译,(82)。
　耕作篇,[日]中村鼎,[日]川漱仪太郎译,(62)。
　气候论,[日]井上甚太郎著,罗振玉译,(61)。
　农业保险论,[日]吉田东一著,[日]山本宪译。
4. 植物起源,3卷,[日]宇田川榕庵著,(63)。
　植稻改良法,[日]峰几太郎撰,[日]川漱仪太郎译,(65)。
　陆稻栽培法,[日]高桥久四郎述,沈纮译,(64)。
　种印度粟法,撰者不详,周玉山译,罗振玉润色,(25)。
　甜菜栽培法,日本译本,朱纬军重译。
　甘薯试验成绩,日本农事试验场编,沈纮译,(84)。
5. 茶事试验成绩,日本农商务省农务局著,樊炳清译。
　日本制茶书,撰译者未署名,(66)。
6. 家菌长养法,[美]威廉姆和尔康尼著,陈寿彭译。
　农产物分析表,[日]恒藤规隆撰,[日]藤田丰八译。
　葡萄酒谱,3卷,曾仰东译辑。
　制芦粟糖法,[日]稻垣重为撰,[日]藤田丰八译。
　验糖简易方,[日]农务局著,[日]藤田丰八译。
　美国种芦粟栽制试验表,[日]驹场农学校编,[日]藤田丰八译。
7. 美国制棉书,[美]徐瑟甫来漫著,[日]薰品枪太郎译,[日]川漱仪太郎重译,(81)。

---

[1] 参见:董恺忱,范楚玉.中国科学技术史(农学卷).北京:科学出版社,2000:837—840.

植美棉简法,撰者不详,周玉山译,罗振玉润色。

种棉实验说,黄宗坚撰。

麻裁制法,[日]高桥重郎著,[日]藤田丰八译,(41)。

蒲葵裁制法,刘敦焕述,(44)。

种蓝略法,(清)工商杂志,(89)。

吴苑栽桑记,孙福保撰。

薄荷裁制法,[日]山本钧吉著,沈纮译,(50)。

人参考,唐秉钧纂,(71)。

樟树论,[日]白河太郎著,[日]藤田丰八译。

炼樟图说,陈骧述。

植漆法,[日]初濑川健增撰,[日]朝日新闻社记者译,(23)。

植三桠树法,[日]梅原宽重撰,[日]朝日新闻社记者译,(24)。

植雁皮法,[日]初濑川健增撰,(25)。

植楮法,[日]初濑川健增撰,(25)。

8.果树栽培总论,[日]福羽逸人著,沈纮译。

林业篇,[日]铃木审三著,沈纮译。

森林保护学,[日]铃木审三著,沈纮译,(79)。

种树书,(元)俞宗本撰。

9.种植学,2卷,[英]傅兰雅口译,徐华封笔述,(46)。

草木移植心得,[日]吉田健作撰,萨端译。

植物近利志,孙福保撰。

屠民艺菊法,屠本畯撰,(27)。

月季花谱,评花馆主撰,郁莲卿删订,(78)。

10.肥料篇,[日]原熙著。

11.厩肥篇,[美]啤耳撰,胡浚康译,(19)。

肥料保护篇,[美]和尔连氏原著,[日]户井重平译述,沈纮重译,(60)。

农学肥料初编·续编,4卷,[法]德赫翰著,曾仰东译,(36)。

12.农具图说,2卷,[法]蓝涉尔芒著,吴尔昌译,(6)。

13.风车图说,[美]风车公司编,胡浚康译,(19)。

泰西农具及兽医治疗器械图说,[日]骑场农学校编,[日]藤田丰八译,(36)。

代耕架图说,(明)王徵著,李树人校。

福田自动织机图说,[日]大隈制造所编,[日]川濑仪太郎仪,(70)。

制纸略法,[日]今关常次郎著,[日]佐野谦之助译,(74)。

实验罐藏物制造法,[日]猎股德吉郎撰。

14.畜疫治法,[美]夫敦氏林达配司托著,[日]宗我彦磨译,萨端重
　　译,(55)。

山羊全书,[日]内藤菊造著,(64)。

牧羊指引,[日]后藤达三编,(56)。

人工孵卵法,杨屾撰。

15.马粪孵卵法,[美]胡儿别土著,[日]大寄保之助译,[日]山本正
　　义重译,(56)。

家禽饲养法,(马粪孵卵法附录),(56)。

家禽疾病篇,[美]屈克氏著,[日]赤松如一译,[日]山本正义重
　　译,(73)。

水产学,[日]竹中邦香著,[日]山本正义译,(48)。

金鱼饲养法,姚元之撰,(77)。

16.奥国饲蚕法,(奥)哈昂五著,[日]佐佐木忠二郎译,[日]井原鹤
　　太郎重译。

蚕体解剖讲义,[日]佐佐木忠二郎述,[日]山本正义译,(88)。

脓蚕,[日]佐佐木忠二郎著,[日]井原鹤太郎译,(54)。

蚕桑实验说,[日]松永伍作著,[日]藤田丰八译,(35)。

17.饲养野蚕识略,[法]魏雷著,陈贻范译,(75)。

蚕书,(宋)秦观撰。

湖蚕述,汪曰桢撰,(46)。

养蚕成法,韩理堂辑。

粤东饲八蚕法,蒋斧编,(20)。

制絮说,[日]杉山源治郎著,[日]井原鹤太郎译。

18.害虫要说,[日]小野孙三郎著,[日]鸟居赫雄译,(10)。

驱除害虫全书,[日]松木松年著,(67)。

19.京师水产表略,寿富编,(25)。

江震物产表,陈庆林编,(36)。

南通州物产表,陈启编,(55)。

宁波物产表,陈寿彭编,(48)。

武陵物产表,李致祯编,(79)。

善化土产表,龚宗遂编,(45)。

瑞安土产表,洪炳文编,(20)。

20. 札幌农学校施设一班,〔日〕札幌农学校学艺会著,沈纮译。

杭州蚕学馆章程,杭州蚕学馆编。

蚕业学校案指引,〔日〕丸山舍编,〔日〕安藤虎雄译。

瑞安务农会试办章程,瑞安务农支会编。

整饬皖茶文牍,程雨亭撰。

广种柏树兴利除害条陈,徐绍基。

从以上所列篇目可以看出,《农学丛书》所收书稿的内容以译著所占篇幅最大,且译稿选自日本者远较欧美为多,而所译西书又多是从日译本重译者。此外,还收录了一些中国传统农书以及与农事有关的文牍、章程、各地物产表等。

从 1899 年至 1906 年,《农学丛书》共出 7 集,累计 82 册,收入译著、传统农书和部分时人论著,以及调查报告等共计 235 种。据统计,《农学丛书》所载译著中,译自日本人原著的为最多,计 134 篇;译自欧美农书的篇数为 18 篇。另外,《农学丛书》还收录了中国传统农书及调查报告等 77 种。[1]这套丛书历来受到学界好评,有学者认为它们"为中国传统农业迈向近代农业提供了非常有价值的科技基础。"[2]

(五)樊炳清与《科学丛书》

1901 年春,罗振玉在上海发起创办《教育世界》杂志社。王国维、樊炳清等都是该杂志社的核心成员,他们在主办杂志的同时,从 1901 年至 1907年编辑出版了《教育丛书》7 集 94 册。与此同时,樊炳清辑译了《科学丛书》。该丛书分为两集,分别于 1901 年和 1903 年由教育世界社刊印出版。这两集的子目分别是[3]:

第一集(8 种):

万国地志,〔日〕矢津昌永撰,樊炳清译。

伦理书,〔日〕文部省撰,樊炳清译。

教育应用心理学,〔日〕林吾一撰,樊炳清译。

近世博物教科书,〔日〕藤井健次郎撰,樊炳清译。

〔1〕 董恺忱,范楚玉.中国科学技术史(农学卷).北京:科学出版社,2000:836—837.

〔2〕 李廷举,〔日〕吉田忠.中日文化交流史大系(科技卷).杭州:浙江人民出版社,1996:343.

〔3〕 汪林茂.从传统到近代:晚清浙江学术的转型.北京:中国社会科学出版社,2011:220.

理化示教,[日]后藤木太撰,樊炳清译。

普通动物学,[日]五岛清太郎撰,樊炳清译。

中等植物教科书,[日]松村任三撰,樊炳清译。

新编小物理,[日]木村骏吉撰,樊炳清译。

第二集(6种):

势力不灭论,[德]海尔模鋆尔兹著,王国维译。

支那通史,[日]那珂通世著,罗福成译。

近世化学教科书,[日]大幸勇吉编,樊炳清译。

生理卫生学,著译者待考。

饮食卫生学,著译者待考。

朝鲜近世史,著译者待考。

由此可见,樊炳清辑译的这套《科学丛书》既包括自然科学著作,又包括社会科学著作在内。它是"中国第一套以科学命名的丛书","每一本书对当时中国来说都是很有意义的。"[1]

第三节　近代技术的应用和推广

我们在第三章中讨论了洋务运动期间浙江对西方科学技术的引进问题,主要表现在军事技术和民用企业所需实用技术两个方面。实际上,当时的技术引进仅仅是开端,而且规模也不大,影响有限。自1900年后,浙江延续了洋务运动期间引进西方科技的做法,并且在技术引进的领域和规模上均有所拓展,出现了浙江近代史上第二次兴办实业的高潮。据不完全统计,1900—1911年间,浙江创办的已知名的厂矿企业有122家,涉及纺织、火柴、造纸、水电、机器、印刷、矿业等多个行业门类。[2]与此同时,浙江在交通运输工具的变革、近代信息技术的应用以及农业技术的推广方面取得了重要进展,本节即从这三个方面概略讨论晚清期间近代技术在浙江的应用和推广问题。

〔1〕　汪林茂.从传统到近代:晚清浙江学术的转型.北京:中国社会科学出版社,2011:220.

〔2〕　汪林茂.浙江通史(第10卷),清代卷(下).杭州:浙江人民出版社,2005:12—21.

一、交通运输工具的变革

我们在第二章和第三章中讨论到,在两次鸦片战争期间以及洋务运动期间,浙江进行了以蒸汽机为动力的轮船研制试验。虽然没有取得理想的效果,但是为蒸汽机动力轮船和火车等新式交通工具的出现制造了舆论。到 20 世纪初期,浙江近代交通运输工具出现了新的变革,最主要体现在两个方面:一是轮船航运业的兴盛;二是铁路的修筑。

由于外国资本主义侵略的刺激和社会经济发展需要的推动,轮船航运业成为浙江资本主义投资比较热门的一个领域。在短短的 12 年时间里,浙江各地成立的轮船航运企业达到 41 家以上,企业数量超过近代工商业中的其他任何行业,成为晚清浙江近代交通业的主力军。[1]

当然,与外国资本轮船公司相比较而言,浙江轮船航运业还存在技术和设备相对落后、规模较小等弱点。但是,这些轮船航运企业的出现,推动了交通运输工具的变革,推进了浙江社会的近代化进程。

在铁路的修筑方面,需要提到的重要人物是浙籍维新思想家汤寿潜(1856—1917)。汤寿潜,原名震,字蛰先,又作蛰仙,清浙江山阴(今萧山)人,清末民初实业家和政治活动家。他早在 1890 年刊行的《危言》中,就呼吁兴建铁路。他说道:"数大枝铁路一成,陆路商务必日新月异,以分海疆之势,以植自强之基。"[2]在浙江,最早将这种主张付诸实践的行动出现在 1897 年。是年,林钟涞、丁九思等具禀要求修筑湖墅至江干的铁路,候补知县陈佩璋禀请修筑宁绍铁路,这两项提议都得到了浙抚廖寿丰的批准,并开始招股乃至测量路线的工作。但是,1898 年 10 月 15 日,清廷被迫与英国签订了《苏杭甬铁路借款草约》,规定苏杭甬铁路由英商承办,所以在此范围内的杭城湖墅至江干铁路和宁绍铁路计划暂时搁浅。1905 年,浙江铁路公司成立,开展废约保路运动,终于废除了中英《苏杭甬铁路借款草约》,收回了铁路自办权。经清廷批准,苏杭甬路已改名为沪杭甬路。

由于浙路公司善于经营和管理,筑路工程进展较快。1906 年 10 月,已成为沪杭甬路一部分的杭城江墅段开工,至次年 8 月 23 日建成通车。1908 年 5 月,杭州至临平段竣工。1909 年 4 月 15 日,浙路公司负责修筑的沪杭甬路枫泾以南段全线竣工通车,自杭州至枫泾计正线 324 里,站线 100 里。

〔1〕 汪林茂.浙江通史(第 10 卷),清代卷(下).杭州:浙江人民出版社,2005:21—25.
〔2〕 政协浙江省萧山市委员会文史工作委员会编.萧山文史资料选辑(第 4 辑),1993:293.

浙路南线的杭甬段于 1910 年 6 月 5 日开工,至 1912 年 12 月完成宁波慈溪段,1937 年杭甬段才全线竣工通车。晚清期间,浙路公司还修筑铁路多条,总计共筑铁路 200 多公里。[1]

二、近代信息技术的应用

19 世纪,西方的电学不但先后被应用于传输能量,而且用于传递信息。用电传递信息技术经过不断改进,1837 年美国莫尔斯(Samuel Morse, 1791—1872)把由电流的断续组成的符号信息成功地进行传递。次年,他制定"莫尔斯电码"(Morse alphabet)体系,发明音响器。1856 年,莫尔斯建立了"威斯坦·埃尼翁电报公司"。不久之后,美国人休兹发明了印刷电报机,每分钟可发报 300 字。以后,通信技术不断进步。1874 年,爱迪生(Thomas Edison,1847—1931)完成了四路通信技术的研究发明,建立了多路通信技术。中国敷设电线并运用电报技术进行通讯,开始于洋务运动时期。[2] 1880 年,李鸿章在天津设立电报总局,并架设完成了津沪线。

津沪间电报的使用及其表现出来的传递信息快捷、方便的特点,对浙江嘉兴、湖州、宁波一带经营丝、茶的商人产生了很大的吸引力,他们纷纷要求将电报线往南延伸。李鸿章在得到清廷同意后,批示盛宣怀等招集商股,兴建沪、浙、闽、粤沿海路线。1883 年 4 月,沪浙闽粤线正式开工敷设。至宣统间,浙江各府及多数县均已开通电报,电报线路总长 1400 余公里。[3]

三、农业技术的推广

从戊戌时期开始,一些浙江人即开始了科学技术特别是农业科学技术的推广工作。例如,奉化人江珍奇,曾到法国学习蚕务,回国后,"参考西法,求养蚕之道,屡见成效"。为推广他的经验,浙省当局于省城创办西法蚕局,招年轻子弟学习,聘江珍奇到局任教。[4] 又如,1898 年海宁士绅创办树艺会,购得城郊荒地十余亩,雇夫开垦,"地内拟种洋棉,试办区田,并植豆麦蔬

〔1〕 汪林茂.浙江通史(第 10 卷),清代卷(下).杭州:浙江人民出版社,2005:25—29.
〔2〕 杜石然,林庆元,郭金彬.洋务运动与中国近代科技.沈阳:辽宁教育出版社,1991:102—119.
〔3〕 汪林茂.浙江通史(第 10 卷),清代卷(下).杭州:浙江人民出版社,2005:29—32.
〔4〕 汪林茂.浙江通史(第 10 卷),清代卷(下).杭州:浙江人民出版社,2005:279.

果,兼办畜牧"[1]。

戊戌以后,浙江农业技术推广和实验活动更加成规模、正规化地开展,集中体现在浙江的一些地方开始出现科技推广兼实验、研究的农业试验场。如,1899年,嘉兴士人唐纪勋、祝廷锡等人创办的竹林学稼公社,是浙江最早的农业试验场。至20世纪初年,在"实业救国"思想的影响下,近代农业企业在浙江各地纷纷出现。从1904年杭州创办农桑会开始,到1911年止,浙江各地创办的各种垦殖企业至少有42家。[2] 这里,仅以浙江农事试验场为例,简要探讨当时近代农业企业对农业技术的推广和应用。[3]

1908年,浙江当局在笕桥泥桥头购民地建立浙江农事试验场。这是一个规模较大、比较正规的农业科技试验机构。《浙江农事试验场章程》规定:"本场以研究农业上一切新旧理法,改良进行,使全省农事日渐发达为宗旨。"试验场附设农事演说会,向民众宣传能学新知识;设立农事半日学堂,供场工学习文化。农场的试验项目包括:作物选种试验、播种时令试验、播种方法试验、耕耘试验、灌溉试验、果树种类试验、土壤种类试验、蔬菜种类试验、病虫害预防及驱除试验、农产品物制造试验、蚕种优劣试验、肥料化验等80项。章程还规定,每年将研究、试验及调查成果引发成报告,散发全省农界。

由浙江农事试验场个例可见,当时的农业企业已经将科技的研究、试验和传播融为一体,有效地促进了农业科技的推广和应用。

第四节 科学方法和科学精神的传播

前已述及,清末浙江学者已经开始开展科学技术研究工作,而科学研究工作的开展是与科学方法和科学精神密不可分的。在这方面,浙江人的认识也在不断加深,本节即对清末时期浙江人对科学方法和科学精神的传播工作略作述评。

〔1〕 李文治.中国近代农业史资料,第一辑(1840—1911).北京:生活·读书·新知三联书店,1957:891;汪林茂.浙江通史(第10卷),清代卷(下).杭州:浙江人民出版社,2005:42.
〔2〕 汪林茂.浙江通史(第10卷),清代卷(下).杭州:浙江人民出版社,2005:42—47.
〔3〕 这里,对浙江农事试验场的介绍,参考:汪林茂.浙江通史(第10卷),清代卷(下).杭州:浙江人民出版社,2005:280—281.

一、科学实验方法的传播

在科学研究中,科学实验方法是获取经验事实和检验科学理论的主要途径。早在 1886 年,在上海格致书院学习的浙江定海人王佐才就已经注意到科学实验方法的重要性。[1] 他在回答当年秋季考题"中国近日讲求富强之术以何者为先论"时写道:"泰西各国学问,亦不一其途,举凡天文、地理、机器、历算、医、化、矿、重、光、热、声、电诸学,实试实验,确有把握,已不如空虚之谈"[2]。这里,"实试实验,确有把握",以及并非"空虚之谈"即是对科学实验方法的强调。

1897 年,曾在上海广方言馆、京师同文馆学习过的秀水籍学者董祖寿积极倡导学习科学方法,特别强调科学实验方法在各门科学研究中的重要性。[3] 董祖寿认为,在化学研究方面,应创立化学会,"学者解读化学书,宜用化学器料,习练用法……一一详甚实验,互相证明,确知其所以然。乃变而通之,以察西人之所未察,试西人之所未试。推及于万类,剖析乎毫芒,必能考得新理、新法,兴天地未有之利益,夺神化不测之妙用。不然,徒试验西人旧法,不思致用,则何益也"[4]。他还倡议创办农学会,"译书印报,以图振兴,甚盛举也。创办之法,亦集通晓化学、植物学之人,讲肄农法。就近购田数百十亩,察其土性,辨其宜种,兼用中西法培植之。试办数年,视其每年每亩可获若干利,多加若干,少至若干。成效既著,乃派会友往远近各乡设会劝农,教以任土、辨物、制肥料、施粪壅、防螟蟊之法,务令负耒之民家喻户晓"[5]。还建议创立电学会,购置当时能够购买的电学器具,"罗列研求,以为起点,然后推广其他。一一考明根源,练习用法,依样而试造之,即理而变通之。初学之时,学友互相启发。学成试造之时,则又互相比赛证验"[6]。显然,董祖寿的这些论述和建议起到了传播和普及科学实验方法的作用。

浙江余杭人,清末民初民主革命家和思想家章太炎(1869—1936)在1906 年《与人论朴学报书》中写道,"夫验实,则西长而中短"[7]。这里,"验

---

〔1〕　汪林茂.从传统到近代:晚清浙江学术的转型.北京:中国社会科学出版社,2011:263.

〔2〕　(清)王佐才.书院课艺答卷.(清)王韬.格致课艺汇编,第 1 册.浙江图书馆藏清光绪二十三年(1897)上海书局石印本:32.

〔3〕　汪林茂.从传统到近代:晚清浙江学术的转型.北京:中国社会科学出版社,2011:263—264.

〔4〕　(清)董祖寿.学会兴国议.杭州经世报馆.经世报,1897(3).浙江图书馆藏.

〔5〕　(清)董祖寿.学会兴国议.杭州经世报馆.经世报,1897(3).浙江图书馆藏.

〔6〕　(清)董祖寿.学会兴国议(续).杭州经世报馆.经世报,1897(4).浙江图书馆藏.

〔7〕　章太炎.与人论朴学报书.马勇.章太炎书信集.石家庄:河北人民出版社,2003:159.

实"是指通过科学实验获取经验事实去检验和证实某一学说和观点的正确性。章太炎在这里指出了中国人在科学实验方法和实证思想方面存在的不足之处,西方在这一方面长于我们,应当多多学习和汲取。

清末时期,浙籍学人不但宣传科学实验方法,而且还付诸科学实践活动之中。如,我们前面也已提及,董祖寿于1897年9月在杭州创办了化学公会,并于1897年11月9日进行了第一次化学实验。[1] 另外,这种科学实验方法在清末浙江农业领域得到了更为广泛的推广和普及[2],我们在上节中亦有所涉及,这里不再赘述。

二、逻辑思维方法的传播

分类与比较、分析与综合、归纳与演绎等是基本的逻辑思维方法,它们在由科学经验事实抽象为科学认识的思维过程中扮演着非常重要的角色。清末浙籍学者对此类逻辑思维方法也有所论述。

王国维(1877—1927),字静安、伯隅,号观堂,浙江海宁人,国学大师。他对中西方在思维方式与研究方法上存在的差异进行过专门探讨。[3] 在撰于1905年的《论新学语之输入》一文中,王国维指出[4]:

> 夫言语者,代表国民之思想者也,思想之精粗广狭,视言语之精粗广狭以为准,观其言语,而起国民之思想可知矣。周、秦之言语,至翻译佛典之时代而苦其不足;近世之言语,至翻译西籍时又苦其不足,是非独两国民之言语间有广狭精粗之异焉而已,国民之性质各有所长,其思想所造之处各异故。其言语或繁于此而简于彼,或精于甲而疏于乙,此在文化相若之国犹然,况其稍有轩轾者乎?抑我国人之特质,实际的也,通俗的也;西洋人之特质,思辨的也,科学的也,长于抽象而精于分类,对世界一切有形无形之事物,无往而不用综括(Generalization)及分析(Specification)之二法,故言

〔1〕 汪林茂.从传统到近代:晚清浙江学术的转型.北京:中国社会科学出版社,2011:264.

〔2〕 汪林茂.从传统到近代:晚清浙江学术的转型.北京:中国社会科学出版社,2011:264—267.

〔3〕 参见:彭漪涟.中国近代逻辑思想史论.上海:上海人民出版社,1991:111;段治文.中国近代科技文化史论.杭州:浙江大学出版社,1996:165;汪林茂.从传统到近代:晚清浙江学术的转型.北京:中国社会科学出版社,2011:261—262.

〔4〕 王国维.论新学语之输入.姚淦铭,王燕.王国维文集(第三卷).北京:中国文史出版社,1997:40—41.

语之多,自然之理也。吾国人之所长,宁在于实践之方面,而于现论
之方面则以具体的知识为满足,至分类之事,则除迫于实际之需要
外,殆不不欲穷究之也。……抽象与分类二者,皆我国之所不长。

这里,我们看到,王国维通过比较研究,指出了中国传统思维方式中缺乏分
类与抽象、分析与综合的逻辑思维方法,而这正是科学研究方法中的基本要求。
因此,王国维的上述论述对于突破旧学传统,传播科学方法具有重要意义。

浙籍学者蔡元培和鲁迅也对归纳和演绎等逻辑思维方法有所论述。

蔡元培批评中国传统学术研究中"无自然科学以为之基础"[1],主张引
进归纳和演绎等科学思维方法。[2] 1901 年,他在为杜亚泉所编《化学定性
分析》作的序文中写道,"《礼记·大学》称:格物致知。学者类以为物理之专
名,而不知实科学之大法也。科学大法二:曰归纳法,曰演绎法。归纳者,致
曲而会其通,格物是也。演绎者,结一而毕万事,致知是也。二者互相为资,
而独辟之智必在取归纳"[3]。这里,蔡元培强调归纳法和演绎法都是基本
的逻辑思维方法,而且二者应当"互相为资",结合运用。他还写道,"各民族
之特性及条教,皆为研究之资料,参伍而贯通之,以归纳于最高之观念,乃复
由是而演绎之,以为种种之科条"[4]。这里,蔡元培仍然在强调归纳法与演
绎法在科学研究不同阶段中的作用。

前文已提及,鲁迅从 1903 年起开始发表自然科学方面的论文,如《说
钼》、《中国地质略论》、《科学史教篇》、《人之历史》等。在这些文章中,鲁迅不
但介绍了有关科学知识,而且特别注重科学思想、科学方法和科学原理的阐
述,在一定范围内促进了人们从思想和方法的层面理解科学,而不仅局限于
功用的层面。《科学史教篇》是鲁迅早期的一篇重要科学论文,也是我国近代
向西方学习的思潮中关于科学发展史的最早专论之一。这篇文章写于 1907
年,最初发表于 1908 年 6 月出版的《河南》月刊第五号上,署名令飞。[5] 在这
篇文章中,鲁迅强调归纳法和演绎法在人类思维活动中的密切关联性。[6]

---

〔1〕 蔡元培.化学定性分析"序".中国蔡元培研究会.蔡元培全集(第一卷).杭州:浙江教育
出版社,1997:583.

〔2〕 汪林茂.从传统到近代:晚清浙江学术的转型.北京:中国社会科学出版社,2011:263.

〔3〕 蔡元培.化学定性分析"序".中国蔡元培研究会.蔡元培全集(第一卷).杭州:浙江教育
出版社,1997:583.

〔4〕 蔡元培.中国伦理学史.中国蔡元培研究会.蔡元培全集(第一卷).杭州:浙江教育出版
社,1997:299.

〔5〕 金秋鹏,刘再复.读鲁迅早期的论文《科学史教篇》.中国科技史料,1980,2(2):57—64.

〔6〕 金秋鹏,刘再复.读鲁迅早期的论文《科学史教篇》.中国科技史料,1980,2(2):62—63.

鲁迅写道:"偏于培庚之内籀者固非,而笃于特嘉尔之外籀(演绎法)者,亦不云是。"[1]这里,鲁迅指出,英国哲学家、科学家培根(引文中称作"培庚",Francis Bacon,1561—1626)偏重于归纳法(引文中称作"内籀"),法国哲学家、科学家笛卡尔(引文中称作"特嘉尔",René Descartes,1596—1650,也译作笛卡儿)主张演绎法(引文中称作"外籀"),都不是完整的科学思维方法。他认为,只有把归纳法和演绎法"二术俱用,真理始昭","而科学之有今日,亦实以有会二术而为之者故"[2]。对此,他以意大利物理学家、天文学家伽利略(Galileo Galilei,1564—1642)、英国医生和生理学家哈维(William Harvey,1578—1657)、英国化学家波义耳(Robert Boyle,1627—1691)和英国物理学家、数学家、天文学家、自然哲学家牛顿等近代著名科学家为例给出证实,说他们"皆偏内籀不如培庚,守外籀不如特嘉尔,卓然独立,居中道而经营者也"[3],因而在科学研究上作出了重大的贡献。我们看到,鲁迅也已经明确地看到在人类思维活动中,归纳法和演绎法两者是相互关联、不可或缺的,只有"二术俱用",才能获得对自然发展规律的科学认识。他主张将归纳法和演绎法结合起来运用到科学研究中,体现了他对科学思维方法中归纳法和演绎法辩证关系的深刻认识。

三、科学精神的传播

科学精神与科学方法和科学思想是密切联系在一起的。前述浙籍学者对科学方法的重视和传播本身就是科学精神的一种内在体现。此外,我们也可以找到当时学者的一些其他相关论述,针对科学精神问题进行了阐发。

王佐才在《中西格致源流论》中指出,与中国传统学术研究中的"义理之格致"不同,西方人的格致之学是一种"物理之格致"。[4]他写道:"伯拉多之论物,凡理所必有而更无疑义者,例可列入于书。"阿卢力士托德尔"解释物性,实事求是,务绝虚诬","必俟物经目击,考证详明者,始敢登载"。英人贝根"益殚心格致之学","大旨必须藉实在证据,方可推阐其理,不可先发虚无之论,而指物以实之。贝根之名,因之大著"。英人达文"一生考究格致之

〔1〕 鲁迅.科学史教篇.鲁迅全集(第1卷).北京:人民文学出版社,2005:32.
〔2〕 鲁迅.科学史教篇.鲁迅全集(第1卷).北京:人民文学出版社,2005:32.
〔3〕 鲁迅.科学史教篇.鲁迅全集(第1卷).北京:人民文学出版社,2005:32.
〔4〕 汪林茂.从传统到近代:晚清浙江学术的转型.北京:中国社会科学出版社,2011:259—260.

学,但其才大心细。所著之书,信以传信,疑以传疑,不敢自矜臆断"。[1] 这里,古希腊哲学家柏拉图(引文中称作"伯拉多",Plato,约公元前 427 年—前 347 年)的"理所必有而更无疑义",柏拉图的学生亚里士多德(引文中称作"阿卢力士托德尔",Aristotle,前 384 年—前 322 年)的"实事求是,务绝虚诬",培根(引文中称作"贝根")的"借实在证据,方可推阐其理",以及英国生物学家、博物学家达尔文(引文中称作"达文",Charles Robert Darwin,1809—1882)的"信以传信,疑以传疑,不敢自矜臆断",都是对强调实证、怀疑等科学精神的精要阐发。

在一篇格致书院答卷中,王佐才写道:"盖格致学者,事事求其实际,滴滴归其本源,发造化未泄之苞符,寻圣人不传之坠绪,譬如漆室幽暗,而忽然一灯,天地晦冥而皎然日出。自有此学,而凡兵农礼乐政刑教化,皆以格致为基,是以国无不富而兵无不强,利无不兴而弊无不剔。"[2]这里,"事事求其实际,滴滴归其本源"是对科学精神的鲜明写照。与此同时,他还对科学精神在科学研究以及社会进步中的作用进行了阐发。由此可见,王佐才对科学精神已经有了较为深入的理解和把握,在 19 世纪八九十年代的中国实属难能可贵。

王国维在作于 1911 年的"《国学丛刊》序"一文中写道:"自科学上观之,则事物必尽其真,而道理必求其是。凡吾智之不能通,而吾心之所不能安者,虽圣贤言之,有所不信焉;虽圣贤行之,有所不慊焉。何则?圣贤所以别真伪也,真伪非由圣贤出也;所以明是非也,是非非由圣贤立也。"[3]这里,我们看到,王国维对求真、求是和怀疑批判的科学精神作了深刻阐述。

鲁迅在《科学史教篇》中也注意到科学精神在科学发展中的作用。[4] 他在分析古希腊和阿拉伯的学术状况时,指出:"盖希腊罗马之科学,在探未知,而亚剌伯(按:今译阿拉伯)之科学,在模前有。"[5]他特别赞扬古希腊的科学"探未知"的创造精神,大胆探求真理的精神。这种思想对于当时倡导和传播科学精神来说无疑具有重要的作用。

---

〔1〕 王佐才.中西格致源流论.(清)陈忠倚辑.皇朝经世文三编·卷 11,"格致下".台北:文海出版社,1972.

〔2〕 (清)王佐才.书院课艺答卷.(清)王韬.格致课艺汇编,第 1 册.浙江图书馆藏清光绪二十三年(1897)上海书局石印本:32—33.

〔3〕 王国维.论新学语之输入.姚淦铭,王燕.王国维文集(第三卷).北京:中国文史出版社,1997:40—41.

〔4〕 金秋鹏,刘再复.读鲁迅早期的论文《科学史教篇》.中国科技史料,1980,2(2):63—64.

〔5〕 鲁迅.科学史教篇.鲁迅全集(第 1 卷).北京:人民文学出版社,2005:27.

第五章
浙江与晚清传统中医药学的
发展和西方医学的传播

　　鸦片战争以后,西方医学大规模传入我国,给传统中医药学带来了冲击和挑战。晚清时期的浙江与全国一样,一方面,中医学在某些领域获得了一些缓慢发展,另一方面,西方医学伴随教会医院的建立、西方医学书籍报刊的出版发行以及留学生的培养等而得到了较为广泛的传播。本章对晚清时期浙江传统中医药学的发展以及西方医学的传入问题进行探讨。

第一节　传统中医药学在浙江的发展

　　晚清时期,浙江在传统中医药学的临床医学、本草学以及对经典医籍的研究和阐发方面都取得了一定的成就。本节选取若干具有代表性的中医药学家和著述进行介绍。

一、王士雄与温病学的发展

　　王士雄(1808—1868),字孟英,幼字篯龙,晚号梦隐,自号半痴山人,又号随息居士、潜斋,晚号睡乡散人,盐官(今浙江海宁盐官镇)人,生于杭州,卒于秀水。

　　王士雄出身于医学世家。曾祖父王学权(1728—1810)医术精湛,晚年时曾撰《医学随笔》总结毕生临证经验,书未脱稿即病故。他曾得见某些西医书籍,对西医解剖学知识进行过评论。祖父王国祥、父亲王升亦精于医,曾对《医学随笔》作辑注和增订。其父学识渊博,当时西方医学关于人体解剖的知识初传入我国,他勇于接受新知识,并对西方医学在我国的传播持开明态度。王士雄自幼受到父亲良好学风的熏染。14 岁时,父亲病故,迫于生计,王士雄到浙江金华一家店铺当伙计。但是,他并未放弃行医济世的志向,白天工作,夜间坚持阅读医书,早起晚睡,醉心于岐黄之术。几年之后,他因抢救一名垂危患者而显露身手,从此步入行医职业生涯。起初,王士雄喜读《景岳全书》,临证也仿此书用温法,后经其母亲劝诫,始改弦更张,承继《医学随笔》所载家传经验。王士雄的母亲深谙医理药性,她告诫儿子:"无论外感,不可妄投温补;即内伤证,必求其所伤何病,而先治其伤,则病去而元自复。古人不言内虚而言内伤,顾名思义,则纯虚之证,殊罕见也。汝何懵乎!"这些医理使王士雄深受启发。当时正值战乱,疫病流行,王士雄留心于温病证治,颇有心得。他博采众家之说,在继承寒凉学派经验的基础上加以发挥,尤其对温病学有独到的见解。[1]

　　王士雄一生在行医之暇,勤于著述,留下了多部中医学著作。1852 年,因太平军攻占浙江,王士雄一度从杭州避居上海,此间完成了他一生中最重要的医学著作——《温热经纬》。[2] 1857 年,他撰写了一部《归砚集》,论述个人诊治心得及治验。1861 年,汇纂《随息居饮食谱》,此书后成为清代营养学名著。1862 年,他将自己早在道光年间撰写的《霍乱论》重新修订出版,定名为《随息居霍乱论》,对自己治疗霍乱的经验进行了系统总结。此外,他还辑录、评注医书多种,如《潜斋简效方》、《四科简效方》和《汇刊经验方》等。

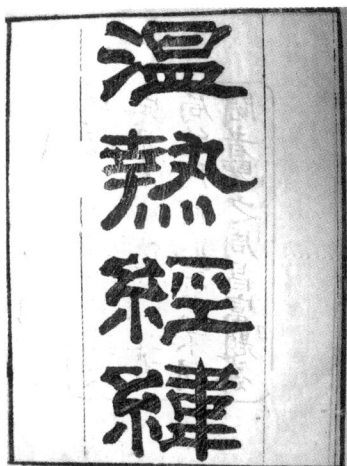

图 5-1　《温热经纬》书影

他还总结家传医学经验,将其曾祖父书稿,又经祖父、父亲亲手增订的《医学随笔》加以整理并刊行于世,并改名为《重庆堂随笔》。这部著作是王氏四代学术经验的结晶。[3]

---

〔1〕　关于王士雄的生平介绍,参见:王致谱.王士雄.杜石然.中国古代科学家传记(下集).北京:科学出版社,1993:1207—1209.

〔2〕　(清)王士雄撰,(清)汪曰桢评.温热经纬.浙江图书馆藏光绪四年(1878)乌程汪曰桢会稽学署刻本.

〔3〕　王致谱.王士雄.杜石然.中国古代科学家传记(下集).北京:科学出版社,1993:1207—1209.

《温热经纬》5 卷是王士雄的学术代表作。他在该书自序中写道[1]：

> 以轩岐、仲景之文为经，叶、薛诸家之辩为纬，纂为《温热经纬》
> 五卷。其中注释，择昔贤之善者而从之。间附管窥，必加雄案二字
> 以别之。

可见，该书不但是作者对前贤温病理论较为全面系统的整理总结，而且充分表达了他的新见解，可以说是清代温病学说的全面汇辑。书中辑录了《内经》中有关伏气温热病条文，又录张仲景有关伏气温病篇、外感热病篇以及湿温、疫病等篇，集注《伤寒论》、《金匮要略》中有关温热病的论述。此外，书中还汇集了清代温病诸家的论述。

《温热经纬》阐明了王士雄对温病学的很多独到见解。[2] 他明辨六气，于暑气颇有发挥，认为暑为阳气，寒为阴气，而对"阳邪为热，阴邪为暑"的说法提出异议。对于"暑多挟湿"的说法，王士雄认为应为暑多兼湿，暑与湿原是二气，暑令时湿盛，容易兼感二者，实非暑中必定有湿。在治疗学上，王氏强调温为阳邪，最易耗伤阴液，他吸取叶天士(1667—1746)、吴鞠通(1758—1836)的学说，结合自己的临床经验，明确提出治温病以保阴为第一要义。处方用药力纠妄投温补之偏，倡导用良润清解、甘寒养阴之剂。

王士雄的《温热经纬》一书使他当之无愧地成为清代温病学发展鼎盛时期的代表人物之一[3]，并为建立温病学的比较完整的理论体系作出了自己的贡献。王氏持论公允，不抱门户之见，学术上吸取各家之长，因而这部著作成为我国温病学中很有影响的著作。当时学者汪曰桢即给予此书高度评价，他"读而善之，因为之赞曰"："活人妙术，司命良箴。不偏不易，宜古宜今。千狐之裘，百纳之琴，轩岐可作，其鉴此心。"[4]直到今日，研究者仍然给予王士雄及其《温热经纬》以高度的评价。如，有学者评价道，王士雄"尊古不泥，治学严谨，务实求真，尤其以临床为本，重益胃祛邪，辨正细腻，用药

---

〔1〕 (清)王士雄撰,(清)汪曰桢评.温热经纬.浙江图书馆藏清光绪四年(1878)乌程汪曰桢会稽学署刻本:6.

〔2〕 王致谱.王士雄.杜石然.中国古代科学家传记(下集).北京:科学出版社,1993:1207—1209.

〔3〕 廖育群,傅芳,郑金生.中国科学技术史(医学卷).北京:科学出版社,1998:380—382.

〔4〕 (清)王士雄撰,(清)汪曰桢评.温热经纬.浙江图书馆藏清光绪四年(1878)乌程汪曰桢会稽学署刻本:5.

周到,于治学、于审证、于用药,堪称后学效仿之楷模"[1]。还有学者认为,王士雄"确是一位既善继承又勇于开拓创新的医家,值得认真研究和效法"[2]。总之,王士雄的温病学临床实践及其著述在中国医学史上占有重要地位,值得从不同视角展开进一步深入的研究。

二、吴尚先与外治法的发展

吴尚先(1806—1886),原名樽,又名安业,字师机、杖仙,别号潜玉居士,钱塘人。

吴尚先出生于文学世家。祖父吴锡麟,字圣征,乾隆年间进士,曾任编修官、祭酒,诗才超群,骈文清华明秀,名重一时。父亲吴清鹏,嘉庆二十二年(1817)进士第三名,任编修官、顺天府府丞。后告归,主讲于乐仪书院。吴尚先幼承家学。道光十四年(1834)中举人。次年到京师,因病未参加应试,后八年客居广平(今河北广平)。自此他淡于功名,绝意仕途。后随父寓居扬州,平日除写诗赋文以外,兼学医为业。太平天国农民起义时,他和弟弟官业带着母亲避乱至江苏泰州,并在东北乡俞家垛开业行医。战乱时期,药物来源缺乏,平民因病致死者颇多。加之那一带居地潮湿,疫病流行,当地又有沤田农作的习惯,所以痹证(风湿性关节炎等病)发病率很高。此外,血吸虫病流行,鼓胀患者较多,并且有不少其他病证。而民众限于经济和医疗条件,得不到良好的医疗。吴尚先为了解除贫民痛苦,结合当时情况,广泛采用外治法,其中尤以薄贴(即膏药)治病特色鲜明,疗效显著。1865年,他重返扬州设立存济药局,以益乡民识字习文,并为之治疗疾病。吴尚先一生侍奉母亲非常孝顺。中年丧偶后未再娶妻,其子炳恒,孙男养和,均以行医为业。[3]

吴尚先的主要贡献是外治法,在研究总结制药技术方面具有一定的成就。他汲取前人及古典医籍中有关外治的论述,搜罗民间流传的外治法,集自己行医之经验,于1864年撰写并出版《理瀹骈文》。[4] 此书初名《外治医说》,后因以骈文编撰,遂易名《理瀹骈文》。该书由略言、续增略言、正文、膏药、治心病方等五部分组成,主要论述中医外治法的理论依据和具体的治疗方法。

---

〔1〕李赛美,林培政.王士雄《温热经纬》治学精微述要.新中医,2005,37(12):6—8.

〔2〕李洪涛.王士雄温病学术观点探析.安徽中医学院学报,2001,20(1):1—3.

〔3〕余瀛鳌,万芳.吴尚先.杜石然.中国古代科学家传记(下集).北京:科学出版社,1993:1201—1206.

〔4〕(清)吴尚先.理瀹骈文.浙江图书馆藏清光绪三年(1877)吴县潘敏德堂刻本.

《理瀹骈文》共记载内科膏药方94首,妇科膏药方13首,儿科膏药方7首,外科膏药方20首,五官科膏药方3首,总计137首,并重点阐述21首膏药方,对膏药道的配伍、熬制操作等有较详细的记载。其中以清阳膏、散阴膏、金仙膏、行水膏、云台膏、催生膏尤为灵验。此外,还有养心、清肺、健脾、滋阴、扶阳、通经、卫产等膏作为辅助,加上膏重敷药等多种变法,能够主治多种病证。书中还详述了诸种膏药方与敷药配伍使用的方法、功效、临症加减、宜忌及注意事项等。[1] 吴尚先推广和总结了膏药疗法,使传统的铅膏药演进成为新兴的透皮给药的良剂,从而推动了此类剂型的不断发展。[2]

书中除大量记载膏药的用法之外,还载有敷贴法、熨法、洗法、熏法、照法、拭法、溻法、取嚏法、吸入法、灌导法、火罐法、割治法等,显示了外治法的多样性。这些方法又分出多种具体方法,其中已经包括了许多现代的物理疗法。[3]

总之,吴尚先对中国传统医学的最大贡献是在多年临床实践和理论研究的基础上,对外治法进行了系统总结,因而被后人誉为"外治法的宗师"。他的《理瀹骈文》"具有丰富而独特的内涵,为后人开辟了有关内病外治的广阔途径,并在中医临床治疗学的发展过程中,独树一帜,影响深远"[4]。他所介绍的外治法特别是多种膏贴,至今对中医临床仍具有深入研究和广泛推广的价值。

三、陆以湉等的中医药学研究

晚清时期,浙江中医学界人才辈出。据初步统计,以中医学为业者约有20人,并有多种医学著述流传于世。其中,最为著名者,当属王士雄、吴尚先两位中医学家,在中国医学史上占有重要的地位,已如前述。此外,陆以湉、赵彦晖和凌奂等中医药学家也在中医药学方面有所建树,下面予以简述。

---

〔1〕 余瀛鳌,万芳.吴尚先.杜石然.中国古代科学家传记(下集).北京:科学出版社,1993:1204.

〔2〕 吴熙敬.中国近现代技术史(下册).北京:科学出版社,2000:1000.

〔3〕 廖育群,傅芳,郑金生.中国科学技术史(医学卷).北京:科学出版社,1998:415.

〔4〕 余瀛鳌,万芳.吴尚先.杜石然.中国古代科学家传记(下集).北京:科学出版社,1993:1206.

（一）陆以湉及其《冷庐医话》

　　陆以湉（1802—1865），字敬安，号定圃，浙江桐乡人。陆氏少时学习勤勉，博览群书。道光十二年（1832）中举人，考取宗室官学教习，十六年（1836）中二甲第47名进士，以知县分发湖北。迁往台州府任教谕。此后，他著书立说，垂教后人。又因弟及子均为庸医误药致死，又受到精通医学的兄长陆瀚的影响，于是陆氏对岐黄之术亦有专攻。其父去世后，陆氏到杭州任教。后因母老膝下无人，思乡心切，呈请归乡奉养老母。咸丰九年（1860）避居乡曲，训蒙童稚，颐养天年。后携家眷至上海。陆氏渊博的学识和精湛的医术，为时任江苏巡抚李鸿章所赏识，并被其聘为忠义局董事。他晚年曾被浙江巡抚蒋益澧（1825—1874）聘主讲杭州紫阳书院，甫及半年而殁。[1]

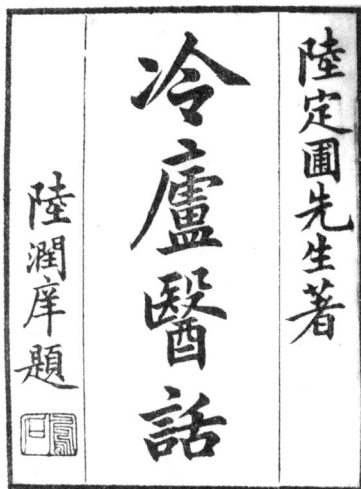

图 5-2　《冷庐医话》书影

　　陆以湉在医学方面潜心钻研，医术日精，临证每有奇效，于是一度声名远震。他勤于著述，计有《楚游录》1 卷、《冷庐杂识》1 卷、《苏庐偶笔》1 卷、《寓沪琐记》4 卷、《吴下汇谈》2 卷、《再续名医类案》16 卷、《冷庐医话》5 卷。其中，《冷庐医话》为陆以湉在中医学方面的代表作。[2]

　　《冷庐医话》这部著作前后引述医著近百种，对众家之言，或赞同或否定或补正，直抒胸臆。书中所录医案，多有详细的望、闻、问、切四诊的内容，并以辨证论治为核心。该书在诊法学上的特色是"强调各种诊法熟练运用和综合分析的能力，并以临床案例为佐证。不以一种诊法代替其他诊法，特别强调四诊合参"[3]。

　　此外，这部著作还记载了不少前人误诊的医案，主要记录在卷 1"医范、医鉴、慎疾、保生、慎药、诊法、脉、用药"之中。治误的原因不外诊误、治误、药误等几个方面。当然，诊误的结果是治误，治误的前提是诊误，所以二者

〔1〕　李果刚.陆以湉其人与《冷庐医话》的诊法学特色.医古文知识,2003(2):28—30.

〔2〕　(清)陆以湉.冷庐医话.浙江图书馆藏清光绪二十三年(1897)乌程庞元澄刻本.

〔3〕　李果刚.陆以湉其人与《冷庐医话》的诊法学特色.医古文知识,2003(2):28—30.

密切相关。至于药误则是医者或非医者所造成的错误。显然,对《冷庐医话》中有关前人误治的病案,对于后人引以为戒,尤其是提高中医从业者的诊疗技能来说是有重要意义的。[1]

陆以湉的《冷庐医话》是中医医话中具有诊法学特色的一本好书。书中关于中医诊法学的医理阐发、实际病案以及误治医案,为我们留下了宝贵的史料。

(二)赵彦晖及其《存存斋医话稿》

赵彦晖(1823—1895),原名光燮,字晴初,晚号存存老人、六三老人、补寿老人,会稽(今浙江上虞)人,晚清浙江名医。他幼攻举业,20岁中秀才,兼长诗词六法。后因兵乱,家境中落,慈闱衰老,乃绝意进取仕途,务为有用之学,遂潜心精研医理而立身于杏林。他在察病、投方和用药中主张"务需推详",一得即全方灵透,历验如神。赵氏平日手不释卷,四方求治者日益众多,名重一时。他与江苏马培之有很深的情谊,与同里何廉臣、桐乡陆以湉常同邀会诊,商磋医理。花甲后修持净业,博阐医籍,著有《存存斋医话稿》、《药性辨微》、《医案》等10余种。[2] 其中,《存存斋医话稿》是其代表作。[3]

图 5-3　《存存斋医话稿》书影

《存存斋医话稿》2卷,是赵彦晖40年读书、临证心得的总结。由于随记随藏,辗转有年,所以多有遗失。1878年秋,赵氏已经55岁,杜门养疴,检旧箧得手稿若干条,命儿子录出成帙,重为芟润之,标其名为《存存斋医话稿》。可惜仅选两卷刊行,印数少,又值兵乱祸结,其版散失。多年以后,裘吉生(1873—1947)虑其书湮没不传而遍觅原版,并且购到已缺多页的原版,于是为之重刻付印。在付印时,又增补了赵氏发表在《绍兴医药学报》第1卷5—6两号(1924年5—6月)上的斑疹、痧

---

〔1〕　樊德春,李兰周.《冷庐医话》误治医案评析.国医论坛,2003,18(4):39—41.

〔2〕　关于赵彦晖及其《存存斋医话稿》的介绍,参见:吕志连.清代名医赵晴初与《存存斋医话稿》.中医杂志,1996,37(11):648—650;余瀛鳌.切合临床实用的《存存斋医话稿》.浙江中医杂志,1983,18(6):267—268.

〔3〕　(清)赵彦晖.存存斋医话稿.浙江图书馆藏清光绪七年(1881)刻本.

诊两节,由其门人杨质安加注,作为卷 31 并编入《珍本医书集成·杂著类》中,从此得以流传。

赵彦晖在《存存斋医话稿》中对前人有关学说进行了详细分析并提出了一些新的学术观点。[1] 如,他提出了成痰之因"皆气为之",所以治痰当治气。这种新观点有力抨击了当时治痰不进行辨证的弊病,颇具创新性和启发性。《存存斋医话稿》对方与药的论述较多,并再三提醒医生临证处方应随机应变,切忌拘泥,这一点显然也是富有启发性的。顺便提及,《存存斋医话稿》两卷因有刊本传世而传播较为广泛,但其《续集》则知者甚少。所幸《浙江中医杂志》1983 年第 6、7、8 期连续将《存存斋医话稿》刊登发表,为后人研究提供了便利。[2]

(三)凌奂与《本草害利》

凌奂(1822—1893),原名维正,字晓五,一字晓邬,晚号折肱老人,归安人,晚清中医药学家。凌奂是清代医家吴芹(古年)的弟子。吴芹曾于 19 世纪中叶撰写了一部本草著作,名曰《本草分队发明》,又名《本草分队》,计 2 卷。这部著作以腑脏经络归类药品,设猛将、次将以示药物作用力的强弱。凌奂以《本草分队发明》为基础,集诸家本草之药论及名医经验,结合自己丰富的临床实践经验,补入药物有害于疾病的内容,并将其更名为《本草害利》。[3]《本草害利》完成于 1862 年。由于此书以其师吴芹(字瘦生,号古年,浙江归安人)的《本草分队发明》(又名《本草分队》)为基础

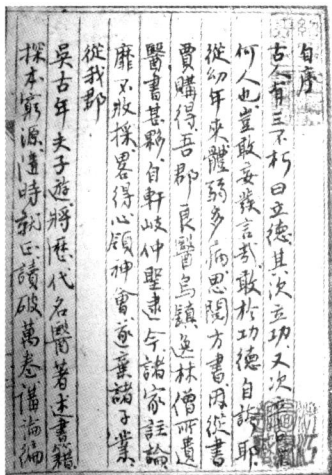

图 5-4　《本草害利》书影

加以增补而成,所以严格来说,应当是一部合著的著作。[4]

《本草害利》全书 10 万字,收载常用中药 233 味,其中植物药 187 种,动物药 30 种,矿物药 14 种,其他类 2 种。如果包括不同药用部分和不同炮制

---

〔1〕　吕志连.清代名医赵晴初与《存存斋医话稿》.中医杂志,1996,37(11):648—650.

〔2〕　关于《存存斋医话稿续集》,参见:董纪林.《存存斋医话稿续集》述评.浙江中医杂志,1983,18(6):269—270.

〔3〕　华碧春.《本草害利》的"药害"理论探讨.福建中医学院学报,2002,12(4):49—51.

〔4〕　(清)凌奂.本草害利.浙江图书馆藏清末晒印本.

品,则所含中药达到近 300 味。此外,还包括一些食品。《本草害利》的分类仍然沿袭了《本草分队》的方法。书中每味药按照"害"、"利"、"修治"三项论述,"害"项记述药物的毒副作用及其用药禁忌,"利"项述诸药功用及配伍,"修治"项则介绍炮制方法及用药品种鉴别。其中,凌奂将"害"项列于先,是其独到之处,反映了他对中药要害问题的强调。现代的药害概念,一般指用药过程中发生的任何不可预测的不利结果,药害以药物不良反应和用药错误最为常见。凌奂在《本草害利》中强调辨证用药,提出"凡药有利必有害,但知其利,不知其害,如冲锋于前,不顾其后也"[1],并从药物本身性能之害、使用不当之害、炮制不当之害、采收不当之害等几个方面,选用常用之药进行论述,显示出他对中药的药害有深刻的认识。但是该书也存在缺陷,如只定性讨论而未定量分析,对药害引起的临床表现及其防治论述不够,对药物配伍所致的要害论述较少等。不过,这部著作侧重于由于辨证不当所引起的药害,并对病证用药禁忌论述甚详,对于临床防止用药偏差、减少药害有实用价值,对于今天的防治中药药害的研究具有现实意义。[2]

(四)姚梦兰和邵兰荪的医学工作

姚梦兰(1827—1897),名仁,梦兰为其号,仁和诸生,世居永泰钱家兜(今浙江杭州余杭獐山)。

姚梦兰初习儒,启蒙师为獐山湾俞生辉(野茅山名医俞友梅之曾祖)。中年病瘵垂危,瓶窑镇回龙庵老僧(名佚)招之寺中,授以气功,夜则相对静坐,年余病愈。又授以击技,竟成伟丈夫。此故事流传颇为广泛。从此,以儒生改学医术,终成良医,擅治温热、虚劳,尤长调理。40 岁后,姚梦兰医名大噪,在杭嘉湖一带享有盛誉,远近求医者,日逾百人。平时乐善好施,为贫者诊治,不收分文。1897 年卒,噩耗传出,数十里内乡人皆下泪。

在姚处受业弟子颇多,子耕山、良渚莫尚古、平宅马幼眉,声名尤著,人称"三鼎甲"。当代名医叶熙春(1881—1968)为莫尚古之弟子。姚氏子孙、曾孙皆业医。江浙一带中内科不乏姚氏传人。

姚氏内科的另一支脉,为獐山野毛山俞氏内科。姚氏启蒙师之子俞奕仙从姚习医,姚为答谢师恩,悉心授以正术,但始终不能以师徒相称。俞氏内科偏重滋阴,专研瘵证。世传钱家兜与野茅山医学有渊源关系,即有此一段因缘。

---

〔1〕 (清)凌奂.本草害利,"自序".浙江图书馆藏清末晒印本:2.

〔2〕 关于《本草害利》的介绍,参见:华碧春.《本草害利》的"药害"理论探讨.福建中医学院学报,2002,12(4):49—51.

　　姚氏为临床医学大家,声蜚江浙。他精于辨证,杂病重脉,时病重舌,用药轻灵见长,出奇制胜。医案用四六句,文句华丽,惜其遗墨散失,传世甚少。据传姚氏曾著有《医学大成》手稿,但未见后人撰文研究。[1]

　　除上述陆以湉、赵彦晖、凌奂和姚梦兰等医家外,清末民初绍兴医家邵兰荪(1864—1922,字兰生)在浙江中医学界也具有一定的影响。他在治疗泄泻[2]、疟疾[3]、经带[4]、热病[5]等方面均多有心得,并对后世医家多有借鉴之处。

四、经典医籍的研究

　　晚清时期,一些朴学家上承乾嘉朴学之余绪,对经典医籍《素问》进行训诂,提升了认识境界,并为后学运用文献法研究医经提供了借鉴。这些朴学家中著名者有四位,分别是胡澍(1825—1872)、俞樾、孙诒让和于鬯(约1862—1919),其中俞樾和孙诒让均为浙江人。同时,浙籍医家莫文泉研治经典医籍,辑录众说,参以己见,著为《研经言》四卷,亦为晚清经典医籍研究佳作之一。下面即对这三位浙江学者的经典医籍研究工作进行介绍。

(一)俞樾与《素问四十八条》

　　俞樾(1821—1906),字荫甫,号曲园居士,浙江湖州德清人。他出身于书香门第,祖父为副贡士,父亲是嘉庆举人。俞樾16岁入县学,24岁乡试中举。曾投陈奂为师,在文字、音韵及训诂方面受益最多。道光三十年(1850)赴北京应礼部会试得中第64名进士。后参加保和殿复试,深得主考官曾国藩的赏识,被评为第一名进入翰林院。咸丰四年(1854)出任河南学政,咸丰七年(1857)因出科举试题犯忌,被弹劾罢官还乡。[6] 此后,俞樾致力于学术研究和书院教育。他著述颇丰,凡500余卷,收入《春在堂全书》,赢得"朴学大师"的美誉。俞樾门生众多,著名者有章太炎等大学问家。

　　〔1〕　关于姚梦兰的生平和医学活动,参见:胡樾.晚清名医姚梦兰.杭州文史丛编(6).杭州:杭州出版社,2002:415—416.

　　〔2〕　陆晓东,施大木.邵兰荪治泄泻经验选.浙江中医学院学报,1990,14(1):24—26.

　　〔3〕　陆晓东,蒋新新.邵兰荪疟疾治疗大法初探.浙江中医学院学报,1991,15(6):34—35.

　　〔4〕　陆晓东,蒋新新.邵兰荪诊治经带经验述要.浙江中医学院学报,1992,16(5):30—31.

　　〔5〕　萧天水.邵兰荪治热病方笺选析.江苏中医,1995,16(3):39.

　　〔6〕　赵尔巽主撰.清史稿·卷482,第43册.北京:中华书局,1997:13298.

1850年,俞樾完成《素问四十八条》,是他对《内经》经文及其诠注的训诂和考校,收于《读书余录》中。后裘庆元于1924年刊《二三医书》丛书,将该48条收入,名为《内经辨言》。从《素问四十八条》来看,俞樾"不仅精于小学,且于医学理论也十分精博。《素问》这部千古医著中的一些疑惑,经他点拨,豁然明了"。《素问四十八条》虽然涉及内容不多,但是俞樾"诠注之熨帖,考校之精当,在近代《内经》考注重,堪称佳作"[1]。俞樾注释出版后,受到医界欢迎,被誉为"《内经》之羽翼,医界之明星",成为后人研习《内经》的参考书。当代郭蔼春《黄帝内经素问校注语释》、六版教材《内经选读》都参照了俞训并有所采纳。

在《素问》校诂研究史上,俞樾的工作具有承前启后的重要作用。[2] 俞氏之前的清儒如段玉裁(1735—1815)《说文解字注》,朱俊声《说文通训定声》,王氏父子《读书杂志》、《经义述闻》、《广雅疏证》都对《内经》音韵、文字、讹误进行了卓有成效的研究,但都比较零碎,散见于各自著作中,研究的目的是"以经证字",将其作为训诂的例证。俞氏则对《内经》作专章训释,无论范围还是数量上都较此前清儒为多,表明清儒对《内经》的研究已由零散逐渐趋于专门,而中医古籍训诂也进一步从儒经的附庸中解脱出来,向前迈进了一大步。在俞氏之后,孙诒让、张文虎、于鬯、沈祖绵(1878—1968)等均有专章研究《内经》的著作行世,在研究方法上与俞氏有一脉相承之处。

不过,这里需要提及的是,俞樾作为一代经学大师,对《内经》等医学文献研究成就卓著,在溯古的同时,又走向了反面,写出了一篇主张废弃中医的《废医论》(约成于1881年[3]),因而成为近代中国第一个提出废止中医的人物。[4] 究其原因,据研究,在于俞樾过分迷信古书中一些不可靠的材料并加以主观臆断,遂得出"医可废"的结论。综观俞樾的《内经》研究和"废医论"思想,可以看出,"不同学科的知识,只能沟通,不能替代,俞氏的经学水平虽属高超,但终不能代替医学认识"[5]。

(二)孙诒让与《札迻·素问王冰注》

孙诒让(1848—1908),字仲容,号籀廎,又号籀膏,浙江瑞安人,是清代

〔1〕 参见:沈敏,孙大兴.俞樾《素问四十八条》及其学术价值.浙江中医学院学报,1997,21(6):31—32.

〔2〕 罗宝珍.俞樾研究《内经》的特点.福建中医学院学报,2002,12(2):51—53.

〔3〕 参见:郝先中.俞樾"废医论"及其思想根源分析.中华医史杂志,2004,34(3):187—190.

〔4〕 余瀛鳌,蔡景峰.中国文化通志(医药学志).上海:上海人民出版社,1998:64.

〔5〕 龙江人.俞樾及他对中医学的贡献与困惑.中国中医基础医学杂志,1995,1(4):52.

最后一位朴学大师,与俞樾、黄以周(1828—1899)合称为"清末三先生"。幼年,从其父著名学者孙衣言(1815—1894)读书,继承家学,聪颖过人,13岁即成《广韵姓氏勘误》一书。后随父宦游京师、江淮等地,博采珍本秘籍,庋藏宏富。又广结学者名流,学识大进。中年以后,绝意仕进,专攻学术。孙氏是最先认识殷墟龟甲学术价值的学者之一,其所著《契文举例》是甲骨文字学的开山之作。对于乡邦文献的搜求与校理,也有重要贡献。他在25岁写定的《温州经籍志》被誉为"近世汇志一郡艺文之祖"。孙氏治学之精博,成就之卓著,有清一代学者,罕有其匹。鲁迅、郭沫若以及许多国学大师,对他都有极高的评价。梁启超甚至说他"有醇无疵",章太炎更叹为"三百年绝等双"。孙氏晚年,坚辞清廷的多次征召,决意居家兴学,对浙南近代科技、教育诸方面的发展,都起到了开启风气之先的作用。[1]

　　孙氏著述颇富,尤以《周礼正义》、《墨子间诂》、《札迻》等影响为最大。《札迻》12卷,是孙诒让第一部问世之作(成于1893年),但却是学术积累极其深厚的佳作。[2] 该书校勘订正了秦、汉至齐、梁间78种古书中的讹误衍脱千余条。俞樾在为该书所写叙言中给予高度评价,认为孙诒让"精孰(熟)训诂,通达假借,援据古籍以补正讹夺,根柢经义以诠释古言,每下一说,辄使前后文皆怡然理顺"[3]。在《札迻》中,包括孙诒让对《素问》校勘训释的成果13条,名曰《素问王冰注》。

　　在清儒《素问》校勘书中,孙氏《素问》校注较为后出,其方法理论体系与胡澍、俞樾等一脉相承,因而可资借鉴的内容更为丰富,所以学术价值更高。孙氏在《素问王冰注》中多有创见,并能纠正前辈朴学大师之错。[4] 例如,《阴阳应象大论》中写道:"故曰:天地者,万物之上下也;阴阳者,血气之男女也;左右者,阴阳之道路也;水火者,阴阳之征兆也;阴阳者,万物之能始也。"宋代医家林亿(1020?—1095?)《新校正》云:"详'天地者'至'万物之能始',与《天元纪大论》同,注颇异。彼无'阴阳者,血气之男女'一句,又以'金木者,生成之终始'代'阴阳者,万物之能始'。"孙诒让加注按语曰:"'阴阳者,血气之男女也',疑当作'血气者,阴阳之男女也'。盖此章中三句通论阴阳,

　　〔1〕 洪震寰.孙诒让简介.温州文史资料(创刊号),1985:1—2.
　　〔2〕 王继如.高远的学术视野,缜密的考据功夫——孙诒让《札迻》读后.古籍整理研究学刊,2002(1):29—32.
　　〔3〕 (清)俞樾.札迻·叙.见:(清)孙诒让.札迻.顾廷龙,傅璇琮.续修四库全书(第1164册).上海:上海古籍出版社,1995:1.
　　〔4〕 牛淑平,黄德宽,杨应芹.《素问》校诂派学术渊源——皖派朴学家《素问》校诂研究(一).中医文献杂志,2004(4):8—10.

分血气、左右、水火,而总结之云'阴阳者,万物之能始也'。'能'者,'胎'之借字。……俞(樾)氏据《天元纪大论》改此篇,非也。"〔1〕

孙诒让对医学经典考据的贡献并不仅仅限于《札迻》中的《素问王冰注》篇,《札迻》涉及医学内容的还包括《释名·释形体》、《释名·释疾病》、《文子·徐灵府注》、《淮南子·许慎高诱注·精神训》、《白虎通德论·惰性》等,都有孙诒让校注医学文献的大量内容。〔2〕

总之,孙诒让研治医学经典,并多有阐发,增强了训诂的实用价值,促进了中医训诂的发展,对后世医家研治《素问》等经典医籍具有一定的启迪作用。

(三)莫枚士与《研经言》

莫枚士(1862—1933),字文泉,归安人,同治九年(1870)进士。1879年,莫氏著《研经言》4卷,后收入《裘氏医学丛书》和《中国医学大成》之中,近些年来还有江苏科技中医古籍小丛书本。

《研经言》系莫氏解经之作,由于他多用训诂学、文字学的知识来阐述医学问题,其风格自成一家。从体例上看,该书分为论、说、释、解、辨五类。从内容上看,包括基础理论、诊断方法、辨证辨病、治疗方法、方剂、药物、书籍评价等七个方面。该书内容多由《内经》、《难经》、《本经》、《伤寒》等医籍经典而发,作者于阐述过程中又多从《尚书》、《周易》、《广韵》、《玉篇》等经典中寻找依据,所以名之曰《研经言》十分确切。〔3〕

莫枚士运用训诂考据学的方法,在经典医籍声训、义训以及文法修辞方面均有所得,以下结合《研经言》中的几个例子具体说明。〔4〕例如,他在训释"鼠瘘"时,认为《灵枢》、《素问》、《神农本草经》之"鼠瘘","鼠"当为"窜","窜"俗作"串"。他写道:"瘘与病为双声,故近世疡科书皆呼病串。病串即窜瘘之倒言也。鼠如字读,则与注为声转,瘘与流为声同,故近世疡科书或呼流注。流注即鼠瘘之倒言也。"〔5〕莫氏以此区别于"食鼠残成瘘"等望文

〔1〕 (清)孙诒让.札迻·卷11.顾廷龙,傅璇琮.续修四库全书(第1164册).上海:上海古籍出版社,1995:120.

〔2〕 牛淑平,黄德宽,杨应芹.《素问》校诂派学术渊源——皖派朴学家《素问》校诂研究(一).中医文献杂志,2004(4):8—10.

〔3〕 王熠.详于训诂,言必有据——《研经言》特色谈.中医文献杂志,2000(1):7.

〔4〕 王义成,曹烨民,赵兆琳.莫枚士《研经言》及其学术价值.中国医药学报,1998,13(6):13—14.

〔5〕 (清)莫枚士.研经言·卷3,"鼠瘘解".中国医学大成(重刊订正本)(第43册).上海:上海科学技术出版社,1990:16—17.

生义之辞。

在义训方面,如他在辨析《金匮》痉篇"太阳病发热汗出而不恶寒者,名曰柔痉"条文时,除指陈历代"传写误衍"之外,还特别指出"盖刚柔之分,分于汗,不分于恶寒也。此一字所关非小,不得不辨"[1]。可谓言简意赅,切中要害。

莫枚士在文法修辞方面也做了许多深入细致的考证工作。如,他在卷4中写道:"《素问·平人气象》于人以谓气为本后,独言三阳之脉,不及三阴","泉(莫枚士)按:三阴之脉行五脏,经于三阳脉后,即言五脏脉,五脏即三阴也。"[2]这是对《素问》"错综"辞格的说明。上言三阳脉,接下来当言三阴脉,但却以五脏脉易之,在上下文里故意交错其名。他提醒人们:"读《灵(枢)》、《素(问)》常须识此,勿令误也。"[3]

总之,莫枚士运用文字、音韵、训诂之法阐述古典医籍中的医学问题,他"不落旧窠,常发前人之未发",《研经言》"洵为启迪后学之佳作"[4],具有很高的文献学价值。

五、利济医学著作

温州利济医院和利济医学堂的主办者及学生大多对中医学有所研究,并有医学著述传世。2005年,温州地区医学研究者将利济医学著作计10种14卷汇编为《利济医集》,并收于《温州文献丛书》之中。这里,结合有关研究成果[5]和原著[6],择要对利济医学著作进行简要介绍。

《蜇庐诊录》2卷,陈虬撰,成于1880年,亦为利济医学堂教材,初载《利济学堂报》第11~14等册中,后录于《蜇庐丛书》之五。该书仿照清初名医喻昌(1585—约1664)医案集《寓意草》的体例,载疑难病症20则,详述诊疗过程和用药效果。其认病识症,一本之于《内经》、仲景之说,对运气学说的阐发,对经方方义的认识,发皇古义,辨清本源。如其论臌胀、关

〔1〕(清)莫枚士.研经言·卷3,"辨柔痉不恶寒之误".中国医学大成(重刊订正本)(第43册).上海:上海科学技术出版社,1990:5—6.

〔2〕(清)莫枚士.研经言·卷4,"《素问·平人气象》阙文辨".中国医学大成(重刊订正本)(第43册).上海:上海科学技术出版社,1990:1.

〔3〕(清)莫枚士.研经言·卷4,"《素问·平人气象》阙文辨".中国医学大成(重刊订正本)(第43册).上海:上海科学技术出版社,1990:2.

〔4〕王义成,曹烨民,赵兆琳.莫枚士《研经言》及其学术价值.中国医药学报,1998,13(6):14.

〔5〕刘时觉,朱国庆,杨力人等.晚清的利济医院和利济学堂.医古文知识,2003(3):4—7.

〔6〕刘时觉.温州文献丛书·温州近代医书集成(上册).上海:上海社会科学院出版社,2005.

格,析干姜黄连皇芩人参汤,辨乡之产后服姜糖饮之害,俱中肯綮。

《元经宝要》3卷,陈虬纂,弟子陈葆善(1861—1916)等编辑,载于1897年《利济堂学报》。该书分为九表,每卷三表,据《素问》之说分别阐述运气、藏象、经脉。此书为陈虬所著《利济元经》的前三卷,所以卷首仍题作"利济元经"。《利济元经》成书于1892年,内容包括运气、藏象、经脉、脉法、病因、本草、针灸、死生,共有52表。《宝要》则节录其书前三卷而成编,书前题记亦谓所收九表为全书之要,自可单行,因名之《元经宝要》。现存版本,阙卷三之表二《六腑经络表》、表三《奇经八脉表》,未成完璧。

《瘟疫霍乱答问》1卷,陈虬纂,原载《利济丛书》,后复录于《中国医学大成》。《利济医学著作集成》本系以此二本互校,并从《利济学堂报·利济文课》卷1录得《霍乱病源方法论》一文弁于其首。书中收录利济专治霍乱方剂凡9首,利济天行应验方凡8首,利济秘制保命平安酒方1首,皆治时疫霍乱屡获奇功之方,足补王士雄《霍乱论》方药之未备。

《白喉条辨》1卷,陈葆善撰。葆善以白喉险症而《内经》未详著录,家人患病而有救治不起者,遂尽发藏书,穷究旨要,悟得白喉一证,悉属燥火,于1897年撰成此编,凡15条。其论白喉独以手太阴燥火为本,以少阴、少阳为标,取喻氏清燥救肺汤、郑氏养阴救肺汤加减为本证主方;而少阳标证则以白虎青龙汤及张氏神功辟邪散为主;少阴标证则以朱白双清散、加减神功辟邪散。原书收载于《利济汇编》,并作为附录载于平阳徐松龄润之《华佗疡科拾遗》。

《燥气总论》1卷,陈葆善撰,成于1900年,未刊,1925年徐乃昌为序,潄潻斋刊行石印本,1936年收入上海中医书局《中国近代医学丛选》。陈葆善以《内经》脱"秋伤于燥"一节,其法不传,喻昌等有所发明而未详,所以编著此书。该书引证经义,首明本义,次述病理,再详脉候,终出治法,以明燥气为病之理。

《燥气验案》2卷,陈葆善撰,成于1901年。该书收录验案21则,以证之燥气诊治实践。取法喻氏《寓意草》,议论明备,所述脉因症治,笔法质朴。并有附论多篇,辨柯韵伯麻黄升麻汤论,阐述气血营卫,论治疮疡痤痹及伤燥用药之理,以备治疗门法。

《本草时义》1卷,陈葆善撰于1903年。全书载药117种,俱有经文,并多按语。该书博采广闻,尤重亲身体验,对药材识别、品种规格、栽培产地、加工炮制、等级时价,甚至术语方言等均有所涉及。后人对此书评价很高,认为清末民初仅有闽浙郑肖岩(1848—1920)、曹炳章(1878—1956)和张山雷(1873—1934)等医家可与之媲美。

《利济医谈》1卷,为陈虬及其弟子医论集,《利济医集》编校者辑录并拟定书名。全书9篇,录自《利济文课》,唯杨逢春《书陈蛰庐先生〈保种首当习医论〉后》录自温州博物馆藏杨氏《利济课艺》抄本卷上末篇。

上述中医药学著作既是温州地方文献中的重要组成部分,又是浙江医学史和中国医学史研究中的重要文献,具有较高的文献史料价值。

第二节　胡庆余堂与传统制药技术的发展

一、胡雪岩与杭州胡庆余堂的建立

1874年,胡庆余堂在杭州西子湖畔吴山北麓开始筹建。1876年,先设胶厂于杭州涌金门。1878年春,大井巷店屋落成,始正式营业。胡庆余堂是我国规模较大、创设较早的全面配制中药成药的国药号。"北有同仁堂,南有庆余堂",胡庆余堂与北京的同仁堂并称为全国最著名的南北两家国药号。[1]

杭州胡庆余堂的创办人是胡雪岩。胡雪岩(1823—1885),字光墉,原籍安徽绩溪,寄籍浙江杭州。他从小丧父,家贫潦倒,无钱延师就塾,仅粗通文墨,凭着他为人精明干练、善于应酬的本事,从一个钱庄的学徒,最后成为一个积资三千余万银两的国内首富,拥有数十家钱庄、银号、当铺,生意涉及丝绸、茶叶、军火、粮食等业。胡雪岩的阜康钱庄支店遍于南北,名震中外。[2]他又因为左宗棠筹办军粮药饵,向洋商借款为左宗棠购置军火并提供经济保障而使其"西征"有功,新疆边防巩固。清政府给胡雪岩一军工赏加布政使衔,正二品文官顶戴用珊瑚并赏穿黄马褂,成为既戴红又穿黄马褂的大清朝第一人,人称"红顶商人"[3]。

胡庆余堂就是在胡雪岩鼎盛时期创办的。关于胡雪岩创办胡庆余堂的具体原因,综述有关资料,可以归结为三点:一是所谓"一怒创堂"[4]。

〔1〕　胡庆余堂制药厂,中国民主建国会杭州市委员会,杭州市工商业联合会.杭州胡庆余堂制药厂.见:浙江省政协文史资料委员会.浙江文史集粹(经济卷上册).杭州:浙江人民出版社,1996:385—386.

〔2〕　胡庆余堂制药厂,中国民主建国会杭州市委员会,杭州市工商业联合会.杭州胡庆余堂制药厂.见:浙江省政协文史资料委员会.浙江文史集粹(经济卷上册).杭州:浙江人民出版社,1996:385.

〔3〕　何鑫渠.走近胡庆余堂——杭州胡庆余堂简史.中医文献杂志,1999(4):42—44.

〔4〕　何鑫渠.走近胡庆余堂——杭州胡庆余堂简史.中医文献杂志,1999(4):42.

说的是,一次胡母(另说其妾)患病,胡雪岩派人到望仙桥杭州叶种德堂配药,发现其中一二味药质量较差,就要手下人拿去调换,不料店伙计竟说"本店只有此种货,要好的话请你家胡大官人自己去开一爿药铺"。胡雪岩因斗气而创办药号。"一怒创堂"是当时流传相当广泛的一种说法。二是出于积德积善的考虑。[1] 据胡氏后裔看法,胡雪岩是靠战争而发财的,他虽然没有直接杀人,但他在内心深处恐怕无法摆脱"负罪感",因此办一家药号,以行"仁术"来结善缘、积阴德,是他的初衷。三是满足军队药品需要。[2] 在建堂之前,清军镇压太平军及西北回民军之役,由于伤亡载道,疫疠盛行,胡雪岩就邀请医师鉴定处方,配制辟瘟丹、诸葛行军散、红灵丹等药品,寄交曾国藩、左宗棠军营及陕甘豫晋各省藩署。此后,经常有人登门及寄书向胡索药,日不暇给,如是者数年,于是引起了胡开设药号的兴趣。

1874 年,胡庆余堂开始筹建,确定自制丸散膏丹到门市全面经营的方针。1878 年正式开始营业。胡雪岩虽然不懂中药,但却精于经营之道:药材道地、重视宣传、调动职工的积极性,加之得天独厚的地理位置以及恢宏别致的建筑格局,经营范围和生产销售品种的多样化,江南一带的国药号无出其右。短短几年,胡庆余堂即声誉鹊起,并被誉为"江南药王"[3]。

二、胡庆余堂对传统制药技术的发展

胡庆余堂确立经营方针后,开始正式运营。由胡雪岩请来的诸多省内外名医,收集整理各种古方、秘方、验方,并在宋代皇家药典《太平惠民和剂局方》的基础上筛选出配制丸散膏丹和胶露油酒等 432 个古方和验方。[4] 内设制丹丸粗料部、制丹丸细料部、切药片子部、炼拣药部、胶厂部等部门,以制作中成药。

〔1〕 何鑫渠.走近胡庆余堂——杭州胡庆余堂简史.中医文献杂志,1999(4):42.

〔2〕 胡庆余堂制药厂,中国民主建国会杭州市委员会,杭州市工商业联合会.杭州胡庆余堂制药厂.见:浙江省政协文史资料委员会.浙江文史集粹(经济卷上册).杭州:浙江人民出版社,1996:386.

〔3〕 何鑫渠.走近胡庆余堂——杭州胡庆余堂简史.中医文献杂志,1999(4):42—43.

〔4〕 何鑫渠.走近胡庆余堂——杭州胡庆余堂简史.中医文献杂志,1999(4):42.

经过研究和试制以后,胡庆余堂正式生产和发售的成药有 14 大类[1],包括:补益心肾、脾胃泄泻、饮食气滞、痰火咳嗽、诸风伤寒、诸火暑湿、妇科、儿科、眼科、外科、杜煎诸胶、秘制诸膏、各种花露、各种香油药酒。其中多数是治疗性成药,如辟瘟丹,专治霍乱、吐泻、痧疫诸症;益欢散,专治肿胀;玉液金丹,为妇女调经良药;虎骨木瓜酒,治风痛。此外,还有镇坎散、痧气夺命丹、诸葛行军散、神效如意保和丸、热体延寿膏、寒体延寿膏等。对这些药物进行总结编成的《胡庆余堂雪记丸散全集》(堂簿),在发掘中华传统药业上起到了积极作用。

胡庆余堂药业的成功,除了经营颇具特色之外,还有一个非常重要的原因,就是在传统的制药技术方面的改良,进一步提高了中药的质量。《胡庆余堂雪记丸散全集》序言中写道[2]:

> 大凡药之真伪难辨,至丸散膏丹尤不易辨,要之,药之真伪、视之心之真伪而已。……莫谓人不见,须知天理昭彰,近报己身,远报儿孙,可不做乎,可不惧乎!

可见,胡庆余堂将药品质量置于非常重要的地位,对此诚惶诚恐。他们将“药之真伪”看作主要取决于“心之真伪”,充分表明其对职业道德的重视。

在制药过程中,胡庆余堂正是按照这样的宗旨,从药材选取到制剂工艺中的各个环节入手,高标准,严要求,切实保证药品的质量。他们亲自派人到药材产地采购药品,从源头上严格把关[3];对剂型工艺,严格按古法炮炙,精心配制成药。例如,治疗疔疮的要药“立马回疔单”中的原料药“金顶砒”是用铅、砒霜炼成的,工艺上需要严格按照葛洪的炼丹方法,提取上面结晶品入药;另一成药“紫雪丹”,色紫形雪,是镇静通窍的急救药,是宋代太平惠民和剂局流传下来的一张成方。这个成方要求制作精细,在最后一道工序中不宜用铜、铁锅熬药。为保证紫雪丹的炮炙质量,胡庆余堂专门放置白

---

〔1〕　胡庆余堂制药厂,中国民主建国会杭州市委员会,杭州市工商业联合会.杭州胡庆余堂制药厂.见:浙江省政协文史资料委员会.浙江文史集粹(经济卷上册).杭州:浙江人民出版社,1996:387.

〔2〕　参见:吴熙敬.中国近现代技术史(下册).北京:科学出版社,2000:999.

〔3〕　胡庆余堂在药材的采购上一丝不苟,即使是普普通通的橘皮,也不要价格相对便宜但药性不够理想的浙江橘皮,而宁可舍近求远到广东去采办,还必须是陈三年的“陈皮”。还有比如配制愈风酒的冰糖,规定得用福建产的,再用三年陈的绍兴酒代水溶化冰糖。参见:何鑫渠.走近胡庆余堂——杭州胡庆余堂简史.中医文献杂志,1999(4):43.

银锅一只,黄金铲一把熬药。由于选药讲究,制作精细,品质优良,深受大众欢迎。[1]

三、胡庆余堂的创业精神及其影响

胡庆余堂在短短几年时间内跃居"江南药王"的重要地位,名扬四方,绝不是偶然的。究其原因,一方面与胡庆余堂在传统中药加工技术方面的改良和发展密切相关,已如前述;另一方面,则与其创办人胡雪岩注重民族文化和行业道德建设密不可分。胡庆余堂内高悬的"是乃仁术"、"戒欺"、"真不二价"等表述办店宗旨和规范准则的醒目匾额可谓"胡庆余堂的创业之本、成功之本"[2],一直影响到今日。

胡庆余堂大厅内有一块面向里挂的胡雪岩亲自手书的"戒欺"匾,匾曰[3]:

> 凡百贸易均着不得欺字,药业关系生命,尤为方不可欺。余存心济世,誓不以劣品弋取获利。惟愿诸君心余之心,采办务真,修制务精,不致欺予以欺世人,是则造福冥冥,谓诸君之善为余谋也可,谓诸君之善自为谋也亦可。

这块匾额也可以说是胡庆余堂追求药材、药品质量的缩影。

胡雪岩之后,胡庆余堂数易其主,但是这种"戒欺"的精神却一直延续了下来。

1883年,胡雪岩在李鸿章和左宗棠两派官场倾轧影响下,与洋商持续了三年的"丝茧大战"终因洋商和官府的勾结而功亏一篑,分布于北京、上海、杭州、宁波、福州、湖北、湖南等地的阜康银号各字号全部倒闭,宣告破产。胡本人在1885年12月郁郁死去。去世后,"杭州知府督同仁和、钱塘两县亲诣(胡家)查封,见……所住之屋,租自朱姓,逐细查点,仅有桌椅箱橱各项木器,并无银钱细软贵重之物。讯据该家属胡乃钧等供称,所有家产,

----

〔1〕 吴熙敬.中国近现代技术史(下册).北京:科学出版社,2000:999—1000.
〔2〕 何鑫渠.走近胡庆余堂——杭州胡庆余堂简史.中医文献杂志,1999(4):44.
〔3〕 何鑫渠.走近胡庆余堂——杭州胡庆余堂简史.中医文献杂志,1999(4):42—44.

前已变抵公私各款,现今人亡财尽,无产可封"[1]。

阜康倒闭后,发现历任督抚、时为刑部尚书协办大学士文煜存款最多。光绪下谕查究结果,文煜被罚钱10万两,即由胡雪岩付出,其余存款,以胡庆余堂之半予之。文煜以50余万两的存款,取得了价值数百万的胡庆余堂全部财产以及在杭州元宝街的整座花园住宅。1883年,经左宗棠批准,正式订立买卖契约,胡庆余堂更换了主人。[2]

文家接办后,除了提取现金及利润外,经营方针等均照旧不动,业务仍旧蒸蒸日上。据1883年12月19日《申报》载:"胡庆余堂依然无恙,且有抚院告条云:倘有阜康各案,一概不得向该堂理论。故生意仍见热闹。"[3]1899年,文、胡两家订立了一份契约,其中商定胡家每年可以从胡庆余堂得到招牌股18股。[4]

1911年辛亥革命后,浙江省军政府没收了满族官僚在浙江的财产。胡庆余堂因此被没收,登报拍卖,后被以施凤翔(载春)为首的鸦片商人和少数私商和银钱业资本家得标。1914年在上海开设胡庆余堂分店,1916年正式营业,"鉴于别致的建筑风格以及胡庆余堂的牌子,开张后业务极好,未几年即成为上海规模最大、信誉最好和销售额最多的一家国药号"[5]。

胡庆余堂历经沧桑,至今光彩依然,被称为"江南药王",成为与北京同仁堂齐名的南北两大中药号[6],可见其创立之初所做的技术改进以及注重民族文化和行业道德建设带来的重要而深远的影响。

---

〔1〕　胡庆余堂制药厂,中国民主建国会杭州市委员会,杭州市工商业联合会.杭州胡庆余堂制药厂.见:浙江省政协文史资料委员会.浙江文史集粹(经济卷上册).杭州:浙江人民出版社,1996:389.

〔2〕　何鑫渠.走近胡庆余堂——杭州胡庆余堂简史.中医文献杂志,1999(4):43.

〔3〕　胡庆余堂制药厂,中国民主建国会杭州市委员会,杭州市工商业联合会.杭州胡庆余堂制药厂.见:浙江省政协文史资料委员会.浙江文史集粹(经济卷上册).杭州:浙江人民出版社,1996:390.

〔4〕　胡庆余堂制药厂,中国民主建国会杭州市委员会,杭州市工商业联合会.杭州胡庆余堂制药厂.见:浙江省政协文史资料委员会.浙江文史集粹(经济卷上册).杭州:浙江人民出版社,1996.385—389;关于这份契约的具体内容,参见:何鑫渠.走近胡庆余堂——杭州胡庆余堂简史.中医文献杂志,1999(4):42—44.

〔5〕　何鑫渠.走近胡庆余堂——杭州胡庆余堂简史.中医文献杂志,1999(4):44.

〔6〕　赵世培,郑云山.浙江通史(第9卷),清代卷(中).杭州:浙江人民出版社,2005:211.

第四节　西方医学的传播

西方医学在晚清浙江的传播是随着来华传教士在宁波建立华美医院为开端的。1895年,刘廷桢与英国医士梅滕更合作翻译的《医方汇编》出版,立足于中医,引进和介绍西医知识,促进了中西医学会通。浙籍留学生回国后,先后在厦门、成都等地行医,并曾任北洋女医学堂总教习,为西方医学的传播作出了自己的贡献。与此同时,西医学也开始在浙江起步。[1] 1909年,鄞县人吴莲艇(1880—1940)在慈溪县城创办了浙江第一所中国人自办的西医医院保黎医院,并以其高明的医术,使西医在民众中赢得声誉。1911年,由前御史徐定超呈请,浙江巡抚批准,建设浙江病院,这是浙江第一所官立近代医院。同时,浙江当局开始在杭州、宁波、温州三埠开展防疫工作。这些重要事件说明,浙江为晚清时期西方医学的传播作出了贡献,同时也表明西方医学已经在浙江初步建立起来了。本节拟结合有关资料,从宁波华美医院的建立与医学活动、刘廷桢与《医方汇编》的编译,以及慈溪金韵梅的西医活动等三个方面,对西方医学的传播进行探讨。

一、宁波华美医院的建立与西医活动

西医在晚清中国的传播主体是新教传教士,特别是传教医师。早在19世纪初期中国的国门被动开放之前,传教士就将现代医学带入了广东沿海一带。1842年以后,香港割让,五口通商,西方医学随着传教士的足迹,由通商口岸进入内地。宁波作为通商口岸城市之一,在传教士西医东渐中扮演了重要的角色。[2]

我们在第二章中提到,美国浸礼会医生玛高温是宁波开埠后到来的第一位传教医生,他于1843年11月到达宁波后不久即办起诊所。1845年4月,他重新建院并增添了医疗器械,并进行西方医学的宣传和教育活动。1858年,玛高温离开宁波,移居上海。此前,美国浸礼会派遣英国籍传教士白保罗博士(C. P. Barchet)来宁波接替玛高温主持诊所工作,并将诊所迁

〔1〕 汪林茂.浙江通史(第10卷),清代卷(下).杭州:浙江人民出版社,2005:278.
〔2〕 关于1843—1860年期间传教士在宁波的医学活动,参见:何小莲.西医东渐与文化调适.上海:上海古籍出版社,2006:77—78.

至宁波市北门江边,改名为"大美浸礼会医院"。1880 年,医院受到宁波各界士绅资助,开设女病房,设置 10 张床位,并在奉化江口、溪口和定海沈家门等地施诊,在当地产生了较大影响。1883 年,"大美浸礼会医院"正式改名为"华美医院"(Hwa Mei Hospital)。华美医院"背城面江,风景绝胜,有益卫生养病"。时任宁波道台薛福成与白保罗关系密切,曾赠之以"同跻仁寿",以表示对白保罗的敬意。华美医院是中国近代在口岸城市建立的第一所西医医院。[1]

华美医院主要医护人员都是受美国教会派遣的外国人,大多是基督教徒,因此传教布道是其主要目的,行医治病不过是一种有效吸引人的手段而已。据资料记载,华美医院的理念是,"不仅见人身之苦设法以治之,更见人之灵魂不识赦罪之法,故以宣布救道为惟一专责"[2]。医院里宗教气氛浓厚,每逢礼拜二、五上午九时至十二时,在礼拜堂进行布道活动。每天早晚在男女病房举行礼拜活动,帮助病员接受基督教教义。周日上午十时、晚间六时半,医院组织男女病员一道,邀请院长、医生、学员轮流演讲。每次教圣经一节,需要吟唱赞美诗,并说其目的在于使"病人以之消遣因而立志信道"[3]。从这些话语中,我们可以看到华美医院在行医之中带有强烈的宗教目的。

华美医院吸引了越来越多的当地人求医问诊,仅靠教会组织资助医院运转已日渐不支,于是,宁波、上海官绅商学各界纷纷慷慨捐助,支持医院维持日常工作,并在一定程度上使医院在人力物力上得到了相应的扩充。白保罗在宁波致力于发展西医的工作,受到美国浸礼会的赞赏。1891 年,白保罗从宁波来到上海,受到美国浸礼会上海教会组织的欢迎。据宁波档案馆所藏"宁波华美医院缘起"记载,教会组织称赞他"于医尽心竭力,不辞劳瘁,待人接物一以忠诚"[4]。

民国建立前后,白保罗因病不能主持医院工作,由美国浸礼会派遣的英国籍加拿大人兰雅谷从上海来到宁波担任新一任华美医院院长。民国期间,华美医院又有一些新的发展,如兴建男病房及手术室,设立护士学校及

---

〔1〕　张磊.中国最早的西医医院——华美医院.档案与史学,1998(2):72—73.

〔2〕　"宁波华美医院缘起",宁波档案馆,全宗号 008.转引自:张磊.中国最早的西医医院——华美医院.档案与史学,1998(2):72—73.

〔3〕　"宁波市第二医院全宗介绍",宁波档案馆,全宗号 301,案卷号 1.转引自:张磊.中国最早的西医医院——华美医院.档案与史学,1998(2):72—73.

〔4〕　"宁波华美医院缘起",宁波档案馆,全宗号 008.转引自:张磊.中国最早的西医医院——华美医院.档案与史学,1998(2):72—73.

华美医学院,购买 X 光机等。新中国成立后,政府接管医院,断绝与美国教会的联系,1954 年华美医院正式更名为宁波市第二医院。

从华美医院的个案可以看到,教会在浙江设立医院,尽管在很大程度上是基于政治和宗教方面的考虑,但是,这些医院的设立也在客观上促进了西洋医药学知识在浙江的传播和普及,促进了浙江卫生保健事业的发展。同时,西医医院一般还附设学校,为浙江乃至全国培养了一批医护人才,这也是值得关注的。

二、刘廷桢与《医方汇编》的编译

洋务派提出的"中学为体,西学为用"的主张,主要在军事企业以及民用企业中得到了贯彻实施。医学虽然不是他们施政大策中的重点,但是亦多有关涉。[1] 中国官方兴办西医教育即是洋务运动的产物。如,同文馆创立于 1862 年,1865 年增添医科。其后,1881 年李鸿章在天津设立"天津医学馆"(1893 年改称北洋医学堂)。特别值得一提的是,李鸿章最早提出了中西医学会通的观点。他在 1890 年为《万国药房》作的序中说:"倘学者合中西之说而会其通,以造于至精极微之境,与医学岂曰小补!"[2]适逢此时,中医学界里开始出现了一些探讨西学的人物,通常称之为"中西医学会通学派"。

在这股中西医学会通潮流之中,浙江籍医家刘廷桢应时而变,致力于中西医学会通,成为这一时期浙江引进西方医学的杰出代表。

刘廷桢,字铭之,浙江慈溪人,清末著名医家。刘廷桢著有《中西骨骼辨证》(1897)、《中西五官经络辨证》、《中西脏腑辨证》等书,并与英国医士梅滕更(D. Duncan Main)合译过西医《医方汇编》、《产科》和《外科》诸书。[3] 其中,《医方汇编》系英国医学家伟伦忽塔所著,中译本全书共 4 卷,又有卷首1 卷,光绪乙未(1895)仲夏广济书局镌印,上海美华书馆出版。据《医方汇编》记载,该书采用了"为课徒而译,均照原文,不增不减,间有与中医大相径

---

〔1〕 廖育群. 岐黄医道. 沈阳:辽宁教育出版社,1991:262—265.

〔2〕 赵洪钧先生指出,李鸿章的这一思想是"至今发现的最早的'中西医会通'观点"。参见:赵洪钧. 中西医会通思想初考. 中华医史杂志,1986,16(3):145;廖育群. 岐黄医道. 沈阳:辽宁教育出版社,1991:263.

〔3〕 李经纬. 中医人物辞典. 上海:上海辞书出版社,1988:162.

庭者,略加按语于后"〔1〕的编译方式。刘廷桢在《医方汇编》中译本中所做的中西医会通工作及其思想主要体现在以下三个方面〔2〕:

一是延用中医术语翻译病症名称。该书虽名为《医方汇编》,但是内容并未按照药方进行分类,而是以病症汇编药方。其病症总目划分为 31 类。类目名称沿用了中医"五脏"、"六腑"、"心包络"等概念。总目下记载了约 455 种疾病,包括内、外、妇、儿、皮肤、五官等科的常见病。其病名的翻译包括中医病症类,如"臌胀"、"消症"等;西医病症类,如"心房发炎"、"胃炎"等;中西医混合病症类,如"心包络发炎"、"心包络积水"等。现在看来,后两类病症名称翻译得有些生硬,但是译者在当时西方医学大量传入中国及中西医学会通的背景下,注意考究医学术语的表意准确性,可以起到以病症名称作为诊断、鉴定依据的重要作用。

二是基于中医理论介绍西医知识。刘廷桢在翻译过程中,对西医知识采取了包容和渐进吸收的态度,主要表现在疾病症状、病因、论治等方面的译文尽量与中医临床靠近,并在必要处加上按语进行解释。如,刘廷桢在为"霍乱症(Cholera Asiatica)"加的按语中,较为详细地记述了从《黄帝内经》到 19 世纪前中医对以上吐下泻为主要症状的霍乱的认识,反映了他基于中医理论介绍和传播西医知识进而达到中西医汇通的思想。

三是引进西方化学药物,间附中医方药。《医方汇编》中介绍了数十种西方化学药物,1000 多个药方。在病症项下列出药方,少则一方,多则数方,且附列服法及注意事项。

从以上三个方面的编译工作特色来看,刘廷桢确是一位学贯中西医学的医家。

除编译《医方汇编》之外,刘廷桢还纂有《中西骨骼辨证》(1897)一书。编纂此书的目的,在于他想借西医解剖学知识来补中医关于骨骼结构知识之不足。他在研读历代有关中医典籍中关于人体骨骼结构的论述后,感到不成系统,而且错误较多,与西医学实体解剖相比多有不确之处。因此,他专门编纂《中西骨骼辨证》,以西医解剖学为基础,从骨之总体、骨之原质、骨之体质及骨之形式、骨之名数等方面,与中医之说互相析证。〔3〕

我们看到,刘廷桢立足于中医,引进和介绍西医知识,促进了中西医学

〔1〕 [英]伟伦忽塔撰,[英]梅滕更译,(清)刘廷桢笔述.医方汇编.浙江图书馆藏 1921 年上海广学会刻本:1.
〔2〕 参见:朱现平.《医方汇编》(中译本)与中西医会通.中华医史杂志,1997,27(3):156—159.
〔3〕 邱德华,石仰山.略述中西会通学派对伤科学术的发展.中国中医骨伤科杂志,1997,5(5):51.

会通。有些学者认为中西医学会通学派的工作"汇而不通"。我们认为,如果放到当时的时代背景下考虑问题,也许就不会发出这样的议论了。正如廖育群先生所言:"在当时的历史条件下,西方医学除解剖外,尚没有什么可供中医吸收的长处存在,所以就形态学进行的那些'合璧'式研究,可以说正是恰如其分的。也正是由于这些试图会通中西的医家,对于中医理论、疗法、效果均有较深的了解和丰富的临床经验,所以才使得他们普遍地采取了'衷中'的立场(当然'中学为体,西学为用'思潮的影响也是肯定存在的),去参照西学、研究西学。"[1]朱现平先生也对刘廷桢编译《医方汇编》的工作给予了中肯的评价,"刘(廷桢)氏于人体解剖、药理学均有较深的研究,在《医方》的笔述中并无'弃中兴西'的全盘移植,又无'为我所用'的肤浅过滤,较好地体现了西医必须符合有利于国人而无损于中医的原则。从学术史的视角看,《医方》的编译方法构成了近代中医认识西医道路上的一块重要基石"[2]。

　　除刘廷桢外,在温病学方面卓有成就的王士雄也对西医的传入作出了自己的贡献。他曾引述西医解剖学知识,而用中医经典著作之言予以印证和解释,被后人看作中西医汇通派人士。王士雄在对待西医的问题上没有偏见。不过,王氏所了解的西医知识是有限的,不如他的曾祖父王学权所知为多。[3]

三、中国第一位留学医科的女西医金韵梅

　　金韵梅(1864—1934),又名金雅妹,浙江宁波人。其父是当地教会的牧师。在她两岁半时,父母双双去世。我们在第二章第二节中提到,1844年来到宁波传教的美国长老会传教士麦嘉缔夫妇收养了孤儿金韵梅。

　　1869年,麦嘉缔博士返回美国,金韵梅跟随前去。1881年,金韵梅考入纽约医院所设的女子医科大学(Women's Medical College of the New York Infirmary),成为浙江也是中国近代第一位女留学生。1885年5月,金韵梅以总分第一名的优秀成绩毕业,获得医学学士学位。她是中国第一位获得大学毕业证书的女子。

　　金韵梅大学毕业后,在纽约等地的医院继续研究和实习,尤其对显微镜

〔1〕 廖育群.岐黄医道.沈阳:辽宁教育出版社,1991:265.
〔2〕 朱现平.《医方汇编》(中译本)与中西医会通.中华医史杂志,1997,27(3):156—159.
〔3〕 参见:廖育群,傅芳,郑金生.中国科学技术史(医学卷).北京:科学出版社,1998:428—429.

的研究别有心得。她于 1887 年在《纽约医学杂志》上发表了一篇关于显微镜的研究论文《组织学的显微照相术》(*The Photomicrography of Histological Subject*),其独特见解引起了美国医学界的重视,并获得普遍赞赏。[1]

1888 年,金韵梅归国,先后在厦门、成都等地行医。同时,她还特别注重为祖国培养医护人员。1907—1912 年,金韵梅应当时直隶总督袁世凯(1859—1916)之邀,任北洋女医学堂总教习,"经理全堂事务,督率各分教习教授该学堂学生生产科、看护科及通用药理、卫生、种痘等科学"[2],为培养初级女医护人员作出了重要贡献。

〔1〕　参见:李燕.中国第一位女西医——金雅妹.中华医史杂志,2001,31(1):6.

〔2〕　中国第一历史档案馆.清末金韵梅任教北洋女医学堂史料.历史档案,1999(4):66.

第六章

晚清浙江民间传统工艺技术的发展

晚清时期,浙江民间一些传统手工制作工艺发展到了鼎盛之时,有些极具代表性的字号和产品在国际上都声名远扬。这些传统手工工艺颇具地方特色,经久不衰,有的一直延续到今天。这里,我们仅择取其中具有代表性的三个个案,对晚清时期浙江传统工艺技术的发展进行探讨。由于传统工艺技术大都通过师徒相传的方式传承下来,相关文献资料极为有限,所以我们主要采取实地调研和考察的方式,通过相关传统工艺技术传人的介绍和回忆,结合各自官方网站提供的材料及其他相关文献资料,力求最大限度地复原和展示当时的传统工艺技术。需要说明的是,在技术的传承过程中,由于新的工具发明和使用,往往使得其中部分工艺有所简化和改变,对于这种情况,我们也在文中尽可能作出说明和解释。[1]

第一节 桐乡"丰同裕"蓝印花布的制作工艺技术

一、"丰同裕"染坊的历史

在民间,蓝印花布不仅是多姿多彩的衣料,而且还被制成门帘、头巾、帐幔、床单和饰品,与百姓的日常生活紧密地联系在一起。据史料记载,桐乡蓝印花布在宋、元两代极为繁荣,当时"崇德(属桐乡)一带,河上布船如织"。"丰同裕"染坊就诞生在这里,此染坊系现代著名画家丰子恺(1898—1975)

---

〔1〕 本章初稿由中国水利博物馆在职攻读中国科学技术大学科学技术史专业博士学位研究生李海静提供。

祖上的染坊店。这个百年老店坐落于有着悠久历史文化的千年古镇——桐乡石门,地处古吴越分疆之地,濒临京杭大运河,水上交通便利,为发展印染业创造了一个非常有利的地理条件。

据丰子恺回忆,这家店是他祖父丰小康在咸丰十一年(1861)7 月创办的。而丰子恺幼女丰一吟在《潇洒风神——我的父亲丰子恺》[1]中说,在丰子恺虚龄约 7 岁(1904)时,丰同裕染坊用的账簿是"菜字元集",据此推算大约是在 1846 年左右建店。[2] 根据目前的史料,尚难以断定究竟是 1846 年还是 1861 年建店,不过,建立于晚清道光、咸丰年间则是毫无异议的。

"丰同裕"染坊创建之初主要收染四乡农民拿来的自织土布和土绸。此店成为丰子恺父祖辈赖以养家的经济来源之一。"丰同裕染坊"店额黑底金字,店面坐西朝东,三开间用二间,离店约 20 米设有加工场。据"丰同裕"蓝印花布博物馆资料记载,在光绪三十二年(1906),丰子恺父亲丰镇病逝,当时丰子恺年仅 9 岁。这时的染坊店仅有管账、司务、店员、学徒五六人。四乡农民来染色布时,大多付不出现金,要等到年底时才能结账。此时,丰家"以店养家"已变成了"以家养店"。尽管如此,在丰子恺母亲钟云芳的精心主理下,染坊店依然支撑着,直到抗日战争爆发后被日军炮火所毁。

二、蓝印花布的印染方法

蓝印花布的印染方法有四种,分别为夹缬、葛缬、绞缬和灰缬。

(1)夹缬,是用两块雕镂相同的图案花版,将布夹在中间,涂以防染剂,然后入染,成为色底白花的印染品。

(2)葛缬,即现在所称的蜡染,先在白布上画好图案或花、鸟、鱼、虫等花纹,然后用蜡刀把溶化了的蜡液填在画好的花纹上。全部画完后,再把布浸入靛蓝液中浸染。颜色达到一定深度后,把布取出晾干,再用水煮脱蜡,就印成了蓝底白花的蜡染布。由于蜡性较脆,容易产生裂纹,染料渗入裂缝后,印成的花纹中往往产生一丝丝细的冰裂,形成了一种意想不到的装饰效果。蜡染有单色染和复色染两种,有的民族还用四五种颜色套色印染,色彩自然而丰富。

---

〔1〕　丰一吟.潇洒风神——我的父亲丰子恺.上海:华东师范大学出版社,1998.

〔2〕　王淼,李海静,王珺.对"丰同裕"蓝印花布制作工艺的考察.哈尔滨工业大学学报(社会科学版),2009,11(3):41—45.

(3)绞缬，也就是扎染。扎染有两种方法：一是用线将布扎成各种花纹，钉牢后入染，钉牢部分不能染色，形成色底白花图案，具有晕染效果；另一种是将谷粒包扎在织物上，然后入染，形成各种图案花纹。

(4)灰缬，是用镂空花版铺在白布上，用石灰和黄豆粉调成防染剂，用刮浆板把防染剂刮入花纹空隙漏印在布面上，干后入染，晾干后刮去防染剂，即显现出蓝白花纹。

以前常说的蓝印花布通常是指灰缬，又称"药斑布"和"浇花布"。这种蓝印花布有蓝地白花和白地蓝花两种形式。蓝地白花布只需用一块花版印花，构成纹样的斑点互不连接。白地蓝花布的制作方法，常用两块花版套印，印第一遍的叫"花版"，印第二遍的叫"盖版"。盖版的作用是把花版的连接点和需留白地之处遮盖起来，更清楚地衬托出蓝色花纹；另一种印制白地蓝花的方法，是以一块单独的印花版衬以网状物，花版的纹样无须每处连接，刻好后用胶和漆将花版黏牢在大面积的网状物衬底上，然后再刮印浆料。有的蓝印花布还是双面的，这就需要在正面刮浆干透后，利用拷贝桌在反面对准正面纹样再刮浆一次，这样染后就可得到双面的蓝印花布。

三、蓝印花布的制作流程

蓝印花布的制作是一种传统的手工工艺，其制作过程并不十分复杂，但制作工艺却十分讲究。蓝印花布主要采用棉、麻、丝等纯天然织物为原料进行加工制作，用蓼蓝草(板蓝根)、杭白菊、桑树皮等植物染料进行染色，整个制作过程采用纯手工操作。主要工序如下：

(1)制版。刻花所用的纸板，是采用桑皮纸或棉纸2～3层，其纸质地绵韧，不易断裂；经高山柿漆层层裱糊而成，这样纸板就不怕水蚀。晾干后刷一层熟桐油，干透后压平即可在版上雕刻出各种花纹图案。

(2)纹样设计。民间蓝印花布的纹样设计以蓝、白两色点、线、面交错组合手法进行设计，有时也单用点构纹样。图案大多粗犷、富有想象力并带有原始的艺术痕迹。蓝印花布的图案取材于百姓喜闻乐见的民间故事戏剧人物，但更多的是由动植物和花鸟组合成的吉祥纹样，采用暗喻、谐音、类比等手法尽情抒发民间百姓憧憬美好未来的理想和信念。

(3)刻花版。根据设计好的图案，进行雕刻。刻板时要求刻刀竖直、用力均匀、刻空的边缘光滑，否则将会影响蓝印花布图案的整体美观程度。将刻好的花版用卵石打磨平整，最后刷熟桐油油漆、晾干，正反面反复进行2～3次刷油、晾干即可。普通的台布花版制作需一个星期左右，大型的花版耗时更长。

（4）挑选坯布。制作蓝印花布的坯布一般选取上等棉布，过去均使用各户自家制作的土布，现在也会选取部分麻、丝等高档面料。

（5）拷花（漏版印花）。将棉布放在花版下，然后用黄豆粉、石灰加水搅拌成印花防染浆（黄豆粉与石灰的比例为1∶0.7），漏刮在棉布上，这样布上有浆的地方就不会染上颜色。拷好后要待7天的阴凉干燥后才能染色。蓝印花布可分单面拷花和双面拷花。双面拷花是在单面的基础上，待到干透后，反面再重新拷一遍，制作工序要麻烦一倍，而且难度更大，它要求正反面的花纹对齐。

（6）染色。以蓼蓝草、杭白菊、桑树皮等天然植物染料为原料。将制好的蓝靛颜料揉碎，将其放入调好的碱水缸内，再加入一定比例的石灰，搅拌均匀。碱和石灰是染布重要的辅助原料，用以增强染料的浓度。将已拷花完成的布匹依次入缸浸染，布入缸后要反复翻转，使其上色均匀。布下缸20分钟后取出氧化、透风30分钟，不断转动使其氧化均匀。印染时一般要经过十几道染缸反复重染。根据布料和气候温度的不同可调整下缸和氧化的时间。在室温下须经人工多次反复重染方可。

（7）刮花子（刮浆）和清洗。染色后的蓝印花布经自然晒干，要吃"酸"固色，清洗后，将布固定在特制的支架上，用刮刀刮掉防染浆层，然后用清水多次清洗，洗去浮色，清洗后的污水经沉淀过滤还可再利用。因工艺的限制，蓝印花布一般长度限定在12米以内。最后，将印好的花布晾晒在7米高的支架上。晾干后用踹布石将布碾压平整。

四、丰同裕的发展

丰同裕染坊店创立以来，就开始了蓝印布艺这一传统手工工艺的历程。由最初的家庭作坊到今天的蓝印布艺公司，这一百多年来"丰同裕"经历了无数风雨。2003年新建了"桐乡市丰同裕蓝印布艺有限公司"，使这百年老店得以复活。在省、市领导以及工艺美术协会和桐乡人民的大力支持下，形成了把民间传统工艺印染生产制作、民间工艺博览和旅游观光集结于一体的旅游企业。公司在继承传统的同时，吸收国画、版画、民间剪纸等多种艺术形式，同时还引进蜡染、扎染等其他蓝印花布的制作工艺，推陈出新，不断研究，开发新图案，所做蓝印制品为中外人士所青睐。蓝印花布发展于民间，体现了中国浓厚的乡土气息，迎合了当今现代社会人们返璞归真的追求，以它特有的蓝白分明、清新明丽、古朴淳厚的风格赢得了人们的喜爱。

现在丰同裕蓝印花布制品在北京、上海、杭州、南京、哈尔滨、无锡、怀化等大中城市的旅游景区都有销售。至 2005 年年底,丰同裕直营店就有 8 家,加盟店 27 家,并且还在不断扩大之中。蓝印花布作为一种曾广泛流行于江南民间的古老手工印花织物,她那朴拙幽雅的文化韵味至今仍散发着芳香。

第二节　乌镇"张宝源"银楼银饰的制作工艺技术

一、"张宝源"的创建

"张宝源"又名"灯朴堂",位于历史名镇乌镇。乌镇处于两省(浙江、江苏)三府(嘉兴、湖州、苏州)七县(桐乡、石门、秀水、乌程、归安、吴江、震泽)错壤之地。乌镇处于京杭大运河的支流上,这里云集了很多船商。这些船商赚到钱后就会到银铺购买金银首饰,遇到荒年时再出售给银铺换取粮食。当生小孩、结婚时更是要置办金银饰品。

据"张宝源"的当代传人陈啸伶师傅介绍,小孩子出生时亲戚朋友送的金银制的礼品要重 1 斤即 500 克。除了生小孩、结婚要置办大量金银饰品外,无论大小老板都要有"名字戒"(在戒指面上刻上自己的名字),平时这些船老板谈生意也离不开"名字戒",包括中人(介绍人)也要有"名字戒"。过去乌镇有一家茶楼"天音楼"(今戏楼附近)有四间是专门用于商人喝茶、谈生意的地方。生意谈好后,当时就由中人作证签字画押,即签订合同,这时只需将戒指面按下就可以了,"名字戒"就相当于现在的公章或人名章,每个生意人都随身携带。

"张宝源"就是在这样的社会环境中建立和发展起来的。张家的先人曾跟随太平天国军队活动,为其将领制作金银饰品。太平天国运动失败后,张家人来到乌镇过起了隐居生活,后与曾国藩的一位亲戚(当时的四品官员)结识并与其结为兄弟,才开始重操旧业,打出了"张宝源"的招牌。

据《乌镇志》记载[1],"张宝源"是当时乌镇较有影响的十余家加工和经营金银首饰的银楼之一。在 19 世纪 60 年代,总店的房子为三进五开,并有 6 个分店(乌镇 4 家,嘉兴 2 家)。金银原料全部来自上海,产品也主要销往上海,同时兼做土丝和洋行生意。因张家特殊的背景,在乌镇不受"胡"家的

---

〔1〕《乌镇志》对当时乌镇银楼状况写道:"清代有姚美盛在东、南、西栅和中市分设五店,南栅又有祝水和、戚天珍,东栅又有金源盛,西栅又有许永泰,并有张宝源分设南、北两店,全镇多达十余家"。见:汪家荣.乌镇志.上海:上海书店出版社,2001:115.

控制(乌镇当时的资本家主要为"胡"姓),独立进货、出货。由于"张宝源"的质量好、信誉高,在上海只要刻有"张宝源"字号的金银制品在其他金银行可随意兑换。[1]

二、"张宝源"的传承

我们在前面提到,乌镇的银楼曾达到十余家之多。但是,"人民国后,逐渐淘汰。抗战前剩下张宝源南北两店,中市盛福昌,东栅金源盛,西栅许永泰,共为5家。民国37年(1948),仅有张宝源、宝成2家"[2]。此后"张宝源"的传承,就要提到陈啸伶师傅和他的父亲所作出的贡献。陈啸伶师傅生于1946年,为"张宝源"的第六代传人,也是现今唯一的一位传人。据陈师傅介绍,他的父亲陈良曾在"张宝源"做徒弟,并且是当时老板亲自带出的大徒弟。陈家在当时是做珠子生意的,其店面在"张宝源"的对面,加上与张家有远房亲戚关系(陈良的姐姐是张家亲戚的童养媳),13岁时陈良师傅被送到"张宝源"做学徒。出师后,陈良师傅在"张宝源"工作多年,直到20世纪30年代,他在乌镇开了自己的店铺,名曰"宝成"。正如《乌镇志》所言,"民国37年(1948),仅有张宝源、宝成2家"。

1951年中央开始实行金融管制,禁止私人买卖、制作金银制品,此行业也因此萎缩,所有金银店均关门。1951年店铺关门后,桐乡市人民银行多次请陈良师傅到银行工作,负责鉴定银行所存的珠宝。1963年后,银行要将陈师傅下放到乡下。老人家考虑到养家的问题,要求下放到镇上,并向银行申请办理金银加工的个人营业执照,获得特批,从此陈良师傅在乌镇又重开了金银加工店。1966年"文革"开始后,店铺再次被封。为了维持生计,陈师傅凭借打造金银的良好基本功,改做铁匠。因其手艺好,打铁铺的生意也很好。自1963年重新开店后,小儿子陈啸伶看到父亲很辛苦,就开始在放学后和业余时间给父亲做帮工,开始学习这门手艺。

1993年,陈啸伶师傅下岗,为了生计重新干起了老本行,开始到乡下帮人家打金银首饰。1997年,陈啸伶师傅在位于乌镇高银街的自家老房子处重新开店,并使用"张宝源"的字号,从此老字号重新焕发了生机。但在当时还是以金银加工为主,直到2002年,国家才允许金银买卖。因为店铺位于

---

〔1〕　王珺,李海静,罗见今.乌镇"张宝源"银楼银饰制作工艺调查.广西民族大学学报(自然科学版),2008,14(1):33.

〔2〕　汪家荣.乌镇志.上海:上海书店出版社,2001:115.

老街,距乌镇的东栅景区很近,加上是纯手工制作,陈师傅生意兴隆,有很多游客在这里订货。

三、银饰的制作工艺技术和流程

(一)基本功

一名好的银匠必须掌握的基本功包括榔头功夫、锉刀功夫、刻功、吹功(银匠必须掌握的基本功之一)、眼功。行里的制作又有粗活和细活之分,粗活主要指榔头功夫、锉刀功夫、吹功、眼功;细活主要指刻功。

银匠行有句老话:"眼功第一位,刻工最高档。"眼功是这一行的根本,在整个制作过程中都离不开眼功,辨别真伪,掌握制作的火候、尺度全靠眼上的功夫,尤其是在过去工具不全的情况下。

刻功是银匠行最难掌握的功夫,要求学徒有文化也是因为这道工序,但并不是所有的人都能掌握这门手艺。刻功要求学徒首先学写毛笔字、画画(学会画龙凤、花草、蝙蝠等首饰行常用的复杂图案),然后再练习反手写字的功夫,最后才是雕刻的功夫。就拿上面提到的名字戒来说,学会刻名字戒就要几年。

吹功是小徒弟进门第一天就要早晚练习的功夫。师傅会要求徒弟每天早、晚端一盆清水,将吹子(一根中空的细铁管)放在水里,要求嘴巴鼓起、嘴唇不动、用腹部的气吹,用银匠的行话来说就是要中气足。这项功夫要练习4~5年的时间,要能够做到嘴里吹气,鼻子吸气,能够长时间、不间断地吹气。到民国时期就出现了皮老虎(一种工具),可以用皮老虎代替嘴吹。在没有皮老虎时,整个制作过程中都要用嘴吹,因为每一次的加热都离不开嘴吹。由于年纪的原因,现在陈啸伶师傅一般都是用皮老虎,有时也用喷枪,只有在特殊的时候才短时间表演一下吹功。

榔头功夫是进门半年后才开始练习的,练习榔头功夫需要一年左右的时间,最初并不能打真的金银,只能练习打锡条。要练习到打出的榔头声有音乐感、节奏感,手里的榔头与银匠融为一体,榔头到手里就成了活的,方可打真的金银。在打造银饰的不同阶段,所用榔头的大小、手劲的大小都是不同的,这些只能凭经验来把握。

锉刀功夫要分为四步,也就是粗锉、中锉、细锉和光锉,每一步所用锉刀也各不相同。粗锉是为了将饰品的边锉平。中锉是为了去除掉粗锉的印记。细锉是要去掉中锉的印记。光锉,到了这一道工序几乎没有东西可以被锉下,主要是为了锉光,看不出锉刀的印子。

(二)制作工序——以手镯的制作过程为例

(1)化银。这是制银饰的第一步,它要求将原材料(一般为银粉末及一些边角料)放在桑木木墩上,将准备好的油灯点燃(现在用汽油、煤油,过去用菜油,且灯芯要手工捻制,这样便于吸油),嘴里放好吹子,开始吹气给油灯助燃,来增加温度,直至原料全部化为银水。然后加入硼砂,将银水倒入铁槽之中成形。需要说明的是,这道工序一般只用于熔化加工过程中产生的边角料,采购的原料一般为现成的银条,陈师傅现在买进的银条都是要求厂家锤打过480次的半成品。

(2)制坯。铁槽之中的银水冷却,就成粗坯,即银条。刚浇出的银条会有气孔,待银条冷却后取出,放在铁墩上,用铁榔头敲打——这一步叫作冷敲,目的是为了去除银条表面的杂质。榔头敲打要求:稳、准、狠;手要很有力;要正面敲两下、折面(即侧面)敲两下,直至银条表面无杂质为止。然后,将银条放在桑树墩上重新加热,这时要注意将银条表面的裂纹、气孔弥补好。方法:加热时使银条表面熔化、银水能够流动,将气孔和裂缝填满,行话叫作"凉"。待银条冷却(一般为手可以直接接触的程度。在整个制作过程中,所有冷却均为自然冷却,不能遇水,遇水后银条会出现气孔)后,继续用榔头敲打,方法同上。陈师傅介绍说,这样的反复敲打、加热的过程至少要重复480次,只有敲打的次数多,银的密度才会更加紧密,其硬度才好,光度也好。这一过程是在打制粗坯,温度要求很高,要达到1300℃,而且要求在打制的过程中出手快、气力大。

基本完成粗坯的制作后,师傅会根据经验,对敲长的银条进行截段。只需要一把尺子,师傅就能准确截出需要的重量。一般中镯需要原料27克,坯子要打4.8寸,最终的成品为5.3~5.5寸,重量为23.8~26.5克。在确定长度和重量时,陈师傅有自己的一套公式,例如:3寸5=26.5~27克,也就是手镯的长度、原料重、成品重。每一件饰品都有严格的重量和质量要求。

在粗坯完成的基础上,再进行细坯的加工。细坯加工的好坏直接关系到饰品的成色。这时敲打坯子要"稳、准",要求正面、折面(即侧面)各敲两下,要先将银条敲成方形。但打制扁镯与此不同,要正面敲两下、折面(即侧面)敲一下。敲到一定程度要改用中榔头,这时用力与以前也有所区别,因为扁手镯要求中间厚、两边薄,而且打制双簧镯要求中间细、两头大,这些在打造过程中都要注意。打造细坯的温度也在降低,只要900℃就可以了,也就是坯子变红就可以了。师傅要选出需要的模具,不断比对,使得坯子的形状与模具相符。打制到需要的形状后,准备进行下一道工序。

(3)印花或刻花。一般学徒做了6年才能做这道工序,它直接关系到整个制作是否成功。陈啸伶师傅本人做了几十年也只能保证98%以上的成功率。陈师傅因没有学会刻花的手艺,其所有制作均为印花。印花最重要的是印花模具,模具均为钢模,钢越硬制出的模具越好。现在的模具很多是电脑制作且钢的硬度不够,故使用寿命很短。陈师傅有两块模具已有200多年的历史,至今仍在使用,陈师傅很巧妙地将其中一个制簪的模具用来打制手镯,深受顾客喜爱。这里介绍的双簪镯的打制就使用了此模具。将制好的坯子放在模具上用榔头敲打,要根据模具的需要,榔头要打斜坡下去,第一榔头要用力,使得模具能够咬住坯子(也就是第一榔头就使得坯子固定在模具上),第二榔头要盖住第一榔头的2/3,依此类推。要使得模具的整个花纹完整地印在饰品上。在做这道工序时注意力要非常集中,用力不好或分神就很容易敲坏,甚至会使坯子弹起伤到制作艺人自己。

(4)剪边。因印花过程中会有多余的边被挤出,这时要继续加热,待自然冷却后,将印好花纹的坯子弄弯,用剪刀仔细将多余的边剪掉,但不能剪到花纹。做完两个簪头后,坯子的长度达到了4.4~4.9寸,再将手镯的中间部位放在另一个模具上用榔头打光,这时尺寸可以达到5.4寸。手镯的制作基本完成,师傅这时会在首饰的背面敲打上自己的字号。之后,继续加热到800℃。待冷却后,将制好的半成品用事先准备好的厚纸板包好,放在铁墩上,用木榔头轻轻敲打,目的是为了将其敲直、敲硬,以免在下一道工序中将其锉变形。

(5)锉刀锉。将已基本完成的半成品,先用粗锉将剪过的边锉平,再经过中锉、细锉和光锉,使得整个饰品非常光亮,没有锉印。

(6)清洗。将锉好的半成品放在瓦片(现在用石棉板)用油灯烧(现在师傅用喷枪),这里之所以用瓦片或石棉板是为了避免油烟太大。然后,放入矾水中烧沸半小时后取出,如果饰品表面还有油烟要重复再做。现在师傅基本不用矾水煮,而是用硫酸代替。直接将烧好的饰品放入硫酸溶液中,几分钟后取出。将取出的饰品放入盛有清水的盆内,用铁刷子顺一个方向刷洗,用力不可太猛,以免留下铁刷子的印记。到这里,一只手镯基本制作完成。

(7)圈圆。这道工序往往是在销售之前才进行。先用一块玛瑙将做好的成品整体刮一遍,使其变得更加光亮。然后,将成品放在一根椭圆形的木棒上,沿木棒将条状的成品弯曲,用木榔头轻轻敲打,这样一只手镯就最终完成了。

　　除手镯外，陈师傅也做一些其他饰品。像项链这些做工精细的工作都是由陈师傅的妻子来完成的。项链的制作非常麻烦，要先将银条用拉丝板、拉丝钳拉成长的银丝，根据需要把握粗细，然后根据需要的粗细放在铁棒上圈圆、截段，这样就成了一个个的小银圈，再按照需要的花形，将银圈相连，用喷枪焊接。这项工作非常费时、费力。

　　在中国，打制金银饰品已有千年历史，但到了今天还沿袭传统的制作工艺的老艺人已经很少了。因而，我们认为，乌镇"张宝源"银楼银饰手工制作工艺具有典型性，可为我们了解历史上打制金银饰品的传统工艺技术提供一个典型个案。[1]

第三节　杭州"王星记"扇子的制作工艺技术

一、王星斋及王星记扇庄

　　我国有着悠久的制扇历史，杭扇自南宋之后更为出名。据传宋室南渡之时，很多扇画艺人和制扇工匠也随其迁至杭州，制扇业成为当时重要行业之一。杭州清河坊之东有一条扇子巷，就是当年制扇作坊集中之处，扇子巷也因此而得名并沿用至今。杭州下兴忠巷 33 号至祖庙巷 18 号有一杭州扇业会馆遗址，这是目前发现的全国唯一的扇业会馆。馆内有座扇业祖师殿，祖师殿供有琢、砂磨、糊、折等工艺的先辈艺人 462 人，可以想见当年制扇业之盛况。据扇业会馆碑文记载，它重建于清光绪十四年(1888)，并有勒名捐助者 139 户。[2] 会馆大门外侧的风火墙脚下各有一块"扇业公所墙界"石碑，它见证了杭扇的发展。在杭扇发展的鼎盛时期，扇子与丝、茶齐名，被视为杭产"三绝"。

　　杭州"王星记"创始于清光绪元年(1875)，距今已有 130 多年的历史，创建之初名为"王星斋"扇庄。创业之初无论是年代还是规模都不及林芳儿、张子元、舒莲记(1927 年之前为杭城最大的扇庄)，但谈及杭扇必谈到王星记，其产品长期以来被视为杭扇的代表，王星记的经营发展也反映了杭州扇业发展的基本面貌。

---

　　〔1〕　参见：王珏,李海静,罗见今.乌镇"张宝源"银楼银饰制作工艺调查.广西民族大学学报(自然科学版),2008,14(1):32—37.

　　〔2〕　胡慎康.杭州王星记扇厂.浙江省政协文史资料委员会.浙江文史集粹(经济卷上册).杭州:浙江人民出版社,1996:520.

"王星记"的创始人——王星斋,祖籍绍兴,世居杭州,出身于三代制扇工匠之家,自小随父学艺,20多岁时就成为杭州制扇业中一位砂磨(制扇的一道工序)名匠。制扇工种之中除扇骨扇面外主要是砂磨。有了好的扇骨扇面后,经高手砂磨才能制作出一把十全十美的扇子。其妻陈英是远近闻名的黑纸扇贴花洒金高手,结婚后不久夫妻俩在杭州扇子巷办起了家庭制扇作坊。王星斋夫妇制作的黑纸扇工艺考究、制作精良,因此经常被作为杭州特产进贡朝廷,故黑纸扇又被称为"贡扇"。随着名声和销量的不断增大。1901年王星斋来到北京,于杨梅竹斜街开起王星斋扇庄,扩大了经营范围,并增加品种数量,其扇深受宫廷贵族和文人墨客的喜爱。"王星斋"也由最初的手工作坊发展为中型的制扇工场,与当时杭城生产著名黑白光扇的张子元、舒莲记等并驾齐驱,成为杭城扇业三大名庄。王星斋扇庄后改为王星记扇庄,有形和无形资本积累不断增加,终于创立了"王星记"品牌。1909年王星斋病故,其子王子清继承父业。

二、"王星记"扇子的种类及其制作工艺技术

(一)扇子的种类

(1)黑纸扇。黑纸扇是杭州"王星记"最负盛名的传统名牌产品,有"一把扇子半把伞"之称。扇骨采用毛竹的称"全毛本",用棕竹的称"全棕"。毛竹选用产地为浙江安吉或临安的,棕竹则要求产地为广州或贵州。扇面采用浙江富阳、瑞安等地的纯桑皮纸,涂刷数道诸暨高山柿漆而成。黑纸扇的制作要经过制骨、糊面、折面、上色、整形、砂磨、整理等86道工序。扇面装饰极为讲究,其艺术加工有泥金、泥银、剪贴、绘画、书法等形式。

(2)白纸扇。白纸扇又名白纸折扇,是杭州"王星记"的又一个传统产品。扇骨采用浙江安吉、临安产的冬竹为原料。选用竹青的扇骨称"头青",取自竹黄的称"二青"。又因加工工艺和精度不同,可分为头玉、二玉、头油、二油、漆骨、中细骨、水磨骨等数种。此外也可用檀香、乌木、湘妃竹等名贵材料制成高档扇骨,极具收藏价值。扇面的原料大致可分两大类:一类采用浙江富阳等地手工制作的桑皮纸或安徽产的宣纸,经矾面处理,宜绘画书写;另一类采用单面胶版纸为原料。

(3)檀香扇。檀香扇也是杭州"王星记"的传统产品之一。它是以产于印度和东南亚一带的名贵木材——檀香木为原料制成的折扇。檀香木木质细腻、坚硬、香味浓,制作工艺要经过锯片、组装、裱糊、绘画等多道工序。拉

花、烫花、雕花成为主要的装饰手段。一把檀香扇保存十年八年之后,摇动扇子,依然满室生香。

（4）绢竹扇。绢竹扇又名女绢扇,是杭扇中的一个新扇种。扇骨以竹为原料,扇面采用杭州特产丝绸,也可用棉布、纸张等。扇面需经矾绸、折面处理,或绘画、或喷花、或网印。

（5）香木扇。香木扇是20世纪70年代初发展起来,以弥补檀香扇原料不足的一个新扇种。其采用禾木、柏木、黄杨木等硬质木材代替檀香木,袭用制作檀香扇的工艺,喷上合成檀香精而成,几乎可与檀香扇媲美。

（6）宫团扇。宫团扇又名纨扇、合欢扇,其历史比折扇悠久。制作材料除边框及扇柄外,主要是制作扇面的丝绢。扇柄采用硬木或毛竹做材料,考究的还装有象牙秋角,下缀流苏。造型有圆形、曲线形、长方形数种,古色古香,清丽雅致。

（7）羽毛扇。羽毛扇的历史比宫扇还悠久。制作羽毛扇的原料主要是禽鸟的羽毛。杭扇中的羽毛扇类,主要有鹅毛扇、绒毛扇和孔雀毛扇。它制作复杂,工艺要求高,仅选羽就需要色泽一致,长短相仿,羽毛川排左右对称。

(二)制作工艺技术

因篇幅所限,这里不准备对所有扇种的制作工艺进行一一介绍,仅选择具有代表性的黑纸扇的制作工艺技术进行简要介绍。[1] 黑纸扇是"王星记"传统名扇中的主要产品,且此扇种为"王星记"所独有,该扇选料讲究,制作精细,堪称扇中精品。"王星记"的黑纸扇因其"雨淋不透,曝晒不翘,纸不破,色不褪",故有"一把扇子半把伞"之称。

黑纸扇有八九个大类的产品,制作过程中最为复杂、工艺要求最高的是扇子的三大组成部分:骨架子(制造扇骨)、制面(扇面的制作)和销钉。其中骨架子、制面各需80多道工序才能完成。扇骨的制作决定了曝晒是否会翘,扇面的制作决定了是否怕雨淋、是否褪色、是否会破,同时黑纸扇的扇面装饰也极为讲究,其艺术加工又分泥金、泥银、剪贴、绘画、书法等形式。创始之初,王星斋夫妇就是以泥金、贴花洒金黑纸扇而扬名的。

（1）选材。最好的黑纸扇在制作扇骨时所用的材料系广西所特产的野生棕竹,且要考虑棕竹的生长时间,时间过短缺少天然花纹,一般选取2.5

---

〔1〕　仪德刚,李海静.杭州"王星记"扇子制作工艺初步调查.中国科技史杂志,2007,29(1):50—59.

厘米直径的棕竹。据介绍,"王星记"每年都会去采购一次。

黑纸扇的扇面采用浙江天目山所产的纯桑皮纸为原料,其纸质地绵韧,不易断裂,经久耐用。扇面的两面需涂刷几层诸暨产的高山柿漆。用这种漆涂刷过的桑皮纸扇面,光泽照人,不怕水蚀。柿漆也要自己制作,要选取未熟的柿子将其碾碎、发酵而成。

销钉要用水牛角制作而成,因水牛角韧性好、不易断裂。销钉完全是手工完成,要将牛角锯开,制成方形,再用水煮,然后在一块带孔的钢板上一遍一遍地刮,直到刮成圆形。王星记现在基本不再自己做销钉,直接订货收购。

(2)制作流程。

断料——按照合理取材、避免浪费的原则。根据选好原料的尺寸来截取不同的长度,截取过程由人工用锯子将其锯成所需的尺寸。

开料(劈篾)——将断好的棕竹劈到所需的宽度(棕竹的直径决定扇骨的宽度,扇骨一般分为 1.5 厘米、2.0 厘米等几种规格)。一般一节棕竹可以出六片扇骨。

削料(削篾)——需用专门的扇刀将锯好的棕竹削成片型,即制成了竹骨片。

浸竹骨片——将竹骨片放入专门的缸中浸泡。

烧灰道(蒸竹骨片)——将浸好的竹骨片晒干,把晒好的骨片与生石灰和篾料放在锅中煮六小时以上。

烙料——先将烙料准备好,然后用烙料将篾片烫直。

编排竹骨片——将处理好的竹骨片放在一起,由专人负责编排。主要是挑选花色和去除残次。把花色一致的篾片编号排立整齐放在一起。黑纸扇扇骨有 24 箆、32 箆、40 箆、60 箆数种(箆为扇骨计量单位),箆数越多,竹骨片越薄,制作要求也越高。

打洞——把编排好的竹骨片用专用工具打洞,用竹钉串好。

锉扇头——将成型的扇骨用扇刀切好扇头,之后用锉刀锉圆扇头。

胖料——对已削好的篾片进行去痕,即去除开料时留下的痕迹,使其平滑。再将篾片留有的石灰粉胖掉。在这一过程中制扇艺人要完全凭经验掌握篾片的厚度,且要求每片篾片厚度均匀。

探骨——这一工序分两道工序,分别为探纸口和纸口的上面(纸口是指扇骨与扇面连接的部位),使宽度符合标准宽度要求。

检骨——对已基本完成的扇骨进行检验,确认图案花色一致,扇骨平滑且平直无残次。

糊面——将裁好的桑皮纸糊到扇骨上,扇面要糊三层桑皮纸。

分距——用专业工具锡嵌(此工具为半圆形)将各个不同箅数的扇骨等分,使每根扇骨之间距离相等。

摺面(摺裥)——手工将糊好的扇子折成一裥一裥的,在折的过程中要注意摺平、挑平、摺齐等。

挑裥——用铜手指甲(专业工具)挑裥,目的是为了将摺面时没有摺平的扇面挑平,使扇面的前后平整。

定型——制扇艺人将这道工序称为打腰封定型。将已积好("积好"为制扇艺人的专业用语,就是已完成的工作)的扇面用纸条扎平、扎紧,使扇面定型。

上色——用准备好的高山柿漆涂刷扇面的两面,反复几次,晾干。

刮沙——用砂纸将染到扇骨上的颜色去掉。而染到扇骨两侧小棱上的颜色要用木节草(一种植物)打磨、去颜色。

修扇——这一工序分两部分,即修骨架子和扇面。经过这么多道工序,扇子基本完成,在制作过程中可能会造成破损,就要在这道工序中进行修补。

撩扇——在制作扇面时,要将扇面的上边做长。这一工序就是要齐平扇子,并且要严条,即给扇子包边,使扇子整齐。还要将扇边磨圆。

粘边——将扇面的两边与扇骨的大边粘牢。

换钉——把竹节换成牛角钉钳好。

成品检验——在所有工序完成后,还要由专人负责进行检验。这时检验人员会根据扇骨、扇面及整扇的制作将其分成不同的等级,去除残次。将分好等级的扇子交给下一道工序的工作人员。

到这里,一把完整的黑纸扇基本完成,下一道工序就是扇面的装饰。扇面的装饰也是显示扇子的品位和价值的关键所在。一把好的扇子不仅制作工艺精细而且其装饰更为讲究。扇面的装饰工艺分为泥金、泥银、剪贴、绘画、书法等多种形式。

三、"王星记"的发展

民国以前的杭产名扇主要是为宫廷贵族服务的,因清室被推翻,杭扇的销量也骤落。同时,日本半机械化生产的扇子也夺去了大部分市场。杭州扇业也随之急剧衰退,很多扇厂及从业人员改行转业。"王星记"扇庄也只能维持门面,王子清为此一筹莫展。1929 年,王子清向政府注册了"三星"

商标,同时在杭州太平坊开设规模为四开间门面的王星记扇庄,并不惜重金大做广告宣传,大胆承揽了相当一部分的批发、门市业务。王子清还抓住了杭州举办西湖博览会的良机加以宣传,并在1929年的西湖博览会上获得一等奖的殊荣,从此声名远扬。在博览会期间,"王星记"扇子被选购一空,还接受国外两年订货,外销市场自此打开,生意日益兴隆,业绩超过原执杭城牛耳的舒莲记扇庄,被人们誉为"扇子总汇"。

1952年5月,杭州舒莲记、马学记等扇行因资不抵债而先后倒闭,"王星记"便成了杭州传统扇子制作仅存的代表。1956年,王星记扇庄进行了公私合营,并被收归国有,王家人全部移居香港。1958年,杭州市政府发文成立王星记扇厂,选址在杭州义井巷,广招失散的"王星记"制扇艺人,恢复和扩大生产,并在杭州闹市地段——湖滨路开设了门市部,恢复启用"王星记"扇庄原商标"三星"牌,使得"王星记"扇业得以传承。1966年,"王星记"扇厂更名为杭州东风扇厂,众多传统工艺扇的制作受到不小的影响。"文革"结束后,1977年复名"王星记"扇厂,此后扇厂发展迎来了新的春天。如今其产品除供应国内市场外,远销日本、美国、法国、西班牙等40多个国家和地区。

第七章

浙江近代科技教育的演变

科技教育是决定科学技术能否获得持续性发展的重要影响因素。清末之前,中国科学技术的传承主要是通过官学、私学及书院等形式的学校教育以及民间知识传播活动这样两种渠道进行的,但是由于传统教育首重儒家理论和观念的内容,因而科技教育从未成为学校教育的重点,科技教育与历代选士制度之间的矛盾始终未得到解决。直到近代以来,这种情形才开始发生变化。第一次鸦片战争结束以后到清末,随着教会学校、新式书院、实业学校以及新式学堂的出现,科技教育开始逐步成为学校教育的重要内容,而传统的儒学教育则逐渐退居次要地位。随着清末学校的发展和新学制的颁行,科举制度也开始出现改革。1905年,科举制终于废除,科技教育与选士制度的矛盾基本得到解决,晚清的科技教育近代化基本完成。

与晚清时期全国的科技教育发展总体进程大致相近,这一时期浙江的科技教育发展具有明显的阶段性特点。具体来说,从1840年到1894年间,浙江的科技教育处于初建阶段,包括俞樾、黄炳垕、陈虬等在科技教育方面的活动;戊戌维新前后,属于浙江近代科技教育的发展阶段,主要有求是书院、杭州蚕学馆、绍兴中西学堂等学校的科技教育活动;1901年开始,晚清推出"新政",随之而行的是壬寅学制的颁布、癸卯学制的实施、科举制度的废除、留学生的派遣等活动,浙江近代科技教育逐渐步入了制度化和规范化的轨道。

第一节　浙江近代科技教育的初建

第一次鸦片战争开始到甲午战败的 50 多年里,受到经世致用思潮、洋务思潮和早期维新思潮的影响,浙江在诂经精舍继续运行的基础上,又兴建了辨志精舍以及利济医学堂等学校。这些学校或者将科技内容作为教学内容的组成部分,或者专门研讨和传播某一方面的科学知识,伴随着科技知识向学校教育中的渗透,浙江的近代科技教育事业得以初步建立起来。本节对 1840—1894 年浙江主要学校的科技教育活动进行讨论。

一、俞樾与后期诂经精舍的教育活动

在谈到 19 世纪中叶浙江的科技教育活动时,我们首先会想到创建于 1801 年的杭州诂经精舍,因为它虽然属于传统书院,但是由于其创建者、乾嘉学者阮元倡导经史实学,在教学和考试内容方面不仅有社会科学知识,而且涉及许多自然科学知识。诂经精舍重视自然科学知识的传授这一特色,历来颇受人们的关注。[1] 不过,1809 年阮元调离浙江以后,诂经精舍的运行一直不景气,尤其是在鸦片战争和太平天国期间,局势动荡,曾几度关闭。1866 年,浙江布政使蒋益澧(1833—1874)重建诂经精舍。第二年,浙江巡抚马新贻聘请经学大师俞樾担任主讲。[2] 俞樾主讲诂经精舍期间,培养了不少知名学者,我们在第五章已经提及。

俞樾在主掌诂经精舍之初作有《重建诂经精舍记》,阐明他对精舍教学和学术研究的看法。[3] 在教学方法上,俞樾主张自由探讨和因材施教,并且联系实际,引导生员思考和钻研。精舍课试由原来的每月一次师课改为每月朔、望两次考课,朔课由地方长官命题并主持考试,望课的题目由精舍掌教拟订并主持考试。官课的试题偏重于词章,师课的试题偏重于经史。俞樾一贯主张教育应当"以经为本,以史为用"。他在学术上的新发展是对诸子学的研究。光绪初年,诂经精舍兴起的新学风已得到相当普遍的反响,生徒本其所学另主书院者亦有多人。如王棻在黄岩的九峯书院的教学中,

〔1〕 张彬.浙江教育史.杭州:浙江教育出版社,2006:260—263.
〔2〕 张彬.浙江教育史.杭州:浙江教育出版社,2006:263.
〔3〕 张彬.浙江教育史.杭州:浙江教育出版社,2006:264—265.

仿照诂经精舍常规,"尊重经史、研治实学"。[1] 例如,九峯书院学规规定,学生除学习科举内容外,还要研读天文、地理、漕运、水利、历程、兵书等实学著作。

俞樾身处古代和近代交替时期,他不但注重通经致用,而且亦留心洋务,在其诗集中可以见到描写西方新发明的作品,甚至在课考之题中,也可找到此类题目。[2] 例如,《诂经精舍四集》中有《自鸣钟》、《阴晴表》、《千里镜》、《八音合》四题,《诂经精舍六集》中有《电报赋》一题。从俞樾办学期间仍处于科举取士的大背景来看,他能够在经史之学外关注科学技术知识实属难能可贵。

甲午战败后,随着时代的进一步发展和社会的急剧变革,改革书院之声四起,提倡中西实学,进而兴起新式学堂,废除科举制度。俞樾自知势不可挡,力辞精舍讲席。1904 年,诂经精舍正式结束,从创设到停办历时 104 年。[3] 我们看到,俞樾在主持诂经精舍期间,在诗集和课考题中对西方科学技术知识有所涉及,对科学技术知识的传播和普及起到了应有的作用,我们应当给予积极的评价。

二、黄炳垕与宁波辨志精舍的算学教育

1879 年,宁波知府宗源瀚创办辨志精舍(亦称"辨志书院"),分汉学、宋学、史学、算学、舆地、词章六斋课士,聘请黄炳垕为算学斋长,任教十余年,所出辨志文会兼录历算课艺。[4]

宁波辨志精舍的办学模式与诂经精舍颇有类似之处,即它们均将实学列为书院教学的重要内容。实际上,这种办学理念可以上溯到北宋胡瑗(993—1059),他提出分斋治事教法,重视兵刑、理财、水利以至历算等实学的教学。[5] 清初,颜元(1635—1704)及其学生李塨(1659—1733)受到胡瑗的影响,亦将实学列为教学内容的重要组成部分。清末宁波辨志书院的办学理念体现了这种思想。

黄炳垕(1815—1893),字蔚亭,浙江余姚人,黄宗羲(1610—1695)的七

---

〔1〕 张彬.浙江教育史.杭州:浙江教育出版社,2006:265.

〔2〕 卢康华.俞樾与诂经精舍.南京晓庄学院学报,2005,21(6):116—121.

〔3〕 张彬.浙江教育史.杭州:浙江教育出版社,2006:266.

〔4〕 钱宝琮.浙江畴人著述记.郭书春,刘钝.李俨钱宝琮科学史全集(第 9 卷).沈阳:辽宁教育出版社,1998:294;陈学恂.中国近代教育大事记.上海:上海教育出版社,1981:41.

〔5〕 李兆华.中国近代数学教育史稿.济南:山东教育出版社,2005:7—8.

世孙(黄宗羲的长子黄百药的后人),同治九年(1870)举人。[1] 黄炳垕著有天算著作多种,包括《测地志要》4 卷(1867)、《五纬捷算》4 卷(1878)、《交食捷算》4 卷(1882)和《麟史历准》4 卷(1893)等,尤其以《五纬捷算》和《交食捷算》最为重要,并流传至今。其弟子慈溪盛钟圣(字莲卿)撰《弧三角举要图解》八小册(1893)。[2]

关于辨志精舍的算学教育情况,我们可以从其流传下来的课艺窥见一斑。所谓"课艺",就是书院学生考课试卷汇辑而成的文集。[3] 出版书院课艺,从阮元创办的诂经精舍就已经开始,后来很多书院亦将刊行学生课艺作为书院教学活动和

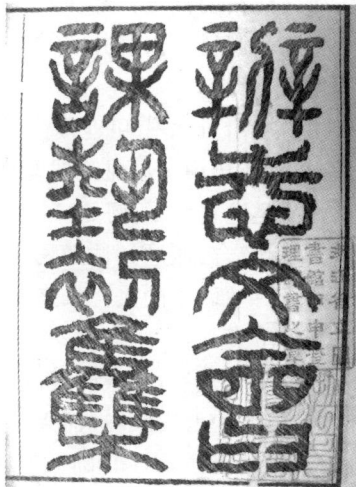

图 7-1 《辨志文会课艺初集》书影

学术研究的一个重要内容。宁波辨志精舍的算学课艺收录在《辨志文会课艺初集》[4]之中。《辨志文会课艺初集》系宁波辨志精舍在创办近两年时间里课艺的辑录,分汉学、宋学、史学、算学、舆地、词章六集,算学为其中的第四集。

《辨志文会课艺初集·算学》中共算学课卷 22 篇,其中具体的数学问题较少,多数是对天文算学问题的解释和分析。[5] 算学类的论说包括:"勾股测算本于大学絜矩之道论"、"线一尺十寸、面一尺百寸、体一尺千寸解"、"六宗三要论"、"斜弧三角垂弧形内形外解"、"借根方本于立天元一论"、"算学家有隔河量地法,能详述其理否?"课艺中收载的具体计算题有四题:

> 问黄赤大距古大今小,现测得二十三度二十七分。今岁闰三月初一暨十五两日午正太阳距赤道若干度分,宁波府城实高度几何? 试用弧三角法推之。

〔1〕 黄钟骏.畴人传四编·卷 8,"黄炳垕".上海:商务印书馆,1955:95—96;杨小明.清代浙东学派与科学.北京:中国文联出版社,2001:249—250.

〔2〕 钱宝琮.浙江畴人著述记.郭书春,刘钝.李俨钱宝琮科学史全集(第 9 卷).沈阳:辽宁教育出版社,1998:294.

〔3〕 李兆华.中国近代数学教育史稿.济南:山东教育出版社,2005:90—91.

〔4〕 (清)宗源瀚辑.辨志文会课艺初集.浙江图书馆藏清光绪七年(1881)刻本.

〔5〕 参见:李兆华.中国近代数学教育史稿.济南:山东教育出版社,2005:92—93.

有正方城不知其周积。北门外有塔,比城高二十一,正对南北二门。从塔上测北门城得八十度零二十分,测南门城得八十八度十五分,问城大几何、塔距城几何。

金银合镕长方砖一块,厚二寸,阔六寸,长八寸,重九百八十一两,问金几何银几何。

问千岁日至可坐而至,试以时宪术上推唐宋上元庚辰年天正冬至日躔何宿何度、岁星何宫何度。具著于篇。

此外,尚有天文历法类论说若干条,如,"日月五星形体大小旋转迟速论"、"地球运行说"、"古历岁终置闰,今历随时置闰得失疏密辨"、"岁星跳辰考"、"中历至授时而法始密,大统悉本授时,与回历并行尚不及回历之精。时宪参用西法,超轶前代,行之数百年始有微差,其异同得失可得而言欤?"从这些天算类题目来看,大多属于中国传统天文数学以及明末清初西学东渐之后中国人所关注的相关问题。对于《授时历》、《回回历》等问题的关注,则从一个侧面反映了黄炳垕的家学渊源,因为黄宗羲曾经专门研究过这两部历法中的一些问题,并有专著问世,流传至今。[1]

三、陈虬与利济医学堂的医学教育

晚清时期,由于早期维新派代言人之一陈虬的倡导和实践,中医学教育和传播事业在浙江温州获得了发展。他们建立医院和医学堂,撰写医学著作,出版医学刊物,大大促进了中医药学知识的传播和中医药事业的进步。这里,我们对这一时期温州的主要医学教育活动进行阐述。

陈虬,原名国珍,字志三,又字葆善、栗庵,号蛰庐,浙江瑞安人。他是我国近代早期著名的维新派代表人物之一,也是卓有造诣的中医学大师。他在潜心研究社会改革问题的同时,积极从事医学教育实践活动,开温州中医学教育事业之先河。他是全国第一所中医学校利济医学堂的创始人,也是第一份瓯文拼音方案的设计者。

陈虬早年即留心经世致用之学,这与他所处的生活环境和社会风气密切相关。[2] 陈虬生活的温州地区,在文化学术上具有悠久的历史渊源和深

---

〔1〕　关于黄宗羲对《授时历》、《回回历》等历法的研究,参见:杨小明.清代浙东学派与科学.北京:中国文联出版社,2001:40—138.

〔2〕　周文宣.陈虬的教育思想和实践.贵州文史丛刊,2002(4):27—30.

厚的积淀。南宋时期,温州地区就出现了以薛季宣(1134—1173)、陈傅良(1137—1203)、叶适(1150—1228)等为代表的永嘉学派。该学派反对理学空谈义理心性,对当时不务实际的社会风气深恶痛绝。清朝同治、光绪年间,陈虬的同乡、孙诒让父亲孙衣言兄弟罢官回乡后整理永嘉之学。孙诒让继承父辈事业,成就显著。陈虬早年即究心永嘉经世之学,1877年,孙诒让刊布《征访温州遗书约》,陈虬曾代访遗书多种。陈虬所论永嘉学派大略,深得孙诒让赞许,称其为"精当无匹"[1]。陈虬在《治平通议》卷首序中称"生永嘉先生后七百年矣"[2],以永嘉学派的继承者和发展者自命。由于这种生活环境的熏陶,陈虬对魏源等人的社会改革思想潜心学习,并探讨前人改革思想的得失、利弊,发表自己对社会改革和教育的独特看法,认为教育改革是整个社会变革的关键,国家富强的基础。

陈虬不但在思想和理论上阐明己见,而且身体力行,致力于教育实践活动。他的教育实践活动是从创办利济医院和利济医学堂开始的,继之主编《利济学堂报》。这些活动,一方面培养了中医学人才,传播了医学知识,另一方面也宣传了变法维新的思想。

从其教育实践来看,陈虬教育思想的突出特点可以概括为:"教育救国,首开民智"[3]。陈虬认为,在当时的时代背景下,最为迫切的教育是救亡图强的教育,教育的目的在于把学生培养成国家的栋梁之材,尽快使中国富强。他接受了西方的民权思想,认为欲削弱专制,提倡民权,必须开发中国之民智,而教育的主要作用就在于"开民智"。他提出了两条"开民智"的途径:一是开讲堂,兴学校;二是实行文字改革。他还主张实施义务强制教育和平民教育。我们可以看到,陈虬的教育思想是先进的、开放的,对温州地区乃至浙江的教育实践活动产生了深远的影响。

光绪十一年(1885),陈虬与陈黻宸(1859—1917)、何迪启、陈葆善在瑞安城东杨衙里创办利济医院和利济医学堂,这既是浙南之有医院始,也是我国近代中医教育事业之嚆矢,中国最早的中医学校。光绪二十二年(1896),陈虬任主编,编辑出版《利济学堂报》,向全国大中城市公开发行,这是我国中医药学报之始。关于《利济学堂报》的内容,我们在第四章中已有所探讨,这里不再赘述。这些医学教育和科学传播方面的工作,都与陈虬的倡导密不可分。

---

〔1〕 政协浙江省温州市委员会文史资料委员会.胡珠生辑.温州文史资料(第8辑"陈虬集").杭州:浙江人民出版社,1992:461.

〔2〕 (清)陈虬.治平通议·序.顾廷龙,傅璇琮.续修四库全书(第952册).上海:上海古籍出版社,1995:548.

〔3〕 参见:周文宣.陈虬的教育思想和实践.贵州文史丛刊,2002(4):27—30.

光绪十年(1884)，陈虬撰写了《利济医院议》，提出了创建医院和学校的详细计划：医院设立前后二厅，左右长廊分为诊室、药房，建阁藏书，修置病房，植花木，饰厅沼，为怡养地；举通博学者主持医疗、教学之事；择取聪颖子弟五年习医籍，五年览群经，严立课程以教；诊费平价便民，常行酌减，贫者则免；其他如工作安排、工资分配、利润处置等，都有具体规划。这是我国近代第一份建立中医医院和中医学校的计划。

1885年，陈虬和陈黻宸、何迪启、陈葆善合资创建利济医院、利济医学堂，招收学徒，培训医士。陈虬亲自制定《习医章程》，规定入学年龄、学习年限以及考试制度。1885年开学以来，"门下"注籍者逾二百人。1895年，分设医院、学堂于温州郡城。1896年，添设药房，分设报馆，刊印《利济学堂报》。1897年，复开设报馆于杭州，皆以利济名。

利济学堂教材分普通课和专业课。普通课有国文、历史、音韵、书算、术数、制造、种植、体操、词章著作、时务游历等；专业课有医学经典和各家医籍，自编教材有《利济讲义》，包括《利济教经》、《教经答问》、《利济元经》、《中星图略》、《医历表》、《医历答问》、《卫生经》等，《新字瓯文七音铎》、《利济文课》、《蛰庐诊录》也作为学堂的重点教材使用。

利济学堂的教员皆是浙南各地的优秀人才。陈虬亲自主持教习，平日授课之外，尤注意培养学生的自学阅读能力。陈虬还为学生开列"医藏书表"，区分医书为必读、必阅和必备三类。尤属难能可贵的是，学堂把刚刚传入我国的新医书分为"全体学(解剖)"、"心灵学"、"卫生学"三学七类介绍给学生阅读，共列书目48种174卷。

利济医学堂重视学生实际技能的培养。临床实习中，指导学生"每临一症皆要认病和辨证"，教育学生要认真写好脉案。利济医学堂还设有生药局和鲜药圃，引导学生重视和掌握实际知识技能，也为临床用药提供了方便。

利济医学堂在药物制剂方面也有独到之处。教师一方面指导学生提高识别药物真伪的本领，另一方面又创立新白散、清肺散等名目以避俗忌。因温州、瑞安风俗，病家往往忌药，如畏石膏之寒，畏麻黄之散，有如猛兽，即使对症下药亦多忌，所以这种煞费苦心的保护性医疗方法也确实别出心裁。

利济医院和利济医学堂开办十有余年，亏折约六千金。1901年学报停办，并进行整顿、募股，然终难有大起色，不久医校也停办。1904年陈虬病逝，陈黻宸和陈葆善继续惨淡经营。1916年、1917年，陈黻宸、何迪启、陈葆善三先生相继殂谢，郡城医院岌岌欲坠，而瑞安原有医院亦相形无起色。1920年，始得复建瑞安医院正厅洋楼一座。此时，利济医学堂医事、教学、编辑出版已告终结。

总之,利济医学堂医疗卫生、医学教育、医学刊物编辑出版并举,培养了一大批有用医学人才,对于医学知识的传播和温州医学文化和医药事业的发展,功不可没。[1]

综上所述,我们看到,在鸦片战争之后的50多年里,浙江的科技教育取得了一定的进展。后期诂经精舍和宁波辨志书院在传统的书院教育之中,或者注重科技等实学知识的研究和传播,或者专门设立算学科,深入探讨天算问题,这在晚清传统书院改制过程中均属于较为进步的思想和理念。虽然这两家书院均未培养出颇有影响的科学家,但是在科举盛行时代,其积极倡导科学研究,传播科技知识,仍然是值得赞誉的。作为早期改良主义者的陈虬所创建的利济医学堂,则具有近代新式学堂的特点,这种倡导之功更为可贵。从这个角度来看,也可以说陈虬是晚清浙江开近代科技教育先河的重要人物。戊戌维新时期的科技教育,与此种教育思想和办学模式一脉相承。

第二节　戊戌维新前后浙江近代科技教育的发展

甲午战败后,面对国家的危亡关头,一部分带有资本主义思想的官吏和上层知识分子,忧国忧民,要求挽救国家危亡,改革社会,发展教育,逐渐形成了一种维新思潮,进而发展成为一场波澜壮阔的运动。这一时期,浙江的地方官吏以及先进知识分子受到这场运动的影响,兴起了一股办学的热潮,科技教育也受到了前所未有的重视,得到了相当程度的发展,推进了浙江科技教育近代化的进程。

一、瑞安学计馆、永嘉蚕学馆和瑞平化学堂的科学教育

在提到晚清浙南的科技教育时,首先需要提到其主要倡导者和实践者——孙诒让。

孙诒让,清末著名的经学大师。我们在第五章中已简要介绍了他的生平及其对经典医籍的研究。在经学研究方面,孙诒让功底深厚,著述颇丰,

---

〔1〕 这里,关于利济医院和利济医学堂医学教育的有关内容,参考了刘时觉、朱国庆、杨力人等的研究成果,见:刘时觉,朱国庆,杨力人等. 晚清的利济医院和利济学堂. 医古文知识,2003(3):4—7.

影响深远。受到永嘉学派经世致用思想的影响,孙诒让在致力于经学研究的过程中,逐渐形成了"救世振弊"的为学宗旨和务实、"应时儒"的治学态度。鸦片战争以后,他抱着"学问无分中外、惟其致用"的态度,有选择地吸收。他通过阅读《瀛寰志略》、《地理备考》、《海国图志》等著作,积极了解西方国家地理、历史、风土人情、社会沿革等方面的内容。洋务运动开始以后,他对早期改良派提出的"中体西用"观点表示赞同。在维新运动之中,孙诒让曾与洋务派的代表人物张之洞和资产阶级改良派的代表人物章太炎、梁启超等有过书信往来,并与维新运动中活跃于京、沪、浙的浙籍人士黄绍箕、宋恕、汪康年、张元济等关系甚为密切。同时,他还积极订阅当时刊行的大量报纸杂志,购买当时影响较大的新书和译著,如汤震的《危言》、黄遵宪的《日本国志》、梁启超的《变法通议》、严复翻译的《天演论》等。孙诒让通过这些与洋务派和维新派人士的交游活动,并通过阅读书刊杂志汲取新知和动力,他在思想上逐渐接受了资产阶级的改良主张。[1] 这是孙诒让转向致力于教育事业的思想方面的原因。

他转向兴学活动的另外一个方面的原因,当与他在科场上的连连失意有关。在面对甲午之后严重的民族危机的时代背景下,孙诒让"从此断绝功名之念,放弃考据注疏之学,毅然走上了居乡兴学的教育救国道路,成为清末士绅兴学的代表"[2]。他一生之中在温州、处州(今丽水)地区创办各级各类学校达到 300 多所,有力地推动了浙南教育的发展,被称作"浙江近代兴学的先驱者"。[3]

孙诒让创办的第一所学堂是瑞安学计馆。孙诒让认为,数学是西学中最为重要的学科,"古之六艺,今宜专治者,莫如九数。然泰西一切政教理法,无不以算学为根柢",数学不仅是中国传统学术中"小学六艺之一端",而且是"政用之本",对于"步天测地,制器治兵,厥用无穷"。[4] 同时,瑞安士人素有研习历算的传统,以数学教育打开缺口,"容易得到士绅们的支持,减少各种阻力"[5]。基于上述考虑,孙诒让认为办新式学堂宜以学计馆为先。

1895 年 10 月,孙诒让邀集当地关心教育的知识分子多人,商议创办瑞安算学书院。几经酝酿,推定孙诒让等 9 人为发起人,由在京供职翰林的黄

〔1〕 张彬.浙江教育史.杭州:浙江教育出版社,2006:395—396.

〔2〕 张彬.浙江教育史.杭州:浙江教育出版社,2006:396.

〔3〕 张彬.浙江教育史.杭州:浙江教育出版社,2006:294.

〔4〕 (清)孙诒让.瑞安新开学计馆序.政协浙江省温州市委员会文史资料研究委员会.温州文史资料(第 5 辑"孙诒让遗文辑存").杭州:浙江人民出版社,1990:291.

〔5〕 张彬.从浙江看中国教育近代化.广州:广东教育出版社,1996:140.

绍箕领衔,孙氏执笔起草"启"与"呈文",禀报温州府及瑞安县申请立案。呈文中说[1]:

> 惟是算学义理精奥,非得良师教授,索居冥搜,事倍功半;且算式繁赜,非童而习之,演数断难谙熟。现议于本邑城内,创设算学书院,挑选聪颖子弟,入院肄业,延聘院长,口讲指划,设立课程簿、功过簿各一册,考工计程,随时勘验。现因经费未充,规模粗立,收纳学费额数,暂以三十名为准。诸学徒务期志趣远大,不域于小就,由是而格致之理,制器尚象之法,兼综条贯,因材授学,数年之后,必有瑰异者出乎其间,以副朝廷破格求才之至意。

次年二月十五日,即将"呈文"加上首尾,作为瑞安"县谕",宣告"瑞安算学书院"正式成立。三月,易名"学计馆"。"学计"二字系取《礼记·内则》"十年……学书计"之义。为了扩大影响,"学计馆"匾额特由黄绍箕转请张之洞书写。[2]

瑞安学计馆于1896年三月正式开学,招收13~20岁的学生30名,分为3个班。学计馆借用城内卓敬祠堂为校舍,设有教室、会堂、操场、阅报室,大小计十余间。经费最初全由发起人出资,并出面向地方官绅捐募,得到当时的温处道宗源瀚的支持。学计馆先后聘请林调梅(?—1906)、陈范(1865—1923)为总教习(亦即馆长)。林调梅不仅精通算学,而且具有广博的理化知识。陈范是瑞安陈润之(1816—1885)之子。陈润之精通天文历算之学,著有《割圆弧矢捷法》等。林调梅是陈润之的学生。陈范深得父传,著有《形代通释》、《重学释例》、《算艺偶存》、《算学引蒙》等。

开馆后月余,孙诒让撰写《瑞安新开学计馆序》,陈述创办学计馆的目的[3]:

> 光绪乙未,东事甫定,中国贤士大夫始尽然有国威未振之惧,于是京都及南洋皆有强学书局之举。而瑞安同人亦议于邑城卓忠毅公祠,开学计馆以教邑之子弟,皆以甄综术艺,培养人才,导厥途

〔1〕 孙延钊辑,张宪文整理.孙诒让杂文辑录.文献,1986(2):120—121.
〔2〕 洪震寰.清末的"瑞安学计馆"与"瑞安天算学社".中国科技史料,1988,9(1):80—87.
〔3〕 (清)孙诒让.瑞安新开学计馆序.张宪文.孙诒让遗文辑存.杭州:浙江人民出版社,1990:291.

彻,以应时需,意甚盛也。夫时局之艰难,外变之环伺而沓至,斯天
为之也。然人材之衰荣,学艺之不讲,朝野之间,岌焉有不可终日
之虑,则人事或不能无过矣。瑞安褊小,介浙闽之间,僻处海滨,于
天下形势不足为重轻。然储材兴学,以待国家之用,而出其绪余以
泽乡里。

为了培养"以应时需"的人才,学计馆以传授数学为主,同时兼习"中外
交涉事务,本国及各国时事记载及近时西人所著格致诸书,每日择简明切要
者,讲示若干条,以广见闻,而裨实用"[1]。馆内置有算学图器,旁及各种西
学书籍,供学生阅览。学计馆注重学以致用,曾在教习指导下,实测飞云江
宽度,并协助县修志局按新法绘测地图。在教学之中,学计馆还注意因材施
教。《学规二十六则》中第二条规定:

> 　　排匀人数,分为三班,轮流到院。每月逢一、逢四、逢七日为一
> 班;二、五、八为一班;三、六、九为一班。开学之初,按册分班,俟肄
> 习稍久,由院长酌核各徒资性之敏钝,学识之浅深,就其相近者,各
> 自为班。每班功课随时酌立,宣示院中,俾讲授之时,省更端而一
> 视听,庶于教者、学者两有便宜。

除此之外,学计馆还立有"功程簿"和"功过簿"。功程簿"院长立一总
册,于各徒名下按期注明某日读至某页,讲至某页,演何算式。学徒各自备
一册,带呈院长"。功过簿"考察学徒之慧拙与每日到院之早吃,通年告假之
多少,由院长按期标识堪语"[2]。这些措施对提高学生的学习质量是有所
裨益的。

瑞安学计馆重视数学教育和数学传播,取得了一定的成绩。[3] 孙诒让
的学生黄庆澄于1897年创办《算学报》,发表算学研究成果,具有较为广泛
的影响,我们在第四章中已有论及。在当时举行的温州六县数学会试中,学
计馆学生许介轩获得第一名。学计馆毕业的学生大多从事科技工作和教育
事业。这些都说明瑞安学计馆的数学教育产生了较为深远的影响。

---

〔1〕 孙孟晋.孙籀公与清季温处地方教育(1895—1908).温州文史资料,1985(创刊号):3—27.

〔2〕 (清)孙诒让.学规二十六则.引自:洪震寰.清末的"瑞安学计馆"与"瑞安天算学社".中
国科技史料,1988,9(1):84.

〔3〕 李兆华.中国近代数学教育史稿.济南:山东教育出版社,2005:234—235.

1897年春,学计馆成立已届周年,孙诒让手撰联语一对,悬于会堂之两楹,联曰:"乡里有导师,亮节孤忠,历算专精祇余事。洞渊昌邃学,通理博艺,艰难宏济伫奇才"[1]。此时,士绅项湘藻、项申甫拟仿上海广方言馆先例,集资创设瑞安方言馆。孙诒让"力赞其成",馆址设在范大桥街项祠,讲授外国语文,兼授外国史地知识。1901年,学计馆与瑞安方言馆合并为"瑞安普通学堂",仍然开设"算学班"。[2]

在瑞安方言馆成立的同一年(1897),孙诒让与数位朋友筹资创办了永嘉蚕学馆,"兼用中西新旧诸法,考验品种,选制蚕子纸,教导饲蚕种桑事业"[3]。对于蚕学馆的开办,他在《告温州同乡书》中说道[4]:

> 温州古称八蚕之乡,远当刘宋时代,郑缉之在永嘉郡志中曾载其名目,而后世失传。亟宜集合同人,重加研究,专设学馆,招生肄业,搜集历来相传的中国种桑养蚕旧籍,兼采近代新译出版的法、意、日本各国蚕桑学书,并作教材,以资教习,附辟广场,以供实验,务使土桑劣种,逐渐改良,多病蚕身,随时疗治。

杭州知府林启得知永嘉蚕学馆创办的消息后,曾经写信给温州知府,索取有关章程和教材,为杭州蚕学馆的成立作参考。[5] 1901年,该馆改称为温州蚕学堂。

1899年,孙诒让与瑞安金晦,平阳杨景澄、吴庵箴等人集资,在温州城内创办了瑞平化学堂,堂址设在孙氏治善试馆内,并购置图书、仪器、药剂等,招生30余名。他在《记瑞平化学堂缘起》一文中讲习化学之意义,以告乡人:"泰西之学,由艺以通于道,而化学尤为专家盛业,究其微妙,弥纶大用。"只要懂得化学,农工商各业可以做到"一艺百获","其益无穷"[6]。这种说法显然夸大了化学的作用,但是在当时对于倡导化学教育来说无疑能够起到一定的作用。1902年,温州府学堂成立后,瑞平化学堂停办,学生自然转入温州府学堂继续学习。

综上所述,我们看到,孙诒让在戊戌维新前后,大力倡导科技教育,并联

〔1〕 孙孟晋.孙籀公与清季温处地方教育(1895—1908).温州文史资料,1985(创刊号):5.

〔2〕 孙孟晋.孙籀公与清季温处地方教育(1895—1908).温州文史资料,1985(创刊号):10.

〔3〕 孙孟晋.孙籀公与清季温处地方教育(1895—1908).温州文史资料,1985(创刊号):5.

〔4〕 孙孟晋.孙籀公与清季温处地方教育(1895—1908).温州文史资料,1985(创刊号):6.

〔5〕 张彬.浙江教育史.杭州:浙江教育出版社,2006:398.

〔6〕 张彬.浙江教育史.杭州:浙江教育出版社,2006:399.

合当地士绅创建了 4 所专门学堂,"其中瑞安方言馆是浙江近代最早的外语学堂,瑞安学计馆、永嘉蚕学馆、瑞平化学堂是国内同类学堂中最早或较早的专门学堂"。这些新式学堂"以学西学、学实学而名噪一时,也因士绅集资办学的方式而引人注目"。它们的创办,"不仅使温州的新教育萌发了生机,而且对全省近代教育的发展起了先导和表率作用"[1]。

二、求是书院的科技教育

与孙诒让在温州进行科技教育实践活动同时,杭州知府林启也在积极创办新式学堂,倡导科技教育和实业教育。林启(1839—1900),字迪臣,福建侯官(今福州)人,光绪丙子(1876)科进士,历任陕西学政、京都御史、衢州知府、杭州知府等职。林启的家乡,在近代出了几位开风气之先且颇具影响的人物。如,在广东禁毁鸦片、整顿海防,第一次鸦片战争期间曾到浙江镇海军营帮办军务的林则徐,在福建派遣船政学堂学生赴欧留学、致力于组建近代海军的沈葆桢(1820—1879),以及积极宣传西方资产阶级政治学说、主张变法维新的严复(1854—1921)等。林启受到这些人士的影响,为官期间,顺应时代潮流,力主改革弊政,注重整饬学风,取得了卓越的成绩。在任衢州知府不到两年的时间里,他发展生产,体恤百姓,整顿书院,广立义塾,使当地面貌大为改观。[2]

1896 年,林启自衢州调任杭州知府。当时正值维新运动时期,以康有为、梁启超为代表的资产阶级改良派认为变法图强应从振兴教育入手,各地有识之士纷纷创办新式学堂。林启未到之时,汪康年、陈仲恕等人多方筹措,计划在杭州创办一所崇实学堂,后因反对势力的反对而未成。[3] 林启到任后,以"崇实"为宗旨,倡导实学,振兴实业,力举实政。他在浙江巡抚廖寿丰(1836—1901)的支持下,先后创办了 3 所在浙江近代具有开创意义的学堂,即 1897 年创办的求是书院、1898

图 7-2　林启

〔1〕 张彬.浙江教育史.杭州:浙江教育出版社,2006:399.

〔2〕 张彬.浙江教育史.杭州:浙江教育出版社,2006:386.

〔3〕 许建平.浙江近代最早的高等学校——求是书院.杭州大学学报(哲学社会科学版),1987,17(2):111.

年创办的杭州蚕学馆和1899年创办的养正书塾。[1]

在浙江巡抚廖寿丰的支持下,求是书院于1897年5月21日正式开办。[2] 林启任总办,陆懋勋(1869—?)为监院,聘美国人王令赓(Elmer L. Mattox)为总教习,教授各门西学。求是书院是浙江开办最早的新式学堂之一,也是浙江最早的近代高等学校。求是书院之所以冠名"求是",取的是实事求是之意,用以倡导崇实的办学宗旨和学风,正如由林启代草[3]的浙江巡抚廖寿丰《请专设书院兼课中西实学折》中所言[4]:

> 居今日而图治,以培养人材为第一义;居今日而育材,以讲求实学为第一义。而讲求实学,要必先正其志趣以精其术业。……苟事事物物务求其实,朝考夕稽,弗得弗措,何学之不成,亦何事之不举。

同时,近代中国在向西方学习的过程中,往往将"求是"与学习西学联系在一起,认为"求是"意味着去伪存真、弃旧图新,意味着克服夜郎自大的顽固心理,追求科学与进步。至于为何不称求是学堂而沿用"书院"这一传统称谓,在于"虑杭绅或又中阻",以图取得舆论上的支持。[5]

林启在陈请专设求是书院的奏折中申述了主要理由[6]:

> 乃积习相成,时变日亟,病词章帖括之不足恃而群慕西学,窃恐规摩形似,剽窃绪余,借一二西语西文,以行其罔利梯荣之故智,不独西学无成,而我中国圣人之教且变而愈忘其本,此臣之所大惧也。查浙江杭州省城,旧有敷文、崇文、紫阳、学海、诂经、东城书院六所,今方以制艺取士,势难骤为更张,另设则无此经费,惟有酌筹改并,因势倡导,择痒序有志之士,奖进而培育之,庶趋向端而成就易。

---

〔1〕 张彬.浙江教育史.杭州:浙江教育出版社,2006:386.

〔2〕 陈学恂.中国近代教育大事记.上海:上海教育出版社,1981:77.

〔3〕 关于此奏折为林启所起草的观点,参见:张彬.浙江教育史.杭州:浙江教育出版社,2006:387.

〔4〕 陈谷嘉,邓洪波.中国书院史资料(下册).杭州:浙江教育出版社,1998:2157.

〔5〕 张彬.浙江教育史.杭州:浙江教育出版社,2006:387.

〔6〕 陈谷嘉,邓洪波.中国书院史资料(下册).杭州:浙江教育出版社,1998:2157.

可见,他主要是针对当时在科举制艺背景下学风日下的现状并力争改变这种状况而奏设新式书院的。林启这种对旧式书院进行改制的观点,与当时全国的书院改制潮流是完全合拍的。

求是书院的教学内容以西学为主,据记载[1]:

> 泰西各学,门径甚多,每以兵、农、工、商、化验、制造诸务为切于时用,而算学则其阶梯,语言文字乃从入之门。循序以进,渐有所得,非博通格致不得谓之学成。

求是书院开办后,设置国文、英文、算学、历史、地理、物理、化学等课程,后增开体操,并以日文为选读课,体现了中西兼学、以西学为主的原则。英文、物理、化学诸课由总教习王令赓负责;"各种算学及测绘、舆图、占验、天文等",由副教习卢保仁负责;"外洋语言文字及翻译书籍报章等",由另一副教习陆康华负责。[2] 从总体上看,求是书院十分重视英文和各种实学课程的学习,不过,对于当时科举出身的学生而言,这些课程皆为初学,"不特不能与今日之大学比,其初期即比一现在之高中,或尚有不逮"[3]。

求是书院学生分为三班上课,"习过英文者第一班,习过算学者第二班,一事未习者第三班"。从星期一到星期六,各班按照课程表依次学习英文、地理、算学等课程。[4]

在教科书方面,求是书院学生所使用的自然科学类科目的教科书,基本上取自当时科学著作或教材的中译本。物理、化学采用美国中学课本的中译本,算学课本则选材于《笔算数学》、《代数备旨》、《形学备旨》、《八线备旨》等。[5]

总之,求是书院虽然保留了传统书院的一些特征,但是从其偏重西学的课程设置和实行班级授课制等教学情况来看,则与旧式学堂有明显的区别,是一所"具有西方近代教育色彩的新式学堂"。而从学生的学业情况考察,虽然"中学"根底较深,但是"西学"程度尚显不足,因而"实属高等预科性

---

〔1〕 陈谷嘉,邓洪波.中国书院史资料(下册).杭州:浙江教育出版社,1998:2157—2158.

〔2〕 张彬.浙江教育史.杭州:浙江教育出版社,2006:388.

〔3〕 邵裴子.校史讲述.浙江大学校史编写组.浙江大学简史,第一、二卷(1897—1966).杭州:浙江大学出版社,1996:256.

〔4〕 张彬.浙江教育史.杭州:浙江教育出版社,2006:388.

〔5〕 张彬.浙江教育史.杭州:浙江教育出版社,2006:388.

质"。[1] 1901 年,求是书院改称求是大学堂,翌年改名为浙江大学堂。

三、杭州蚕学馆的实业教育

杭州蚕学馆是林启在杭州创办的第二所新式学堂。这所实业学堂的创设,与当时经济利益方面的影响因素密切相关。[2] 浙江自唐代以来养蚕业向为民间重要的生计,近代开埠通商以后,蚕丝作为出洋的土货,也是"以江浙为最,浙中以杭嘉湖为最"。但是,在当时的国际丝绸贸易市场上,中国丝价昂贵,出口日减,而日本丝绸价廉物美,出口日增。对此,浙江海关税务司的英国人康发达指出,中国养蚕一是不研求蚕温,遇上年岁不好,传染厉害,病蚕生子,就出病种;二是不讲求优良配种和选种,蚕种出丝率低,以至于丝价昂贵。而日本之所以进步快速,原因就在于采取了外国养蚕成法。林启以为康发达所言极是,要想广出蚕丝与日本争夺商利,只有创办养蚕学堂。

1897 年,林启在陈请创设养蚕学堂的呈文中,历数了学习西人养蚕成法的优点[3]:

> 窃地球五洲蚕丝之利,向推亚洲,亚洲向推中国。此外如日本、印度与中国同处亚洲之中,西人所称为东方蚕业者也。东方蚕业,日本进步最猛,由其采取外国养蚕成法。查 30 年前法国蚕子病瘟,蚕种将绝,因创设养蚕学堂,用 600 倍显微镜考验种种蚕瘟,并讲求养蚕各法,日人一一仿行,遂以夺我中国蚕利。

> 西人养蚕之法备至,即配种一节,亦有神效。西国格致家言凡物一雌一雄,取其两地相隔最远者,为之配合,其生必旺,犹化学之爱力,电气之摄力。同气相合,其生不旺,在人亦然,故格致家考验同姓为婚,生子多病癫痫,由其血脉相通,不宜配合夫妇。我中国亦云男女同姓其生不蕃,故养蚕配种,至有妙用。今东西洋均有蚕子纸交易配种,并非难事,此不过首年取以配种,以后传种既佳,即年年蕃息矣。法国验中国蚕子重 8 两者,收丝只 25 斤,自择种后,

〔1〕 张彬.浙江教育史.杭州:浙江教育出版社,2006:389.
〔2〕 参见:张彬.浙江教育史.杭州:浙江教育出版社,2006:390—391.
〔3〕 林启.请筹款创设养蚕学堂禀.金裕松.杭州教育志.杭州:浙江教育出版社,1994:633—634.

可收至 75 斤，最多者竟至百斤，日本尤收其效。

由于理由充分，林启的办学要求得到廖寿丰的赞同，也得到了当地开明士绅樊恭煦、劳乃宣、邵章等人的赞助。光绪二十三年(1897)九月，在西湖金沙港关帝祠旧址购地 30 余亩，动工筹建，定名为蚕学馆。1898 年春，校舍落成，有饲蚕所、茧室、斋舍、储叶处、膳室及厨房等 80 余间，共用银10300 两，另购置仪器设备用银 3000 两。[1] 1898 年 4 月 1 日，杭州蚕学馆正式开学。林启兼任总办，聘江生金为总教习，旋聘日人轰木长为总教习，西原德太郎为教习。所取学生以秀才为多，学额定 30 名，不限省份。[2]

杭州蚕学馆开设的课程有物理、化学、动物学、植物学、气象学、土壤学、桑树栽培、蚕体生理、蚕体解剖、蚕饲育法、缫丝法、生丝审查法、茧审查法、害虫论、显微镜的使用等。从课程设置可以看出，既有基础理论课，又有蚕业科技专业课，专业性和实践性很强，充分体现了林启关于"实业基于教育、教育服务实业"的指导思想。各门课程所用教材基本采自日本，教师在教学中经常用例图来说明蚕体生理和病蚕解剖。[3]

1900 年，林启去世。这一年，蚕学馆第一期学员毕业，除成绩优秀的丁祖训、傅调梅二人留馆任教外，其余分赴杭州、嘉兴、湖州、宁波、绍兴等府劝设养蚕公会，推广养蚕和制丝技术。林启去世后，浙江巡抚也更换他人，以后蚕学馆几次面临危机。1908 年，蚕学馆改名为浙江中等蚕桑学堂。[4] 据记载，浙江中等蚕桑学堂为了积极推广养蚕技术，还专门用白话写了"养蚕简明法"进行宣传：

现在的养蚕人家，早已不晓得讲究了，所以年年养得不好，往往有借钱买桑叶的，一年的用度，全靠着这个养蚕时候，倘蚕一出病，连桑叶都枉费了，你想这等人家多少吃苦呢！现在我们的学堂开立起来，原为你们吃苦多年，要制好的种子，把你们去养，可以大家得点休息，然也要照我们的养法才好。譬如一个孩子，身体很强壮的，这总算好了，你冷暖不去管他，到后发出病来，这个病还是种子不好的缘故么？所以一半也要靠着养法的。[5]

［1］ 张彬.浙江教育史.杭州:浙江教育出版社,2006:391—392.
［2］ 陈学恂.中国近代教育大事记.上海:上海教育出版社,1981:85.
［3］ 张彬.浙江教育史.杭州:浙江教育出版社,2006:392.
［4］ 张彬.从浙江看中国教育近代化.广州:广东教育出版社,1996:147.
［5］ 浙江教育官报,1909(10):42.浙江图书馆藏.

　　本堂细察近年嘉湖地方的蚕病,一半从种子不好上起的,一半以冷暖不匀上起的。所说养法的不好,其道理有三样:一则以冷暖不匀上起的病,二则从蚕沙堆积上起的病,三则从蚕身挨密上起的病。养蚕家若能除了这三样,再有无病的种子,便有大半靠得住了。[1]

　　这种使用浅显易懂的文字所做的宣传工作,对于当时养蚕技术的推广和普及来说无疑是具有重要意义的。

　　杭州蚕学馆在国内同类学堂中属领先创办,在此之后,各省也开始兴办蚕业教育机构,如广东蚕业学堂、云南农业学堂蚕科、福建蚕桑局及蚕桑公学、湖北农务学堂桑科、北京蚕业讲习所等。杭州蚕学馆创办以后,对本省的蚕丝业发展起了重要作用,其影响也遍及全国各地。对此,我们可以从1910年《浙江教育官报》的述评中略见一斑[2]:

　　是堂创办于光绪二十四年,豫、蜀、滇、鲁、晋、闽、粤、吉、陕、湘、鄂、宁、苏、江、皖诸省多聘其毕业生,以资仿办,俨然居全国风气之先。

　　蚕学馆培育的新种,试育效果极佳,民间蚕种收量一般是二三成或四五成,而该馆的蚕种收量却有八九成,苏、皖、闽、赣等地争相抢购,甚至远销日本。1976年,日本横山忠雄在《蚕丝科学与技术》杂志刊登的《日本的家蚕育种史料》所载,日本明治后期从中国引进的一化性白茧种,即为杭州蚕学馆所培育[3],可见蚕学馆影响之大。

　　1910年,学堂扩充名额,原有官舍不敷分配,于是在西湖跨虹桥下的崇文书院设立分部。民国元年,改名浙江公立蚕桑学校。1913年,又改名为浙江省立甲种蚕桑学校。此后的蚕业科技教育开始纳入了全国实业教育的轨道。

---

〔1〕 浙江教育官报,1909(10):44,45.浙江图书馆藏.
〔2〕 浙江教育官报,1910(17):98.浙江图书馆藏.
〔3〕 张彬.浙江教育史.杭州:浙江教育出版社,2006:393.

四、绍兴中西学堂的科学教育

1897 年,绍兴士绅徐树兰(1838—1902)捐款创办绍兴中西学堂。学堂坐落在古贡院西,校舍宽敞,环境幽静。何琪任学堂第一任监督(一说学堂总理)。学生名额定 40 名,学习课程为国学、算学、外国文(英文和法文任选一种);专学国文、算学、外国文者,称为附课生,定额 20 名。[1] 这所学堂与传统旧学堂已有很大不同,专门开设了科学课程,可见其对科学教育的重视。不过,绍兴中西学堂科学教育方面的真正起色是在蔡元培任监督以后才出现的。

蔡元培(1868—1940),字鹤卿,号子民,绍兴人。23 岁中举人,同榜列名的有海宁张元济(1869—1959)、杭州汪康年等。26 岁中进士,授翰林院庶吉士,后升补翰林院编修。蔡元培在京为官期间,正是 19 世纪末中国局势发生急剧变化的时期。甲午战败后,康有为、梁启超领导的维新运动兴起。蔡元培的思想受到很大冲击,一方面为国难深重而忧虑,另一方面受到新思潮的启蒙,开始接触和阅读西方资产阶级的新书报。戊戌变法失败后,康梁遭到通缉,蔡元培感到愤愤不平,毅然弃官南下,回到绍兴故里。他总结变法失败的教训,认为"康梁所以失败,由于不先培养革新之人才,而欲以少数人弋取政权,排斥顽旧,不能不情见势绌"[2]。所以,蔡元培决计委身教育,以培养人才入手,来实现变革图强的愿望。[3]

1898 年冬,蔡元培出任绍兴中西学堂监督。[4] 到任后,他即根据自己的想法对学堂进行改革。在课程设置方面,蔡元培增设了日文课程,请日本人中川任教。在教员方面,蔡元培聘请科学家杜亚泉、寿孝天等担任绍兴中西学堂的数学及理科课程的讲授工作。此外,蔡元培还设法购置物理、化学、动物学、植物学以及矿物学的仪器标本及数学教具,使学生具备从事科学实验的机会,加强直观教学的效果。[5] 根据蔡元培《杂记》记载,1899 年 7 月 13 日,蔡元培为学堂订购的教学材料都已寄到,包括"日本所制物理器

〔1〕 陈学恂.中国近代教育大事记.上海:上海教育出版社,1981:80.
〔2〕 蔡元培口述,黄世晖笔记.蔡孑民先生传略.转引自:张彬.从浙江看中国教育近代化.广州:广东教育出版社,1996:148.
〔3〕 关于蔡元培早期思想经历,参见:张彬.从浙江看中国教育近代化.广州:广东教育出版社,1996:148.
〔4〕 陈学恂.中国近代教育大事记.上海:上海教育出版社,1981:80.
〔5〕 董光璧.中国近现代科学技术史.长沙:湖南教育出版社,1997:335.

械第二号一组,三十三种。化学器械二号一组,三十一种(及药品),化学标本一组,四十种。庶物标本一组,二百种。动物标本乙号一组,八十五种,植物标本一组,百有五种。矿务标本乙号一组,六十五种。三球仪一架。三角及两脚规三具。助力器模一组,八种。立体几何一组,平面几何一种"〔1〕。这是蔡元培致力于在绍兴中西学堂推行科学教育的一个具体事例。

经过蔡元培的努力,绍兴中西学堂的科学教育大有改观,为学生提供了较好的接受科学教育的环境。不过,蔡元培担任绍兴中西学堂监督时间并不是很长,大约一年多的时间。由于教员思想观念的矛盾以及堂董无理干涉的原因,蔡元培辞去监督一职,到嵊县主讲剡山、二戴两书院。虽然他在故乡教育实践的时间不长,但却是"他从事新教育的初次尝试",从此"便与教育结下了不解之缘"。〔2〕后来,他离开浙江到上海,组织中国教育会,进行教育改革的探索。

绍兴中西学堂的科学教育给当时的许多学生留下深刻印象,成为他们"了解一点科学的开端"。当时在绍兴中西学堂学习的蒋梦麟(1886—1964)回忆说〔3〕:

> 中西学堂教的不但是我国旧学,而且有西洋学科。这在中国教育史上还是一种新尝试。虽然先生解释得很粗浅,我总算开始接触西洋知识了。在这以前我对西洋的认识只是限于进口的洋货,现在我那充满了神仙狐鬼的脑子,却开始与思想上的舶来品接触了。

教学内容的改良,使一些在学堂读书的学生受到了科学的启蒙。蒋梦麟回忆说〔4〕:

> 我在中西学堂首先学到的一件不可思议的事是地圆学说。我一向认为地球是平的。后来先生又告诉我,闪电是阴电和阳电撞击的结果,并不是电神的镜子里发出来的闪光;雷的成因也相同,并非雷神击鼓所生,这简直使我目瞪口呆。从基本物理学,我又学

---

〔1〕 转引自:董光璧.中国近现代科学技术史.长沙:湖南教育出版社,1997:335.
〔2〕 张彬.从浙江看中国教育近代化.广州:广东教育出版社,1996:150—151.
〔3〕 朱有瓛.中国近代学制史料(第一辑下册).上海:华东师范大学出版社,1986:746.
〔4〕 朱有瓛.中国近代学制史料(第一辑下册).上海:华东师范大学出版社,1986:746—747.

到雨是怎样形成的。巨龙在云端张口喷水成雨的观念只好放弃了。了解燃烧的原理以后,我便放弃了火神的观念。过去为我们所崇拜的神佛,像是烈日照射下的雪人,一个接着一个融化。这是我了解一点科学的开端。

由此可见,绍兴中西学堂的科学教育确实对学生的科学观念带来了直接的影响。考虑到学堂学生略如后来的高小、初中、高中一年级的程度,对一些新的科学知识了解到这样的程度已属难能可贵,表明绍兴中西学堂的科学教育已经颇有成效。

五、上虞算学堂和乐清算学馆的数学教育

除前面提到的几所在温州、杭州、绍兴等地创设的规模较大的新式学堂以外,这一时期浙江各地还设立了一些规模较小的学堂,它们也设置了科学教育内容。这里,仅对上虞算学堂和乐清算学馆的数学教育活动进行简要介绍。

(一)上虞算学堂

上虞算学堂是工佐、徐智光于1898年秋在经正书院内创办的。他们"选生徒数十人",学习数学。因"诏改书院为学堂,自当大加扩充,不专设算学一门",1901年停办。[1] 支宝枏任主讲。

支宝枏(1854—1912),字雯甫,嵊县(今浙江嵊州)人。他将上虞算学堂三年间百余课共撰的500余道学生试题汇集起来,称为《上虞算学堂课艺》。该书卷首有支宝枏所写的"例言"18则,从中可知该书的大概内容,亦可了解支氏编选课艺的指导思想。这里,我们将此"例言"全文录下[2]:

——制造局各书通行已久,代数记号悉遵其例,不复详述。

——题取其新,间录旧题必择变化灵巧别有见解者,免致袭旧。

——代数杂题每类仅录一艺,要皆算式简明、变化便捷。

——大衍求一为古历演元之本,今则为用甚稀,然遇演奇诸题代数所难驭者,从大衍本术即迎刃而解、毫不费事。兹登二题聊以

---

〔1〕 李兆华.中国近代数学教育史稿.济南:山东教育出版社,2005:238.

〔2〕 李兆华.中国近代数学教育史稿.济南:山东教育出版社,2005:238—239.

存古,惟算式仍用代数以从简易。

——开带纵方用代数变化可降四次为二次式、降六次为三次与二次式,至为简捷。然遇不能化者,不如用天元定商得数较易。盖开方阐理天元不及代数之精,超步约商代数不若天元之便,用法各从所宜,不拘一格。

——开不尽之正方根用二项例变化,易从级数得密数,略登数题以为则。

——繁利息求利率,每至开多乘方根,或先由略近数递求密数,或用截位倒开逐得密数。何法为捷,要在审题,不能拘守一偏。

——国债四百五十兆姑拟三等还法,与时事不甚相远。然还法不同,布算亦不一术,在审题者不囿成规。

——蒲莞共生等题断不能用盈朒术,选撰四题,曲尽此等题能事。

——级数与垛积交相为用,分列数题以组上卷。

——句股和较诸题旧有专书,概不选入,另撰十余题推类以尽其数。

——《海镜》九容曲尽句股形变态,施诸锐钝三角,理亦无异,不过易直积为倍三角积,易弦股句三事为大中小三边耳。惟重明断三形当改为句股弦引长线上容圆,三角则为三边引长线上容圆(明惠二形旧云勾股外容半圆,未见惬当),合计当有十二容(三角容圆系古法不在内),不仅九也。兹由句股以及三角历证数题以为例,至此等题设问层出不穷,俟另辑专书。

——三解为万象之宗,错综变化题类无穷,多选此种以为根底。惟三角边角相求题仅四类,已详载各书,不复选入。

——各圆相切变化无穷,多选数题以极三角八线之用。而圆锥曲线已发其凡,至曲线各题限于篇幅,不得不略。

——《几何》十卷无比例线,以代数根、几何证之,理自明显,录数题以引来学。

——弧三角弧角相求题仅六类,旧法纂详,亦不选入。兹推类以穷弧角之变,撰数题以为测地步天之先路。

——格物测算诸理俱可验诸实用,惜门类繁多,集隘不及多录,仅选水重学二题以足下卷。

——乙亥冬起辛丑止,计百余课共撰五百余题,不无遗珠之憾。

由上述"例言"可见,《上虞算学堂课艺》内容涉及古代数学的大衍求一术、勾股测圆术,也涉及西方数学的平面几何、球面三角、二项展开式以及二次曲线等内容。该书有支氏拟作 5 题"以示初学",具有师生交流的意义。[1]

(二)乐清算学馆

乐清算学馆于 1899 年创设,馆长为陈莛。陈莛,字咏香,别字荻农,乐清县湖头乡人。与陈铭叔、黄菊襟、郑铭之、王连中、陈秋樵诸人结"六鳌文社",斗韵联句,极诗酒交游之乐。他与族兄陈秋樵有共同爱好,潜心钻研周髀、几何。据记载[2]:

> 英人傅兰雅于上海设格致书院,传西方声光力电诸学,并发售此类著述。先生与族兄选购其书,细加探求,两相蹉磨。遇有疑难处,辄去函求教,傅氏多为所窘,殊为惊服,曰"中国有此奇才乎"?

由此可见,陈莛自身对数学有浓厚的兴趣,而且能够提出有价值的问题,颇有心得。

陈莛在乐清创设算学馆,可以说是直接受到孙诒让 1896 年创办端安学计馆影响的结果。当陈莛得知孙氏兴学创举后,"欣然色喜,约同二三后进,趋往瑞安参观。归后力主仿效,冀展一技之长"[3]。后来,设立算学馆的倡议得到县令何士循、士绅洪舟卿的支持,得以成功创办。该馆由文昌阁改办,位于五洞门外,一楼峙立,四面临水。建馆后,招收学生近 30 名,因程度参差不齐,编为两班,另聘教师一名。

陈莛亲自授课,"串讲有条有理,尤于算学,诲之弥勤。由简到繁,深入浅出,得启领悟"。他还采用"东瓯三杰"之一陈虬创办的《利济学堂报》所载内容,如体操、算学、蒙学等,"择其适合儿童心理者加以穿插阐发,从而该馆秩序井然,学习风气一新,颇获各界好评"。邑令何氏"彰其成绩斐然,慨捐五百元,置办书籍器具,并置田二十亩,为诸生修缮费,闻者咸慕焉"。[4]

---

〔1〕 李兆华.中国近代数学教育史稿.济南:山东教育出版社,2005:240.

〔2〕 张炳勋.乐清算学馆创办人陈咏香.乐清文史资料(第 10 辑),1992:270—272.

〔3〕 张炳勋.乐清算学馆创办人陈咏香.乐清文史资料(第 10 辑),1992:270—272.

〔4〕 张炳勋.乐清算学馆创办人陈咏香.乐清文史资料(第 10 辑),1992:270—272.

　　约至 1901 年,陈莛应友人殷勤招约,赴福建充小尹职,所以算学馆亦随之停办。后来该馆田产、器具等,概归乐清县学堂所有。虽然乐清算学馆规模较小,开设时间较短,但是对于传播数学知识,尤其对于乐清县算学教育的倡导来说具有重要意义。

　　综上所述,我们看到,戊戌维新时期,浙江兴起了多所新式学堂。这些学堂规模有大有小,但都设置了科学课程,且多以西方科学技术课程作为主要课程。这一时期的科技教育工作,虽然在课程设置、教学管理等方面还显得不够成熟,但是毕竟进行了一些有益的探索和尝试,尤其像求是书院、杭州蚕学馆等新式学堂的创办和发展,为浙江近代科技教育的体制化奠定了较为坚实的基础。

第三节　清末浙江近代科技教育体制的形成

　　清末新式学堂的学习年限、课程设置、班级专业以及教材教法等方面已经初具现代学校的意义。戊戌变法前后,浙江已经出现新式学堂,如求是书院、杭州蚕学馆、瑞安学计馆等,而进一步的发展则出现在 1901 年 9 月清政府下兴学诏书之后。诏书曰:"除京师已设大学堂应切实整顿外,着各省所有书院,于省城均该设大学堂,各府厅直隶州均设中学堂,各州县均改设小学堂,并多设蒙养学堂。"[1] 1902 年 8 月,管学大臣张百熙进呈《高等学堂、中学堂、小学堂章程》等,候旨颁行,此即《钦定学堂章程》(壬寅学制)。[2] 1904 年 1 月,张百熙、荣庆、张之洞覆奏重订学堂章程。同日,清政府颁布该章程,谕即次第推行,此即《奏定学堂章程》(癸卯学制)。[3] 1905 年 9 月,袁世凯、赵尔巽、张之洞等上奏《清帝谕立停科举以广学校》,当即得到批准,行用 1300 年的科举制度被废除。[4] 12 月,学部成立。[5] 新学制的颁行、科举的废除以及学部的成立,对全国的近代教育有着直接的影响,各省的教育体制逐步实现了近代化。对于浙江而言,随着教育体制的近代化,浙江科技教育也开始走上了制度化和规范化发展的轨道。

〔1〕 陈谷嘉,邓洪波.中国书院史资料(下册).杭州:浙江教育出版社,1998:2489.
〔2〕 陈学恂.中国近代教育大事记.上海:上海教育出版社,1981:119.
〔3〕 陈学恂.中国近代教育大事记.上海:上海教育出版社,1981:136.
〔4〕 舒新城.中国近代教育史资料(上册).北京:人民教育出版社,1981:62—66.
〔5〕 陈学恂.中国近代教育大事记.上海:上海教育出版社,1981:153.

一、新式学堂的建立和体系化

戊戌维新期间,浙江各地已经兴建了一批新式学堂,我们在前两节择要进行了讨论。浙江近代的兴学热潮是伴随清政府下兴学诏书以后出现的。1901 年,清政府通令全国改书院为学堂,将省城、府以及州县的书院分别改设为大学堂、中学堂和小学堂。浙江省闻风而动,一时间书院纷纷改为大、中、小学堂。求是书院即于这一年改称求是大学堂,1902 年改名浙江大学堂,1903 年又改称浙江高等学堂。至光绪末年,全省 11 个府的府立中学堂已经遍设,除养正书塾改为杭州府中学堂、储材学堂改为宁波府中学堂外,其余均由书院改建。各州、县也陆续在原有书院的基础上开办新式小学,如杭州的紫阳书院和崇文书院分别改办为仁和县学堂和钱塘县学堂,绍兴的戴山书院和稽山书院分别改办为山阴县学堂和会稽县学堂等。[1]

1905 年,清政府下令废除科举制度以后,浙江和全国各地一样,出现了近代兴学以来的高潮。据统计,1904 年全省共有各类小学堂 165 所,而1906 年至 1909 年的 4 年中,小学堂的数量逐年猛增,分别达到 710 所、1141 所、1497 所和 1870 所。另外,从 1907 年浙江各府、州、县所设普通学堂情况来看,共设立中学堂、高等小学堂、两等小学堂、初等小学堂、半日学堂、女学堂、蒙养院计 1120 所,学生总数为 39285 人。其中,兴办学堂较多的是宁波府属的鄞县、慈溪县、奉化县,绍兴府属的山阴县、萧山县、嵊县,台州府属的黄岩县,温州府属的乐清县、平阳县,以及海宁州。[2]

为了满足培养师资力量的需求,浙江各地在这一时期陆续兴办了师范学堂。浙江最早的师资培训机构附设于学堂内,如 1903 年绍兴府学堂附设师范学堂,1905 年年初浙江高等学堂附设三年制师范完全科和一年制师范简易科。随后,宁波和杭州两地于 1905 年分别设立了两所师范学堂,即宁波府师范学堂和杭州私立初级师范学堂。1907 年,建于 1904 年的杭州女学堂改为杭州女子师范学堂,1911 年改名为浙江官立女子师范学堂。规模最大影响也最大的是浙江巡抚张曾扬奏请设立、以省城贡院旧址改建的浙江官吏两级师范学堂。该学堂于 1908 年 4 月正式开学。此外,绍兴、金华、温州、处州等地也先后设立师范学堂。据光绪末年统计,全省共设立师范学

---

〔1〕　张彬.浙江教育史.杭州:浙江教育出版社,2006:364—365.

〔2〕　有关统计数据和分析参见:张彬.浙江教育史.杭州:浙江教育出版社,2006:366—371.

堂、师范传习所、讲习科等师资训练机构 24 所,学生达 1806 人。[1]

在实业学堂的兴办方面,以省城杭州的城乡为多,各地也兼有办理。杭州设有 3 所蚕桑学堂,包括 1898 年创办的杭州蚕学馆于 1908 年改为浙江官立中等蚕业学堂,另有钱塘县蚕桑学堂和 1907 年开办的蚕桑女学堂。在温州,孙诒让于 1897 年创办的永嘉蚕学馆于 1901 年改为温州蚕桑学堂,1911 年扩充规模定名为温州官立中等农业学堂。此外,在杭州、宁波、绍兴等地还设立了多所商业类的实业学堂。[2]

在新式高等教育方面,首推求是书院,该校于学堂章程颁布以后改名为浙江高等学堂。至于高等专门教育,这一时期除两级师范学堂的优级部外,主要是法政类学堂,如浙江官立法政学堂、浙江私立法政学堂、宁波法政学堂、绍兴法政学堂等。此外,还有一所民办高等实业学堂——浙江铁路学堂,创办人是汤震(汤寿潜)。1905 年 7 月,为抵制美英商人攫取浙江铁路修筑权的企图,浙江绅商在上海集会决定以民间力量自造铁路,成立浙江铁路公司,推举汤震为公司总理。1906 年,在铁路开工兴建时,汤震与公司副理刘锦藻在杭州创办浙江铁路学堂,培养铁路工业人才,办学经费由公司支出。[3]

除上述初等学堂、师范学堂、实业学堂以及高等学堂以外,这一时期在浙江各地还出现了大量的民办学堂,为更多的公众接受教育提供了环境。到 1908 年时,形成了一个从蒙养院、小学堂、中学堂直至高等学堂"门类较为齐备、层次递升有序、能适应当时社会需要的近代教育体系"[4]。浙江近代教育体系的形成,为浙江近代科技教育大的制度化和规范化打下了基础。

二、科技课程设置的规范化

在戊戌维新前后浙江兴办的书院或学堂之中,已经设置了科学技术类的课程,但是大多处于零散不成系统的状态。伴随着新学制的颁行,在浙江各级各类学校中科学技术课程的设置开始走向规范化,这无疑也是浙江近代科技教育走向制度化的一项重要内容。

〔1〕 张彬.浙江教育史.杭州:浙江教育出版社,2006:366—372.
〔2〕 张彬.浙江教育史.杭州:浙江教育出版社,2006:372.
〔3〕 张彬.浙江教育史.杭州:浙江教育出版社,2006:372—373.
〔4〕 汪林茂.浙江通史(第 10 卷),清代卷(下).杭州:浙江人民出版社,2005:239.

　　1904 年清政府颁布的癸卯学制,对普通教育、师范教育以及实业教育等各级各类学堂的课程设置包括科目、程度和时间等都作了具体规定。此后,浙江各地兴办的学堂的课程设置开始有章可循,逐步实现规范化。

　　根据癸卯学制的规定,初等小学堂学习年数以 5 年为限,教授修身、读经讲经、中国文字、算术、历史、地理、格致、体操等 8 门科目,亦可加设图画、手工等科目。[1] 这些科目在浙江初等小学堂中得到了落实。据《浙江教育官报》第 8 期所载《处州府松阳县各学堂调查表》给出的松阳县古市初等小学堂(创办于光绪三十一年,即 1905 年)课程表可知,上述 8 门课程均被列入其中,另外增加了图画和音乐课程[2],与癸卯学制的规定基本一致。

　　高等小学堂学习年数以 4 年为限,教授修身、讲经读经、中国文学、算术、中国历史、地理、格致、图画、体操等共 9 门课程,尚可视地方情形,附加手工农业商业等科目。[3] 同样,这些科目也在浙江高等小学堂中得到了落实。仅以《浙江教育官报》第 8 期收录的诸暨县翊忠高等小学堂的课程表[4]为例即可说明,当时浙江高等小学堂中的课程设置与癸卯学制的规定完全一致,设置了规定开设的 9 门课程。

　　中等学堂学习年数以 5 年为限,学习修身、讲经读经、中国文学、外国语(东语、英语或德语、法语、俄语)、历史、地理、算学、博物、物理和化学、法制

---

　　[1]　参见:舒新城.中国近代教育史资料(中册).北京:人民教育出版社,1981:414—416. 其中,对于初等小学堂算术科目的设置,其主要目的是:"在使知日用之计算,与以自谋生计必需之知识,兼使精细其心思。当先就十以内之数示以加减乘除之方,使之纯熟无误,然后渐加其数直万位而止,兼及小数;并宜授以珠算,以便将来寻常实业之用。"而初等小学堂格致科的要义则是:"在使知动物植物矿物等类之大略形象质性,并各物与人之关系,以备有益日用生计之用。惟幼龄儿童,宜由近而远,当先以乡土格致。先就教室中器具、学校用品、及庭园中动物植物矿物(金石煤炭等物为矿物),渐次及于附近山林川泽之动物植物矿物,为之解说其生活变化作用,以动其博识多闻之慕念。"

　　[2]　参见:汪林茂.浙江通史(第 10 卷),清代卷(下).杭州:浙江人民出版社,2005:245.

　　[3]　参见:舒新城.中国近代教育史资料(中册).北京:人民教育出版社,1981:429—431. 高等小学堂算术科要义在于"使习四民皆所必需之算法,为将来自谋生计之基本。教授之时,宜稍加以复杂之算术,兼使习熟运算之法"。对于高等小学堂格致科目的要义,则在于"使知动物植物矿物等类之形象质性,并使知物与物之关系,及物与人相对之关系,可适于日用生计及各项实业之用,尤当于农业工业所关重要动植矿等物详为解说,以精密其观物察理之念"。

　　[4]　参见:汪林茂.浙江通史(第 10 卷),清代卷(下).杭州:浙江人民出版社,2005:245.

及理财、图画、体操等 12 门科目,其中法制及理财不作严格要求。[1] 我们看到,中等学堂阶段增开了几门新课,如外国语、物理及化学等。我们从当时金华府中学堂(创办于光绪二十九年,即 1903 年)的课程表[2]中可以了解到,除了历史课未开设,而增加了音乐课以外,其他课程均得以在学校规定课程中正常开设。这就表明,癸卯学制中规定的相关课程在浙江中等学堂基本上得到了落实。

对于高等教育,《奏定高等学堂章程》规定,"高等学堂各省城设置一所"。当时,高等学堂学科分为三类:第一类学科为预备入经学科、政法科、文学科、商科等大学者治之;第二类学科为预备入格致科大学、工科大学、农科大学者治之;第三类学科为预备入医科大学者治之。各类学科学习年数,均以 3 年为限。1903 年由求是大学堂改名而来的浙江高等学堂即是浙省内的唯一一所高等学堂。据记载,浙江高等学堂学科分第一、第二两类,课程均照《奏定高等学堂章程》[3]的规定所设。[4] 第一类学科可以不习数学和物理等科学课程,但是如果有志入大学之经学理学科者,需要习此二门课

───────────

〔1〕 参见:舒新城编.中国近代教育史资料(中册).北京:人民教育出版社,1981:501—506.
对于新增的"物理及化学"的教法要求是:"讲理化之义,在使知物质自然之形象并其运用变化之法则,及与人生之关系,以备他日讲求农工商实业及理财之源。其物理当先讲物理总纲,次及力学、音学、热学、光学、电磁气;其化学当先讲无机化学中重要之诸元质及其化合物,再进则讲有机化学之初步,及有关实用重要之有机物。凡教理化者,在本诸实验,得真确之知识,使适于日用生计及实业之用。"对算学的教法有如下规定:"先讲算术(外国以数学为各种算法总称,亦犹中国《御制数理精蕴》定名为数之意,而其中以实数计算者为算术,其余则为代数、几何、三角。几何又谓之形学,三角又谓之八线);其笔算讲加减乘除、分数小数、比例百分算,至开平方开立方而止;珠算讲加减乘除而止。兼讲簿记之学,使知诸帐簿之用法,及各种计算表之制式;次讲平面几何及立体几何初步,兼讲代数。凡教算学者,其讲算术,解说务须详明,立法务须简捷,兼详运算之理,并使习熟于速算。其讲代数,贵能简明解释数理之问题;其讲几何,须详于论理,使得应用于测求求积等法。"对博物学科的教法要求有如下规定:"其植物当讲形体构造,生理分类功用;其动物当讲形体构造,生理习性特质,分类功用;其人身生理当讲身体内外之部位,知觉运动之机关及卫生之重要事宜;其矿物当讲重要矿物之形象性质功用,现出法、鉴识法之要略。"
〔2〕 汪林茂.浙江通史(第 10 卷),清代卷(下).杭州:浙江人民出版社,2005:245.
〔3〕 根据《奏定高等学堂章程》(1904),高等学堂第二类学科科学类课程要求达到的程度和授课时间长度分别为:对于算学,第一年学习代数、解析几何,每星期 5 课时,第二年学习解析几何、三角,每星期 4 课时,第三年学习微分、积分,每星期 6 课时;对于物理,第一年不开设此课,第二年学习力学、物性学、声学、热学,每星期 3 课时,第三年学习光学、电气学、磁气学,每星期 3 课时;对于化学,第一年不开设,第二年学习化学总论、无机化学,每星期 3 课时,第三年学习有机化学,每星期 5 课时(讲义 3 课时,实验 2 课时);对于地质及矿物课程,只在第三年开设,学习地质学大意、矿物种类形状及化验,每星期 2 课时。参见:舒新城编.中国近代教育史资料(中册).北京:人民教育出版社,1981:561—566.
〔4〕 张彬.从浙江看中国教育近代化.广州:广东教育出版社,1996:153.

程。第二类学科则将科学类课程作为主课来设置。

对于实业学堂的课程设置,癸卯学制也作出了相应的规定。浙江的实业学堂在课程设置中,落实了癸卯学制的有关规定。如,1906年汤震创建的民办高等实业学堂浙江铁路学堂,最初为中等专业学堂性质,招营业速成科和测绘生,学制1年;1908年招正科生,设建筑、机械、营业三科,其中建筑和机械科学制为3年,属高等专门教育,课程按照学部关于高等工业学堂土木科和机械科课程的规定设置,并参照东西各国铁路专门学校所授学科及铁路公司急需的技术而定。[1]

对于师范教育中的课程设置,浙江遵照《奏定学堂章程》有关规定[2],在初级师范学堂完全科设置修身、读经讲经、中国文学、教育学、历史、地理、算学、博物、理化、习字、图画、体操等课程,每周教学时数36小时,修业年限5年;在简易科设置修身、中国文学、教育学、历史、地理、数学、理化、图画、体操等,每周教学时数为36小时,修业年限1年;在女子师范学堂设置修身、教育学、国文、历史、地理、算学、格致、图画、家事、裁缝、手艺、音乐、体操等,每周教学时数为34小时,修业年限4年。[3]

1908年,浙江两级师范学堂正式开学,分为初级、优级两部授课。初级部分学制2年,培养小学堂教员。优级部分设史地、理化、博物、算学四科,学制3年,培养初等师范学堂和中学堂教员。该四科除共同开设教育学、心理学、英语、体操等科目外,数学科设有代数及解析几何、微积分、物理、天文、簿记、器画等科目;理化科还设有物理、化学、数学、生理等科目;博物科设有植物、动物、矿物等科目。[4]

对于各级各类实业学堂的课程设置,《奏定学堂章程》也有详细规定。浙江各类实业学堂的课程设置大致与章程要求相符合。如杭州蚕学馆,1906年将学制由2年改为3年,名称亦于次年遵章改称浙江中等蚕桑学堂。《奏定学堂章程》规定中等农业学堂蚕桑科开设课程包括:普通科目有修身、中国文学、算学、物理、博物、农业理财大意和体操共7门,蚕业实习科目有蚕体解剖、生理及病理、养蚕及制种、制丝、桑树栽培、气候、农学大意和实习共计8门。[5]这些科目设置与原来杭州蚕学馆所设课程大致相同。

〔1〕张彬.浙江教育史.杭州:浙江教育出版社,2006:373.
〔2〕《奏定学堂章程》对初等师范学堂完全科所开设科学课程的"分科教法"都提出了具体要求。参见:舒新城.中国近代教育史资料(中册).北京:人民教育出版社,1981:665—679.
〔3〕《浙江教育简志》编纂组.浙江教育简志.杭州:浙江人民出版社,1988:135.
〔4〕《浙江教育简志》编纂组.浙江教育简志.杭州:浙江人民出版社,1988:135—136.
〔5〕舒新城.中国近代教育史资料(中册).北京:人民教育出版社,1981:750.

再如浙江工业学堂附设的实业教员讲习所,其染织科开设课程计有:修身、图画、毛笔画、化学、几何、代数、算术、英文、国文、体操、教授法、染色学、机图、机织原理、解剖、分析化学等。[1]

综上所述,我们看到,癸卯学制颁行以后的几年时间里,浙江省各级各类学堂都不同程度地设置了科技类课程,并且基本上与癸卯学制规定的科技课程设置完全一致。从此,科技教育逐渐在全省范围内得到普及和发展,这是浙江近代科技教育体制得以初步形成的重要标志。

第四节　清末浙江教会学校与留学生的科技教育

鸦片战争之后,教会学校在浙江的出现和发展,在客观上起到了传播西方科学知识的作用,因而也促进了浙江科技教育的近代化。而浙江的留学活动则始于洋务运动以后,留学生在国外接受了西方科技和文化教育,回国后成为中国现代科学技术和社会文化事业的重要力量。本节对浙江的教会学校和浙籍留学生的科技教育活动进行简要叙述。

一、浙江教会学校的科技教育

科技教育是教会学校教育的重要组成部分。传教士在教会学校推行科技教育的目的在于培养学生的宗教信仰,力图促使宗教与科学联盟,最终为其推进传教事业服务。随着教会学校的建立和发展,教会学校的科技教育水平也获得了提升。在教会学校发展的不同阶段,其科技教育也呈现出不同的特点。以甲午为界,浙江教会学校的科技教育可以大致分为前后两个阶段。

前一阶段开始于第一次鸦片战争以后。我们在第二章提到,1844年宁波开埠后,西方传教士进入浙江,创办教会学校,传播西方宗教文化,同时也带来了西方科技知识。1844年,英国东方妇女教育促进会传教士爱尔德赛在宁波创办了一所女塾,这是浙江第一所洋学堂,也是中国历史上第一所女子学堂。1845年,美国长老会在宁波开办了一所男童寄宿学校——崇信义塾,此校为浙江境内最早的男子洋学堂,1867年迁杭州,改名为育英义塾,是杭州之江大学的前身。自此以后,美国浸礼会、监理会,英国圣公会、循道

〔1〕《浙江教育简志》编纂组.浙江教育简志.杭州:浙江人民出版社,1988:161.

会也陆续在宁波开设男女书塾。据统计,至 1866 年,各国教会在宁波共创办义塾 2 所、学堂 7 所,学生 124 人。学校和学生的数量,仅次于广东。[1] 第二次鸦片战争后,传教士获得了向内地传教的自由,教会学校开始从宁波向浙江各地扩展。1865 年,美国教会在慈溪开设圣约翰小学。1867 年,美国南长老会在杭州创办贞才女塾。1874 年,美国长老会在温州创设崇德学堂。[2] 1875 年,法国天主教会在绍兴创办若瑟学校。1876 年,英国圣公会也在绍兴创办了一所女子学校。[3]

这一时期的教会教育是直接服务于外国教会在中国传教的需要,办学校的目的是为了吸引更多的中国人相信基督教,加入教会组织,同时培养和发展本地的神职人员。因此,教会学校的主要教学内容是天主教或基督教教义。[4] 不过,此时的教会学校也大都设有浅显的科学课程,程度大致为小学水平。如宁波女塾的课本中,含有"浅近之科学书籍"[5]。此外,这一时期教会学校尚未有统一规范的科学教科书,大多为教会学校的教师根据学生的水平自行编译,程度也较低。这种状况直到 19 世纪末 20 世纪初才得以改变。

甲午之后,尤其是庚子之后,随着人们对西学重视程度的增加,愿意进入教会学会就读的学生人数有所增加,加之此时浙江各地官绅都在积极兴办新式学堂,外国教会也利用此时机在各地创小学校,所以教会学校数量大增。据统计,到 1917 年时,全省各类教会学校共 128 所,其中男子学校 113 所,女子学校 15 所;学生达 5188 人;教员共 466 人,其中中国教员 363 人,外国教员 103 人。[6] 在教会学校数量增加的同时,传教士的办学思想也开始发生变化,主张对学生进行包括基督教教义和现代科学在内的"系统的知识教育"。在这种思想的指导下,这一时期浙江的教会学校逐步开始建立系统的近代教育机构。[7] 如,小学有 1898 年美国基督教浸礼会在金华设立的作新小学堂、1909 年天主教会在开化创办的华埠初级小学堂、1902 年天主教会在天台设立的光启小学堂、1903 年英国基督教圣公会在绍兴设立的英华初等学堂、1908 年美国基督教会在杭州设立的正则小学堂等;中学则

〔1〕 李楚才.帝国主义侵华教育史料(教会教育).北京:教育科学出版社,1987:12.
〔2〕 《浙江教育简志》编纂组.浙江教育简志.杭州:浙江人民出版社,1988:237.
〔3〕 汪林茂.浙江通史(第 10 卷),清代卷(下).杭州:浙江人民出版社,2005:252.
〔4〕 汪林茂.浙江通史(第 10 卷),清代卷(下).杭州:浙江人民出版社,2005:252.
〔5〕 李楚才.帝国主义侵华教育史料(教会教育).北京:教育科学出版社,1987:12.
〔6〕 《浙江教育简志》编纂组.浙江教育简志.杭州:浙江人民出版社,1988:238.
〔7〕 汪林茂.浙江通史(第 10 卷),清代卷(下).杭州:浙江人民出版社,2005:253—254.

有 1899 年美国北浸礼会在杭州创办的蕙兰书院,以及 1903 年增设的蕙兰女学堂、1900 年美国男长老会在嘉兴创办的秀州中学、1903 年英国基督教传教士由永嘉艺文学塾改设的艺文中学堂、1903 年法国天主教会在宁波创建的中西毓才学堂、1903 年美国浸礼会在宁波创办的浸礼中学堂(养正书院)、1907 年英国圣公会在绍兴创办的承天中学堂。1904 年英国圣公会广济医院还在杭州创办了一所广济产科学堂。影响更大的是 1897 年开办的育英书院。该校前身是我们前面已经提及的 1845 年创办于宁波的崇信义塾。1867 年,崇信义塾迁至杭州,易名育英义塾。1880 年,学校达到中学教育程度。1897 年,育英义塾改名为育英书院,开办高等教育。1911 年又改名为之江学堂,三年后改称之江大学,成为浙江重要的高等学府之一。所以,到清末时,浙江已经形成了"独立于中国教育主权之外的一个较完整的半殖民地性质的近代教育体系"[1]。

从教会学校的教育内容来看,这一时期也相对于前一时期发生了一定程度的转变,主要是从只注重宗教教义的灌输,转向在灌输教义的同时也重视科学知识等普通知识的传授。例如,1844 年开办的宁波女塾,"开办时课程比较简单,主要是圣经、国文、算术等,以后逐渐增加西学"[2]。到 1890 年时,"所开课程有圣经以及讲述耶稣和使徒故事的道学、国文以及作文、世界史地、格致、生理、数学、音乐、体操"[3],加大了科学课程的分量。育英义塾自 1880 年以后,科学类课程也有所增加,开设了算术、代数、几何、地理、化学等课程。[4] 所以,到清末时,浙江教会学校的课程设置已经构成了"一个比较完整的近代科学文化知识体系"[5]。

传教士开办教会学校的目的是传教,但是教会学校的社会功能却不止于传教。它对中国传统教育的制度、思想、内容和方法产生了有力的冲击,对浙江教育的近代化起到了示范、普及和启蒙的作用。[6] 同时,我们也看到,教会学校也为西方科技知识在浙江的传播以及浙江科技教育的近代化作出了重要贡献。

〔1〕 汪林茂.浙江通史(第 10 卷),清代卷(下).杭州:浙江人民出版社,2005:254.

〔2〕 《浙江教育简志》编写组.浙江教育简志.杭州:浙江人民出版社,1988:239.

〔3〕 《浙江教育简志》编写组.浙江教育简志.杭州:浙江人民出版社,1988:239.

〔4〕 朱有瓛,高时良.中国近代学制史料(第四辑).上海:华东师范大学出版社,1993:626;汪林茂.浙江通史(第 10 卷),清代卷(下).杭州:浙江人民出版社,2005:254.

〔5〕 汪林茂.浙江通史(第 10 卷),清代卷(下).杭州:浙江人民出版社,2005:254.

〔6〕 郑生勇.教会学校对浙江教育近代化的影响.浙江社会科学,2004(3):184—187.

二、浙江留学生的科技教育

鸦片战争以后,面对西方国家的"船坚炮利"和清政府的无力抵抗,有识之士逐渐认识到,这已不是"用夏变夷"所能解决的,因此学习西方成为一种必由之路。从以"自强"为目的的洋务运动开始,一批批中国人开始出国留学。在当时中国人的心目中,国家富强与科学技术之间的关系已经非常紧密,所以他们认为,学到西方的科学技术就可以解除民族危机,带来国家的富强与独立。在这种思想指导下,近代留学生所学科目往往以西方科学技术为主,在美国、英国、法国、日本、比利时、德国等国家接受科技教育。这些留学生回国后,大部分成为中国新教育、新文化的开创者。[1]

在这股出国留学热潮之中,浙江以及浙籍人士扮演了比较重要的角色。总起来说,晚清期间浙江留学生的派遣,大致可以分为四种类型:一是中央选派幼童留美;二是传教士资助出国留学;三是浙江地方政府选派留学生;四是自费出国留学。与各省相比,浙江的留学生派遣,起步早,人数多,其中尤以赴日本留学生为多。赴欧美的留学生,在国外学习时间普遍较长,他们回国后对浙江乃至中国科技与教育近代化所起到的作用,直到 20 世纪 20 年代前后才彰显出来。考虑到对于浙江的留学生派遣及其影响的一般情况,学界多有论及[2],所以这里只择取几个具体个案探讨浙江留学生的科技教育活动与影响问题。

(一)留美幼童的派出

浙江人赴国外留学开始于 19 世纪 70 年代,这与清政府于这一时期开始有计划地选派幼童赴美留学直接相关。清廷于 1872—1875 年分四批派遣官费留学生赴美国留学,每批各 30 人。这些留美学生在美国很快适应了环境,并进入小学、中学和大学学习。这几批留学生主要是以学习深造海军专门技术为主的,同时他们的思想观念也发生了一些变化。在这四批官费留学生中,第二批(1873 年)、第三批(1874 年)和第四批(1875 年)都有选自浙江的学生,共有 8 人。[3] 这是浙江最早的一批出国留学生。但是,由于

〔1〕 董光璧.中国近现代科学技术史.长沙:湖南教育出版社,1997:343.

〔2〕 参见:张彬.从浙江看中国教育近代化.广州:广东教育出版社,1996:158—179;汪林茂.浙江通史(第 10 卷),清代卷(下).杭州:浙江人民出版社,2005:255—264.

〔3〕 汪林茂.浙江通史(第 10 卷),清代卷(下).杭州:浙江人民出版社,2005:255.

种种原因,这些留美学生未能按计划完成学业,而于 1881 年夏开始分批撤回国内。就在留美幼童开始撤回国内的这一年,金韵梅受到传教士的资助,得以成为中国出国留学的第一位女西医,第五章已论及。

(二)1908 年浙江第一次考选欧美留学生

浙江地方政府选派留学生开始于甲午战后。1897 年,杭州知府林启选派蚕学馆学生嵇侃、汪有灵赴日本学习蚕丝技术。次年 5 月,总理衙门咨请东南各省督抚选派学生赴日留学。浙江巡抚廖寿丰除了按照规定选了 4 名文学生外,还选派了 4 名武学生赴日留学。庚子以后,浙江派遣留学生人数有所增加。仅 1901 年、1902 年两年里,浙江大学堂咨送许寿裳等 28 人赴日留学。杭州府中学堂在 1902 年也选派了 5 名高才生到日本留学。据统计,1903 年浙江在日本学生共 153 人。1904 年,浙江当局开始有计划地选派留学生,当年选派赵熙光等 18 人赴日学习法政。1905 年,由省学务处从各属的举贡生监中选取稍通普通学和外语者 100 人赴日学习完全师范,学习期限 3 年。这是当时规模最大的一次派遣留学生活动。1906 年,巡抚张增敫饬令各属选派学生出洋专习路政科,以为本省培养铁路工程技术人员。此外还有自费出国留学者多人。到 1904 年时,浙江留日学生达到 191 人。这一时期留学日本人数可观,但是"所派出的学生程度参差不齐,多数尚能抓紧学习,但也有一些人只到日本作短期镀金",无疑会影响到留学教育的质量和成效。[1]

针对早期留学教育中存在的这些问题,有识之士提出要学习外国的先进技术,不应只局限于日本,而应当向更先进的欧美国家派遣留学生,而且选派留学生必须规范化。[2] 1907 年,在上海的浙江旅沪学会召开会议,讨论要求浙江派遣欧美公费留学生的提案。浙江旅沪学会委托汤寿潜与浙江巡抚增韫接洽此事。汤寿潜欣然赞同,经多次接洽,终于获得巡抚同意,"在盐斤加价项下,每年拨出银三万两,派遣留欧美学生二十名,卒业回国,按额递补"[3]。浙江旅沪学会多次开会商议具体事项,认为以往派遣留学生成效不显著的原因在于:"一、由官方指派,官绅子弟,滥竽充数,一到国外,游荡不学,一无所成;二、留学生程度不齐,留学国外,也无法听讲;三、不经严

---

〔1〕 汪林茂.浙江通史(第 10 卷).清代卷(下).杭州:浙江人民出版社,2005:255—258.

〔2〕 汪林茂.浙江通史(第 10 卷).清代卷(下).杭州:浙江人民出版社,2005:258.

〔3〕 沈飏民.记浙江第一次考选欧美留学生.浙江文史资料选辑(第 11 辑),1978:19.

格考试,本国文字不通,易养成洋奴,为列强作帮凶。"[1]鉴于这些原因,浙江旅沪学会提出了选派欧美留学生的办法[2]:

一、经严格考试、杜绝广遣私人,虚占学额,不但贻笑外人,抑也为国人所痛心疾首;

二、选派欧美学生宜采取公开招考办法,应考者不拘是否毕业,有无文凭,由各中学堂以上之学校,遴选浙籍品学兼优的学生,定期在省城举行考试;

三、考试科目,应有国文、历史、地理、数学、物理、化学、外国语(包括英、法、德文),其中除国文一科外,均以外国语出题,应试者以外国语回答,但首先重视国文有根柢者,方得入选。

浙江旅沪学会将这些意见以公函形式寄给浙江省提学使,同时得到杭州教育总会的支持。浙江提学使委托旅沪学会协助办理考试的组织和出题、阅卷工作。经过反复商讨,浙江提学使分别在杭州、上海两处公开登报招考浙籍留欧美学生20名。不几日,杭州、上海两地报考者达500多名,实际参加考试者约200人。经过5天的严格考试,最后由提学使张榜公布,录取20名,名单如表7-1所示(谢永林已在英国留学,作为"特补",未列入此表中)。[3]

表7-1　1908年浙江第一次考选欧美留学生录取名单

姓　名	籍　贯	年　龄	考试成绩	派往国别	学习科目
蔡光勋	石门	20	92.6	美国	矿学
胡文耀	鄞县	24	90.3	比利时	工科
严鹤龄	余姚	29	77.5	美国	法科
徐新陆	钱塘	19	75.5	英国	造船学

[1]　沈砥民.记浙江第一次考选欧美留学生.浙江文史资料选辑(第11辑),1978:19—20.
[2]　沈砥民.记浙江第一次考选欧美留学生.浙江文史资料选辑(第11辑),1978:20.
[3]　来源:汪林茂.浙江通史(第10卷),清代卷(下).杭州:浙江人民出版社,2005:259—260.此表是该书作者据《浙江教育官报》第4期《报告类》的有关内容制成的。作者已指出,"可能是该表刊出有误,或者是后来作了更改,表上一些学生的留学国别与事实有误,如徐新陆、钱宝琮实际上是去英国留学。又据《浙江清理财政局说明书》载,这20名学生派往国别分别是:美国10名,英国7名,比利时3名"。据此,我们已将表中徐新陆、钱宝琮派往国别改为英国。

续表

姓 名	籍 贯	年 龄	考试成绩	派往国别	学习科目
孙显惠	仁和	22	75.2	美国	矿学
翁文灏	鄞县	20	74.7	比利时	铁路工科
沈慕曾	会稽	22	73	美国	铁路工科
韦以甫	归安	23	72.1	美国	工艺化学科
徐名材	鄞县	19	69.9	美国	工艺化学科
包光镛	鄞县	26	69.7	美国	工艺化学科
葛燮生	钱塘	19	69.5	美国	电器机械
张善扬	乌程	19	68.5	美国	电器机械
叶树梁	慈溪	24	67.5	美国	法科
钱宝琮	秀水	17	67.2	英国	铁路工科
胡衡青	秀水	24	66.7	美国	铁路工科
孙文耀	嘉善	20	66.4	比利时	铁路工科
章祖纯	乌程	25	66.3	美国	应用化学科
胡祖同	鄞县	20	65.1	美国	商科
丁紫芳	山阴	22	64.6	美国	铁路工科

1908 年 8 月,第一批考选留学生启程赴欧美。

这次考选的留欧美学生,按照规定"应选读理工诸科"[1]。从表 7-1 中可以看出,这批留学生中,学习文科和商科的只有 2 人,其余都是学习理工科的。这对于浙江和全国的近代科技教育发展而言具有重要意义。更为重要的是,这批留学生中出现了几位致力于科学研究事业的杰出人才。

翁文灏(1889—1971),1912 年获比利时鲁汶大学博士学位,是中国第一位地质学博士。1913 年回国,任工商部地质研究所讲师、教授,后成为中国著名地质学家。[2]

---

〔1〕 沈飐民.记浙江第一次考选欧美留学生.浙江文史资料选辑(第 11 辑),1978:23.

〔2〕 石宝珩,潘云唐.翁文灏.《科学家传记大辞典》编辑组.中国现代科学家传记(第五集).北京:科学出版社,1994:334—345.

钱宝琮(1892—1974),1908 年赴英国伯明翰大学土木工程系学习,1911 年毕业,获工程(理学)学士学位。1912 年起,先后在苏州中等工业学校、南开大学、中央大学、浙江大学数学系任教员、副教授、教授。1920 年前后,开始从事中国数学史研究,是该学科奠基人之一。1956 年调中国科学院,任自然科学史研究室一级研究员,为科学史研究的发展、专业人才的培养作出了重要贡献。[1] 世界著名科技史家、英国剑桥大学李约瑟(Joseph Needham,1900—1995)博士曾这样评价:"在中国的数学史家中,李俨和钱宝琮是特别突出的。钱宝琮的著作虽然比李俨少,但质量旗鼓相当"[2]。1998 年,钱宝琮和李俨(1892—1963)两位中国数学史大师的科学史全集已由辽宁教育出版社出版问世。

上述这些留学生回国后在科学技术研究和教育等方面取得的杰出业绩有力地证明了,这次浙江考选欧美留学生是卓有成效的。此外,这次考选留欧美学生的意义还表现在,它是"浙江派遣留学生规范化、制度化的标志"[3]。

(三)1909—1911 年选派的浙籍庚款留美学生

1908 年,美国政府宣布退还"庚子赔款"的"余额",退款用于派遣中国学生留学美国。中美双方商定,自拨还赔款之年起,开始 4 年每年派遣学生约 100 名赴美留学,自第 5 年起,每年至少续派 50 名,直至退款用完为止。学生名额按照各省所摊赔款数目分配。选拔考试非常严格,需要通过初试和复试才能入选。考试科目包括经义、历史、地理、英文、高等代数、平面几何、平面三角、物理、化学等。1909—1911 年,游美学务处共分三次招考三批庚款留美学生,全国录取人数分别为 47 人、70 人和 63 人,其中浙籍学生人数分别为 8 人、14 人和 7 人,具体名单如表 7-2 所示。[4]

---

〔1〕 参见:何少庚.钱宝琮.《科学家传记大辞典》编辑组.中国现代科学家传记(第六集).北京:科学出版社,1994:23—32;钱永红.一代学人钱宝琮.杭州:浙江大学出版社,2008.

〔2〕 [英]李约瑟.中国科学技术史(第三卷数学).《中国科学技术史》翻译小组译.北京:科学出版社,1978:5.

〔3〕 汪林茂.浙江通史(第 10 卷),清代卷(下).杭州:浙江人民出版社,2005:260.

〔4〕 此表系根据《浙江通史》(第 10 卷),清代卷(下)中的相关研究成果整理而成.参见:汪林茂.浙江通史(第 10 卷),清代卷(下).杭州:浙江人民出版社,2005:261.

表 7-2 1909—1911 年选派的浙籍庚款留美学生情况

年 份	姓 名	籍 贯	所学专业	年 份	姓 名	籍 贯	所学专业
1909	王士杰	奉化	文学哲学	1910	徐志诚	定海	教育学
1909	王 琎	黄岩	化工	1910	竺可桢	会稽	气象
1909	邢契莘	嵊县	造船	1910	沈溯明	乌程	化学
1909	金 涛	绍兴	土木工程	1910	施赞元	钱塘	医科
1909	邱培涵	湖州	农商	1910	孙 恒	仁和	财政银行学
1909	徐承宗	慈溪	文科	1910	柯成懋	平湖	化工
1909	陈庆尧	镇海	化学	1910	张宝华	平湖	化工
1909	谢兆基	湖州	化工	1910	徐志芗	定海	电机
1910	张漠实	鄞县	电机	1910	沈祖伟	归安	铁道工程
1910	程闳运	山阴	文学	1911	陈德芬	县籍不明	土木工程
1910	钱崇树	海宁	植物	1911	邱崇彦	县籍不明	化学
1910	陈天骥	海盐	土木工程	1911	朱起蛰	县籍不明	商学
1910	周象贤	定海	卫生工程	1911	高大纲	县籍不明	专业不明
1911	姜立夫	平阳	数学	1911	严 昉	县籍不明	土木工程
1911	赵文锐	县籍不明	政治学				

在这三批庚款留美学生中,浙江共选派 29 人。他们之中,学习文科的只有 7 人,还有 1 人专业不明,其余都是理工农医科学生,约占 70%,即在留学期间主要接受科技教育。在浙籍庚款留学生中,出现了几位在中国科学发展史上占有重要地位的科学家。

第一批留美的王琎(1888—1966),1915 年毕业于里海大学。同年回国,历任湖南工业专门学校和南京高等师范学校教授、化学系主任,中央研究院化学研究所第一任所长。1934 年再度赴美进修,1936 年获明尼苏达大学硕士学位。回国后,历任四川大学教授、浙江大学理化系教授兼系主任、浙江大学师范学院院长、理学院代理院长及杭州大学教授等职。他专长于分析化学和化学史研究,是中国现代著名化学家和化学史家。[1]

第二批留美的竺可桢(1890—1974),1913 年毕业于美国伊利诺伊大学农学院,同年转入哈佛大学地理系,1918 年获博士学位。历任武昌高等师

---

〔1〕 王启东.王琎.《科学家传记大辞典》编辑组.中国现代科学家传记(第二集).北京:科学出版社,1991:210—213.

范学校、南京高等师范学校、东南大学、南开大学教授,中央研究院气象研究所所长,浙江大学校长等职。1948 年当选为中央研究院院士。新中国成立后任中国科学院副院长。当选为中国气象学会会长、中国天文学会副会长、中华全国科学技术协会副主席。1955 年当选为中国科学院学部委员,后当选为生物学地学部主任。竺可桢先生是中国现代著名气象学家、地理学家、天文学史家,为发展中国的科学和教育事业作出了多方面的重要贡献。[1]

　　第三批留美的姜立夫(1890—1978),浙江平阳人,又名姜蒋佐,1919 年以论文《非欧空间直线球面变换的几何学》获哈佛大学博士学位。1920 年起任南开大学教授,创办算学系,培养了陈省身(1911—2004)、江泽涵(1902—1994)等数学名家,成为中国现代数学事业的开拓者之一。抗战期间在昆明筹办中央研究院数学研究所,并于 1948 年在上海正式成立时任所长。1948 年当选中央研究院院士。1949 年之后在岭南大学、中山大学任教,中国现代著名数学家。[2]

　　在这些留学生中,还有一些回国后在科学和教育事业上作出贡献的学者,这里不再一一展开论述。

　　〔1〕　沈文雄.竺可桢.《科学家传记大辞典》编辑组.中国现代科学家传记(第五集).北京:科学出版社,1994:346—361.

　　〔2〕　黄树棠,林伟.姜立夫.《科学家传记大辞典》编辑组.中国现代科学家传记(第二集).北京:科学出版社,1991:6—12.

结　语

晚清是浙江科学技术发展的重要时期。概括地说,晚清浙江科学技术
发展的特点是,一方面,西方近代科学技术在浙江获得广泛传播和普及,浙
江初步实现了科学技术近代化;另一方面,在传统中国科学技术领域也涌现
了若干富有创新意义的研究成果。与此同时,晚清浙江科学技术的发展也
有其相对缓慢和落后的一面。

如前文所述,近代数学、物理学、化学、天文学、地理学、生物学、农学、医
药学等科学,都在鸦片战争后不同程度地传入了浙江。李善兰、张福僖、周
郇、郑昌棪、舒高第、王汝骋、谢洪赉、樊炳清、沈纮、刘廷桢等浙籍学人在翻
译和引进西方近代科学理论方面作出了突出的贡献。教会学校、医院以及
新式书院、学堂在浙江的建立与发展,也促进了西方科学技术在浙江的传播
和普及。

值得指出的是,浙江近代企业是科学技术传播和普及的重要渠道和载
体,为促进晚清时期西方科学技术在浙江的传播和普及起到了极为重要的
作用。浙江最早的近代企业是外国人创办的。在宁波开埠的第二年,即
1845年,美国长老会将原设在澳门的印刷所迁至宁波,命名为宁波华花圣
经书房。在原有印刷机械的基础上,华花圣经书房又从美国、德国等国家购
置了印刷机器,并使用了电镀字模方法,带有了近代工业的某些特征。华花
圣经书房编译出版了大量宗教和科学方面的著作,促进了近代科学技术的
传播。19世纪60年代开始直至19世纪末,浙江当局试办了洋务军事工
业,与此同时,浙江开始出现私人资本经营的近代民用企业,主要集中在棉
纺、缫丝、火柴、石印、焙茶、面粉、采煤以及航运等实业方面。20世纪初年,
浙江出现了历史上第二次兴办实业的高潮,所创办企业涉及纺织、火柴、造
纸、水电、机器、印刷、矿业等多个行业门类,并在交通运输工具的变革、信息

技术的应用以及农业技术的推广方面取得了重要进展,西方近代科学技术在浙江得到了空前的普及和推广。

晚清时期,在西方科学技术不断得到传播和普及的同时,浙江在传统科学技术领域也有所发展。汪曰桢的历史年代学研究、李善兰的垛积术和《麟德历》研究以及劳乃宣的古筹算研究,在传统天算研究领域具有重要的学术价值。龚振麟在传统金属型铸造技术的基础上创用的铁模法铸造火炮技术,与现代铸造学对金属型的认识是一致的。中医学方面,出现了王士雄、吴尚先、陆以湉等中医名家,他们的理论和著作具有深远的影响。此外,浙江学者在经典医籍研究方面的著作以及利济医学著作,都颇值得称道。浙江民间一些传统手工制作工艺技术也在晚清时期发展到了鼎盛之时,出现了一些极具代表性的字号和产品,有些产品在国际上声名远扬。这些传统科学技术和医学领域的成果,或者具有不同程度的突破和创新,或者在传统科学技术思想和方法的传承上具有重要意义,因而在晚清中国科技史上占有较为重要的地位。

晚清时期浙江科学技术的发展和进步,与这一时期浙江对科学技术的社会作用和地位的认识不断提高密切相关。

19世纪初年前后,面对紧迫的社会危机,有识之士秉承实学思想传统,提倡通经致用,主张实行社会改革,出现了经世致用的社会思潮,科学技术受到了社会的重视。正是在这种思潮的影响下,道光、咸丰年间,浙江涌现了项名达、戴煦、徐有壬、李善兰、汪曰桢和夏鸾翔等著名科学家,形成了一个活跃的天算研究群体。他们大大推进了对中国传统天算,以及明末清初传入我国的某些数学和天文学问题的研究,并为国人认知和接受鸦片战争后传入我国的西方近代科学技术做好了知识上的准备。

鸦片战争以后,人们逐渐认识到科学技术是强兵制夷的重要手段。当时的有识之士林则徐、魏源等,较早地认识到先进的科学技术在战争中的重要作用,并提出"师夷之长技以制夷"的口号。实际上,他们将科学技术看作强兵御夷的重要手段和措施。在这样的社会背景下,浙江海宁李善兰在《重学》"序"中写道:"今欧逻巴各国日强盛,为中国边患,推原其故,制器精也。推原制器之精,算学明也",并提出"异日人人习算,制器日精,以威海外各国,令震慑奉朝贡"。我们看到,李善兰的这种"明算制器"思想将魏源"师夷制夷"思想向前推进了一步,进入到了强调蕴含在技术中的科学思想和数学原理的重要性的层面上。李善兰的思想极具代表性,反映了当时科学技术在社会中的基础作用和应有功能进一步得以凸显,有力地加深了浙江对科学技术的社会地位的认识。

　　洋务运动期间,科学技术成为封建统治中必不可少的富强之术。受到洋务派"中体西用"思想和"求富"、"求强"口号的影响,浙江与全国一样,大力兴办军事和民用企业,引进西方科学技术。"中体西用"的思想,在当时引进西方科学技术过程中起到了推动作用,也是晚清浙江社会对科学技术的作用和地位认识的近代化的一个重要过渡阶段。但是,到戊戌维新时期以后,随着新思想的产生,这种"中体西用"的思想就成为科学技术发展的障碍了。

　　从早期改良思潮产生开始,到戊戌维新,再到清末"新政"时期,科学技术在浙江社会中的地位发生了重要的变化。这种变化主要表现为,人们逐渐认识到,科学技术应当成为国民素质教育的重要基础。浙江的早期改良思潮代表人物陈虬、戊戌维新时期新思想的代表人物孙诒让、早期进步知识分子代表人物鲁迅等对此均有所论述。伴随着教育的近代化,科技教育在浙江也开始受到前所未有的重视,无疑大大促进了浙江科学技术的发展和进步。

　　当然,晚清时期浙江科学技术的发展显然也有相对落后的一面,具体表现在如下两个方面:一方面,这一时期主要致力于引进和传播西方近代科学技术,虽然也有浙江学者做了一些相关的研究工作,但与世界科技发展主流相去甚远。从世界科学技术史的主流来看,19 世纪是"科学的世纪",物理学、化学、生物学、天文学、医学领域都取得了重要的进展。同时,随着电力技术的产生和应用,迎来了第二次技术革命。19 世纪末到 20 世纪初期,物理学领域出现了一系列新发现,并随着相对论和量子力学的产生,引发了激动人心的现代物理学革命。然而,在整个科学技术领域发生大变革的历史时期,晚清时期浙江乃至全国科学技术的发展远远未能步入历史主流。另一方面,在工农业生产技术以及交通和通信技术方面,也存在着地区发展不均衡、技术相对落后的问题。例如,晚清浙江兴办的工矿企业主要分布在杭州、宁波、温州和绍兴等地,其他地区则相对较少,分布不均衡。再如,浙江新办的轮船航运企业与外国资本轮船公司相比较而言,还存在技术和设备相对落后、规模较小等弱点。还有清末浙江铁路的修建,只完成了沪杭甬北线即杭州到枫泾段的修建工作,其他地区还未建成铁路。

　　造成晚清时期浙江科技发展相对滞后和缓慢的主要原因,无疑是落后的封建社会制度和清政府的腐败无能。正是由于社会制度的落后和清政府的腐朽统治,导致了晚清时期浙江在经济上处于衰落状态,使得科学技术的进步缺乏应有的基础和强有力的支持。封建统治者长期坚持"中体西用"的思想和政策,妄图用西方科学技术来维护腐败落后的封建统治,迟至 1905

年才废除封建科举制度,对科学技术的发展显然具有不利的影响。另外,晚清时期浙江对科学技术的认识总体上仍然停留在"致用"的层面上,从而影响了科学技术的引进、消化、吸收和创新,这也是导致晚清时期浙江科学技术发展相对滞后和缓慢的重要因素。

不过,从总体来看,在晚清时期整个中国科学技术走向近代化的历程中,地处东南沿海的浙江一直走在前列并扮演了重要的角色,初步实现了科学技术近代化,具体体现在以下几个方面:其一,浙江科学教育近代化的初步实现。科学技术学科成为浙江各级各类学校教育中的基础内容,西方科学技术开始真正扎下根来并体现出其在启蒙心智、培养国民素质方面的重要功能,为浙江科学事业的可持续发展奠定了基础。其二,浙江近代科技传播体系的初步建立。到清末时,随着各类科学社团的创立,科学报刊的出版,科技丛书的刊印,学校教育中科学教材的使用,表明具有近代特征的科技传播体系在浙江已经初步形成,这是科学技术发展的重要保障。其三,浙江近代科学研究工作的初步展开。清末,浙江科技人员尤其是留学生已经展开近代科学研究工作,尽管他们的成果有的还相对比较肤浅,但仍然可以看作是近代科学研究工作在浙江得以起步和开展的表现,标志着浙江科学技术近代化的初步完成。其四,浙江人除在本地积极推进科学技术近代化外,还从浙江走向上海等地,涌现出了一些近代科技著作翻译、科技传播、科技研究和科技教育领域的先驱。

从科学技术对社会的影响角度来看,晚清时期浙江科技的发展在浙江近代史上有着重要的地位和作用。首先,它推动了晚清时期浙江近代经济的发展和进步。近代西方工业技术的引进,为浙江带来了近代机器工业企业,促进了晚清浙江资本主义经济的发展。浙江近代工矿企业的发展和交通、通信业的兴起和发展,带来了晚清浙江社会生产力和生产关系的变革,推动了地方经济发展和社会进步。其次,科学技术的引进和传播,为人们带来了思想和文化上的启蒙,科学方法、科学精神在一定程度上得以广泛传播并逐渐深入人心。最后,晚清时期浙江科学技术的发展和进步为民国乃至新中国建立后浙江和全国科学技术的进一步发展奠定了基础。晚清时期浙江的科技人员,尤其是回国留学人员中的大部分,为民国乃至新中国科学技术的发展和进步作出了不可磨灭的贡献。因此,晚清浙江在科学技术领域的实践活动、思想和成果,也成为留给后人的一份宝贵的精神财富和文化遗产。

主要参考文献

地方文献

慈溪市地方志编纂委员会.慈溪县志.杭州:浙江人民出版社,1992.

杭州市政协文史委员会.杭州文史丛编(第5,6辑).杭州:杭州出版社,2002.

金裕松.杭州教育志.杭州:浙江教育出版社,1994.

刘时觉.温州文献丛书·温州近代医书集成.上海:上海社会科学院出版社,2005.

卢学溥修,朱辛彝.乌青镇志.浙江图书馆藏1936年刻本.

沈乐书.杭州市科技志.杭州:杭州大学出版社,1996.

汪家荣.乌镇志.上海:上海书店出版社,2001.

王永杰.宁波文史资料(第14辑"宁波新闻出版谈往录"),1993.

余成.宁波文史资料(第8辑"文化史料专辑"),1990.

余姚市政协文史资料委员会.余姚文史资料(第13辑"近现代人物"),1995.

浙江省医史分会.浙江历代医林人物.浙江省中医学会,1987.

浙江省医史分会.浙江历代医药著作.浙江省中医学会,1991.

浙江省政协文史资料委员会.浙江文史资料选辑(第1,3,5,10,11,12,24,33,45辑).杭州:浙江人民出版社,1964—1991.

浙江通志馆纂修.重修浙江通志稿.浙江图书馆誊录本,1983.浙江大学图书馆藏.

《浙江教育简志》编写组.浙江教育简志.杭州:浙江人民出版社,1987.

浙江省轻纺工业志编辑委员会.浙江省轻工业志.北京:中华书局,2000.

浙江省社会科学研究所.浙江人物简志.杭州:浙江人民出版社,1986.

浙江省通志馆.浙江省通志馆馆刊(据1945—1946年浙江通志馆排印影印).杭州:杭州古籍书店,1986.

郑定光.宁波科技志.上海:上海科学技术出版社,1991.

政协乐清县委员会文史资料研究委员会.乐清文史资料(第 10 辑"教育专辑"),1992.

政协瑞安县文史资料研究委员会.瑞安文史资料(第 3 辑),1985.

政协宁波市委员会文史资料研究委员会.宁波文史资料(第 6 辑"老字号专辑").杭州:浙江人民出版社,1987.

政协浙江省温州市委员会文史资料研究委员会.温州文史资料(第 5 辑"孙诒让遗文辑存").杭州:浙江人民出版社,1990.

政协浙江省温州市委员会文史资料委员会.胡珠生辑.温州文史资料(第 8 辑"陈虬集").杭州:浙江人民出版社,1992.

政协浙江省萧山市委员会文史工作委员会.萧山文史资料选辑(第 4 辑"汤寿潜史料专辑"),1993.

郑永庚,李福民.浙江省科学技术志.北京:中华书局,1996.

宗源瀚(清)辑.辨志文会课艺初集.浙江图书馆藏清光绪七年(1881)刻本.

报刊

杭州经世报馆.经世报,1897—1898 年,第 1—16 期.浙江图书馆藏刻本.

上海科学仪器馆编辑部.科学世界,1903 年.浙江图书馆藏.

上海农学会.农学报.浙江图书馆藏清光绪间石印本.

上海农学会.农学丛书.浙江图书馆藏清光绪间石印本.

上海亚泉学馆.亚泉杂志,1900—1901 年.浙江图书馆藏.

日本东京浙江同乡会杂志部.浙江潮,第 1—10 期.罗家伦.《中华民国史料丛编》影印本,1983.浙江大学图书馆藏.

温州算学报馆.算学报,1897—1898 年.浙江图书馆藏.

浙江省官报局.浙江官报,1909—1911 年.浙江图书馆藏.

浙江学务公所.浙江教育官报,1909(10);1910(17).浙江图书馆藏.

科学技术典籍

[英]艾约瑟口译,(清)李善兰笔述.重学.浙江图书馆藏清同治五年(1866)刻本.

(清)戴煦.求表捷术.浙江图书馆藏清咸丰二年(1852)粤雅堂丛书刻本.

[英]棣么甘撰,[英]伟烈亚力译,(清)李善兰笔受.代数学.浙江图书馆藏清咸丰九年(1859)铅印本.

［英］侯失勒撰，［英］伟烈亚力译，（清）李善兰删述，（清）徐建寅续述.谈天.顾廷龙，傅璇琮.续修四库全书（第1300册）.上海：上海古籍出版社，1995. 499—720.

［美］来特非尔撰，［美］玛高温译.航海金针.浙江图书馆藏清咸丰三年（1853）刻本.

（清）劳乃宣撰.古筹算考释.浙江大学图书馆藏清光绪十二年（1886）木刊本.

（清）李善兰.则古昔斋算学.顾廷龙，傅璇琮.续修四库全书（第1047册）.上海：上海古籍出版社，1995：469—666.

（清）李善兰.火器真诀.浙江图书馆藏清同治六年（1867）刻本.

（清）李善兰.考数根法.郭书春.中国科学技术典籍通汇·数学卷（第5册）.郑州：河南教育出版社，1993.

（清）凌奂.本草害利.浙江图书馆藏清末晒印本.

（清）陆以湉.冷庐医话.浙江图书馆藏清光绪二十三年（1897）乌程庞元澄刻本.

［美］罗密士撰，［英］伟烈亚力口译，（清）李善兰笔述.代微积拾级.浙江图书馆藏清咸丰九年（1859）刻本.

［英］罗斯古，［英］司都霍，［英］骆克优，［英］祁觐撰，［美林乐知］，（清）郑昌棪译.格致启蒙.浙江图书馆藏江南制造局刻本.

［英］梅滕更译，（清）刘廷桢笔述.医方汇编.浙江图书馆藏1921年上海广学会刻本.

（清）莫枚士.研经言.中国医学大成（重刊订正本）（第43册）.上海：上海科学技术出版社，1990.

［西洋］欧几里得撰，［意］利玛窦译，（明）徐光启笔受；［英］伟烈亚力续译，（清）李善兰笔受.几何原本.顾廷龙，傅璇琮.续修四库全书（第1300册）.上海：上海古籍出版社，1995：147—497.

［英］田大里辑，［英］傅兰雅口译，（清）周郇笔述.电学纲目.浙江图书馆藏清光绪二十二年（1896）上海鸿文书局石印本.

（清）王士雄撰，（清）汪曰桢评.温热经纬.浙江图书馆藏清光绪四年（1878）乌程汪曰桢会稽学署刻本.

（清）汪曰桢.历代长术辑要.浙江图书馆藏清光绪四年（1878）乌程汪曰桢会稽学署刻本.

（清）汪曰桢.历代长术辑要（附古今推步诸术考）.浙江大学图书馆藏1927年中华书局聚珍版.

（清）汪曰桢.二十四史月日考（影印本）.北京：北京图书馆出版社，2005.

〔美〕祎理哲.地球说略.浙江图书馆藏清咸丰六年(1856)宁波华花圣经书房铅印本.

〔英〕韦廉臣,〔英〕艾约瑟译,(清)李善兰述.植物学.浙江图书馆藏清咸丰八年(1858)刻本.

(清)魏源撰,陈华等点校注释.海国图志.长沙:岳麓书社,1998.

(清)吴尚先.理瀹骈文.浙江图书馆藏清光绪三年(1877)吴县潘敏德堂刻本.

(清)夏鸾翔.万象一原.浙江图书馆藏清光绪二十年(1894)泉唐汪康年振绮堂刻本.

(清)项名达撰,(清)戴煦校补.象数一原.顾廷龙,傅璇琮.续修四库全书(第1047册).上海:上海古籍出版社,1995:27—156.

(清)徐有壬.表算日食三差.浙江图书馆藏清光绪九年(1883)归安姚觐元咫进斋刻本.

(清)徐有壬.朔食九服里差.浙江图书馆藏清光绪九年(1883)归安姚觐元咫进斋刻本.

(清)徐有壬.椭圆正术.浙江图书馆藏清光绪九年(1883)归安姚觐元咫进斋刻本.

(清)徐有壬撰,(清)吴嘉善述草,(清)左潜补草.割圆八线缀术.浙江图书馆藏清光绪二十四年(1898)算学书局古今算学丛书刻本.

(清)张福僖译.光论.浙江图书馆藏清光绪二十一年(1895)元和江标湖南使院刻本.

(清)赵彦晖.存存斋医话稿.浙江图书馆藏清光绪七年(1881)刻本.

其他史料

陈谷嘉,邓洪波.中国书院史资料(下册).杭州:浙江教育出版社,1998.

(清)陈忠倚.皇朝经世文三编.台北:文海出版社,1972.

(清)黄钟骏.畴人传四编.上海:商务印书馆,1955.

李楚材辑.帝国主义侵华教育史资料(教会教育).北京:教育科学出版社,1987.

黎难秋.中国科学翻译史料.合肥:中国科学技术大学出版社,1996.

梁启超.西学书目表.浙江图书馆藏沔阳庐氏清光绪二十三年(1897)刻本.

梁启超著.夏晓虹辑.《饮冰室合集》集外文.北京:北京大学出版社,2005.

鲁迅.鲁迅全集.北京:人民文学出版社,2005.

马勇.章太炎书信集.石家庄:河北人民出版社,2003.

上海图书馆.汪康年师友书札.上海:上海古籍出版社,1986.

舒新城.中国近代教育史资料(中册).北京:人民教育出版社,1981.

(清)孙诒让.札迻.顾廷龙,傅璇琮.续修四库全书(第1164册).上海:上海古籍出版社,1995:1—143.

孙毓堂.中国近代工业史资料(第一辑,上下册).北京:中华书局,1962.

汪敬虞.中国近代工业史资料(第二辑).北京:中华书局,1962.

(清)王韬.格致课艺汇编.浙江图书馆藏清光绪二十三年(1897)上海书局石印本.

(清)王韬,顾燮光等.近代译书目(影印本).北京:北京图书馆出版社,2003.

许纪霖,田建业.杜亚泉文存.上海:上海教育出版社,2003.

徐世昌等编纂.沈芝盈,梁运华点校.清儒学案(第七册).北京:中华书局,2008.

姚淦铭,王燕.王国维文集.北京:中国文史出版社,1997.

张静庐辑注.中国近现代出版史料(近代初编).上海:上海书店出版社,2003.

赵尔巽.清史稿.北京:中华书局,1997.

支伟成.章太炎校订.清代朴学大师列传.长沙:岳麓书社,1998.

中国蔡元培研究会.蔡元培全集.杭州:浙江教育出版社,1996.

(清)诸可宝.畴人传三编.上海:商务印书馆,1955.

朱有瓛.中国近代学制史料(第一辑下册).上海:华东师范大学出版社,1986.

朱有瓛,高时良.中国近代学制史料(第四辑).上海:华东师范大学出版社,1993.

研究著作

[美]艾尔曼.中国近代科学的文化史.王红霞,姚建根,朱莉丽等译.上海:上海古籍出版社,2009.

艾素珍,宋正海.中国科学技术史(年表卷).北京:科学出版社,2006.

薄树人.薄树人文集.合肥:中国科学技术大学出版社,2003.

陈美东.中国科学技术史(天文学卷).北京:科学出版社,2003.

陈歆文.中国近代化学工业史(1860—1949).北京:化学工业出版社,2006.

陈旭麓.近代中国社会的新陈代谢.上海:上海社会科学院出版社,2006.

丁伟志,陈崧.中西体用之间——晚清文化思潮述论(中国近代文化思潮,上卷).北京:社会科学文献出版社,2011.

董光璧.中国近现代科学技术史论纲.长沙:湖南教育出版社,1991.

董光璧.中国近现代科学技术史.长沙:湖南教育出版社,1997.

董恺忱,范楚玉.中国科学技术史(农学卷).北京:科学出版社,2000.

杜石然.第三届国际中国科学史讨论会论文集.北京:科学出版社,1990.

杜石然.中国古代科学家传记(下集).北京:科学出版社,1993.

杜石然.中国科学技术史(通史卷).北京:科学出版社,2003.

杜石然,林庆元,郭金彬.洋务运动与中国近代科技.沈阳:辽宁教育出版社,1991.

段治文.中国近代科技文化史论.杭州:浙江大学出版社,1996.

樊洪业,王扬宗.西学东渐——科学在中国的传播.长沙:湖南科学技术出版社,2000.

范铁权.近代中国科学社团研究.北京:人民出版社,2011.

范永生.浙江中医学术流派.北京:中国中医药出版社,2009.

[美]费正清等.剑桥中国晚清史(1800—1911 年)(上、下卷).中国社会科学院历史研究所编译室译.北京:中国社会科学出版社,1985.

冯天瑜,黄长义.晚清经世实学.上海:上海社会科学院出版社,2002.

龚缨晏.浙江早期基督教史.杭州:杭州出版社,2010.

顾长声.从马礼逊到司徒雷登——来华新教传教士评传.上海:上海书店出版社,2005.

郭汉民.晚清社会思潮研究.北京:中国社会科学出版社,2003.

郭金彬.中国科学百年风云:中国近现代科学思想史论.福州:福建教育出版社,1991.

郭书春,刘钝.李俨钱宝琮科学史全集.沈阳:辽宁教育出版社,1998.

何小莲.西医东渐与文化调适.上海:上海古籍出版社,2006.

金秋鹏.中国科学技术史(人物卷).北京:科学出版社,1998.

《科学家传记大辞典》编辑组.中国现代科学家传记(第二、五、六集).北京:科学出版社,1991—1994.

乐承耀.宁波近代史纲(1840—1919).宁波:宁波出版社,1999.

李迪.中国数学史简编.沈阳:辽宁人民出版社,1984(日文版见:李迪编著.大竹茂雄,陆人瑞共訳.中国の数学通史.東京:森北出版,2002).

李迪.中国科学技术史论文集(第一集).呼和浩特:内蒙古教育出版社,1991.

李迪.中国数学通史(明清卷).南京:江苏教育出版社,2004.

李迪.数学史研究文集(第一、三、五辑).呼和浩特:内蒙古大学出版社,台北:九章出版社.1990,1992,1993.

李迪.中华传统数学文献精选导读.武汉:湖北教育出版社,1999.

李迪,查永平.中国历代科技人物生卒年表.北京:科学出版社,2002.

李经纬.中医人物辞典.上海:上海辞书出版社,1988.

李廷举,[日]吉田忠.中日文化交流史大系(科技卷).杭州:浙江人民出版社,1996.

李亚舒,黎难秋.中国科学翻译史.长沙:湖南教育出版社,2000.

[英]李约瑟.中国科学技术史(第三卷数学).《中国科学技术史》翻译小组译.北京:科学出版社,1978.

[英]李约瑟.中国科学技术史(第四卷机械工程分册).鲍国宝等译.北京:科学出版社,上海:上海古籍出版社,1999.

李兆华.中国近代数学教育史稿.济南:山东教育出版社,2005.

李兆华.中国数学史大系(清中期至清末卷).北京:北京师范大学出版社,2000.

梁启超.论中国学术思想变迁之大势.上海:上海古籍出版社,2001.

廖育群.岐黄医道.沈阳:辽宁教育出版社,1991.

廖育群,傅芳,郑金生.中国科学技术史(医学卷).北京:科学出版社,1998.

刘钝.大哉言数.沈阳:辽宁教育出版社,1993.

刘钝,韩琦等.科史薪传.沈阳:辽宁教育出版社,1997.

吕顺长.清末浙江与日本.上海:上海古籍出版社,2001.

梅荣照.明清数学史论文集.南京:江苏教育出版社,1990.

彭漪涟.中国近代逻辑思想史论.上海:上海人民出版社,1991.

钱永红.一代学人钱宝琮.杭州:浙江大学出版社,2008.

曲安京.中国古代科学技术史纲(数学卷).沈阳:辽宁教育出版社.2000.

沈善洪.浙江文化史.杭州:浙江大学出版社,2009.

沈渭滨.近代中国科学家.上海:上海人民出版社,1988.

沈毅.中国清代科技史.北京:人民出版社,1994.

石云里.中国古代科学技术史纲(天文卷).沈阳:辽宁教育出版社,1996.

宋传水,袁成毅.杭州历代名人.杭州:杭州出版社,2004.

[英]汤森著.马礼逊——在华传教士的先驱.王振华译.郑州:大象出版社,2002.

滕复,徐吉军,徐建春.浙江文化史.杭州:浙江人民出版社,1992.

田淼.中国数学的西化历程.济南:山东教育出版社,2005.

王冰.中国物理学史大系(中外物理交流史).长沙:湖南教育出版社,2001.

王锦光,洪震寰.中国光学史.长沙:湖南教育出版社,1986.

汪林茂.晚清文化史.北京:人民出版社,2005.

汪林茂.浙江通史(第10卷),清代卷(下).杭州:浙江人民出版社,2005.

汪林茂.从传统到近代:晚清浙江学术的转型.北京:中国社会科学出版社,2011.

王渝生.中国近代科学的先驱——李善兰.北京:科学出版社,2000.

王兆春.中国科学技术史(军事技术卷).北京:科学出版社,2003.

吴熙敬.中国近现代技术史.北京:科学出版社,2000.

[法]谢和耐.中国社会史.黄建华,黄迅余译.南京:江苏人民出版社,2008.

熊月之.西学东渐与晚清社会.上海:上海人民出版社,1994.

徐和雍,郑云山,赵世培.浙江近代史.杭州:浙江人民出版社,1982.

徐吉军,丁坚之.浙江历代名人录.杭州:杭州大学出版社,1994.

杨翠华,黄一农.近代中国科技史论集.台北"中央研究院"近代史研究所,台湾新竹"清华大学"历史研究所,1991.

杨小明.清代浙东学派与科学.北京:中国文联出版社,2001.

杨自强.学贯中西——李善兰传.杭州:浙江人民出版社,2006.

余瀛鳌,蔡景峰.中国文化通志(医药学志).上海:上海人民出版社,1998.

袁翰青.中国化学史论文集.北京:生活·读书·新知三联书店,1956.

张柏春.中国近代机械简史.北京:北京理工大学出版社,1992.

张彬.从浙江看中国教育近代化.广州:广东教育出版社,1999.

张彬.浙江教育史.杭州:浙江教育出版社,2006.

张剑.中国近代科学与科学体制化.成都:四川人民出版社,2008.

赵匡华.中国化学史(近现代卷).南宁:广西教育出版社,2003.

赵世培,郑云山.浙江通史(第9卷),清代卷(中).杭州:浙江人民出版社,2005.

浙江大学校史编写组.浙江大学简史(第一、二卷,1897—1966).杭州:浙江大学出版社,1996.

《浙江航运史》编委会.浙江航运史(古近代部分).北京:人民交通出版社,1993.

郑师渠.思潮与学派:中国近代思想文化研究.北京:北京师范大学出版社,2005.

中国科技史论文集编辑小组.中国科技史论文集.台北:联经出版事业有限公司,1995.

《中国天文学史文集》编辑组.中国天文学史文集(第三集).北京:科学出版社,1984.

《中华文明史》编纂工作委员会.中华文明史(清代后期卷).石家庄:河北教育出版社,1994.

朱德明.浙江医药史.北京:人民军医出版社,1999.

朱德明.浙江医药曲折历程(1840—1949).北京:中国社会科学出版社,2012.

朱新予.浙江丝绸史.杭州:浙江人民出版社,1985.

邹大海.中国近现代科学技术史论著目录(上中下).济南:山东教育出版社,2006.

邹振环.晚清西方地理学在中国——以1815至1911年西方地理学的传播与影响为中心.上海:上海古籍出版社,2000.

研究论文[1]

[美]艾尔曼.从前现代的格致学到现代的科学.蒋劲松译,庞冠群校.中国学术,2000(2):1—43.

戴念祖.梁启超丢失《奈端数理》译稿.中国科技史料,1998,19(2):86.

董纪林.《存存斋医话稿续集》述评.浙江中医杂志,1983,18(6):269—270.

樊德春,李兰周.《冷庐医话》误治医案评析.国医论坛,2003,18(4):39—41.

樊洪业.从"格致"到"科学".自然辩证法通讯,1988,10(3):39—50.

傅庭芳.对李善兰《垛积比类》的研究——兼论"垛积差分"的特色.自然科学史研究,1985,4(3).267—283.

高峻.中国最早的自然科技期刊——《亚泉杂志》.出版史料,2003(2):92—95.

龚缨晏.张斯桂:从宁波走向世界的先行者.宁波大学学报(人文科学版),2008,21(6):12—16;41.

龚缨晏,杨靖.关于《中外新报》的几个问题.社会科学战线,2005(3):315—317.

郭世荣.清末朱宪章等人创办的《算学报》.中国科技史料,1991,12(2):88—90.

郭世荣.纳贝尔筹在中国的传播与发展.中国科技史料,1997,18(1):12—20.

郭世荣,罗见今.戴煦对欧拉数的研究.自然科学史研究,1987,6(4):362—371.

韩琦.《数理精蕴》对数造表法与戴煦的二项展开式研究.自然科学史研究,1992,11(2):109—119.

韩琦.《数理格致》的发现——兼论18世纪牛顿相关著作在中国的传播.中国科技史料,1998,19(2):78—85.

---

[1] 有的论文已被收入到前面列出的文集类著作中,这里便不再被单独列出.

韩琦.李善兰"中国定理"之由来及其反响.自然科学史研究,1999,18(1):7—13.

郝先中.俞樾"废医论"及其思想根源分析.中华医史杂志,2004,34(3):187—190.

何绍庚.项名达对二项式展开式研究的贡献.自然科学史研究,1982,1(2):104—114.

何鑫渠.走近胡庆余堂——杭州胡庆余堂简史.中医文献杂志,1999(4):42—44.

洪震寰.洪炳文及其著作.中国科技史料,1985,6(4):57—62.

洪震寰.《算学报》与黄庆澄.中国科技史料,1986,7(5):36—39.

洪震寰.清末的"瑞安学计馆"与"瑞安天算学社".中国科技史料,1988,9(1):80—87.

华碧春.《本草害利》的"药害"理论探讨.福建中医学院学报,2002,12(4):49—51.

黄一农.中国史历表朔闰订正举隅——以唐《麟德历》行用时期为例.汉学研究,1992,10(2).279—306.

黄一农.清初钦天监中各民族天文家的权力起伏.新史学,1991,2(2):75—108.

姜振寰,韩学勤.中、日、俄近代技术引进的比较研究,自然科学史研究,1992,11(2):97—108.

金秋鹏,刘再复.读鲁迅早期的论文《科学史教篇》.中国科技史料,1980,2(2):57—64.

李迪.十九世纪中国数学家李善兰.中国科技史料,1982,3(3):15—21.

李恩民.戊戌时期的科技近代化趋势.历史研究,1990(6):123—135.

李果刚.陆以湉其人与《冷庐医话》的诊法学特色.医古文知识,2003(2):28—30.

厉国清,刘金沂,赵澄秋.颜家乐测量纬度方法及李善兰的改进.自然科学史研究,1993,12(2):128—135.

李洪涛.王士雄温病学术观点探析.安徽中医学院学报,2001,20(1):1—3.

李赛美,林培政.王士雄《温热经纬》治学精微述要.新中医,2005,37(12):6—8.

李俨.章用君修治中国算学史遗事.科学,1940,24(11):799—804.

李燕.中国第一位女西医——金雅妹.中华医史杂志,2001,31(1):6.

李兆华.戴煦关于对数研究的贡献.自然科学史研究,1985,4(4):353—362.

李兆华.李善兰垛积术与尖锥术略论.西北大学学报(自然科学版),1986

(4):109—125;

林良才.《理瀹骈文》对中医外治法发展的贡献之分析与研究.中医外治杂志,2005,14(4):6—7.

刘钝.别具一格的图解法弹道学——介绍李善兰的《火器真诀》.力学与实践,1984(3):60—63.

刘钝.从徐光启到李善兰——以《几何原本》之完璧透视明清文化.自然辩证法通讯,1989,11(2):55—63.

刘凤荣,李迪.十九世纪中后期西方电学知识传入我国的经过(一).物理学史,1989(2):17—26,41.

刘光明.兼收并蓄,独树一帜——吴师机内病外治法的特点及其渊源.上海中医药杂志,2001(11):42—43.

刘洁民.晚清著名数学家夏鸾翔.中国科技史料,1986,7(4):27—32.

刘洁民.关于夏鸾翔的家世及生平.中国科技史料,1990,11(4):47.

刘时觉,朱国庆,杨力人等.晚清的利济医院和利济学堂.医古文知识,2003(3):4—7.

龙江人.俞樾及他对中医学的贡献与困惑.中国中医基础医学杂志,1995,1(4).52.

卢康华.俞樾与诂经精舍.南京晓庄学院学报,2005,21(6):116—121.

陆晓东,蒋新新.邵兰荪诊治经带经验述要.浙江中医学院学报,1992,16(5):30—31.

罗宝珍.俞樾研究《内经》的特点.福建中医学院学报,2002,12(2):51—53.

罗见今.李善兰对 Stirling 数和 Euler 数的研究.数学研究与评论,1982,2(4):173—182.

罗见今,王淼.晚清舆地学者与新地学的兴起.哈尔滨工业大学学报(社会科学版),2008,10(2):18—28.

罗见今,王淼,张升.晚清浙江数学家群体之研究.哈尔滨工业大学学报(社会科学版),2010,12(3):1—11.

吕志连.清代名医赵晴初与《存存斋医话稿》.中医杂志,1996,37(11):648—650.

[美]麦金托什.美国长老会书馆(美华书馆)纪事.方丽译.出版史料,1987(4):11—18.

牛淑平,黄德宽,杨应芹.《素问》校诂派学术渊源——皖派朴学家《素问》校诂研究(一).中医文献杂志,2004(4):8—10.

牛亚华,冯立昇.近代第一部电磁学著作——《电气通标》.物理学史丛刊,1996:42—49.

潘吉星.洪炳文及其《空中飞行原理》.中国科技史料,1983,4(4):62—66.

邱德华,石仰山.略述中西会通学派对伤科学术的发展.中国中医骨伤科杂志,1997,5(5):49—51.

屈宝坤.晚清社会对科学技术的几点认识的演变.自然科学史研究,1991,10(3):211—222.

沈敏,孙大兴.俞樾《素问四十八条》及其学术价值.浙江中医学院学报,1997,21(6):31—32.

史群.浙江民族资本主义近代工业的产生和发展.浙江学刊,1964(2):48—54.

石云里.《历象考成后编》中的中心差求法及其日月理论的总体精度——纪念薄树人先生逝世五周年.中国科技史料,2003,24(2):132—146.

石云里,吕凌峰.从"苟求其故"到但求"无过"——17—18 世纪中国天文学思想的一条演变轨迹.科学技术与辩证法,2005,22(1):101—105.

王冰.明清时期西方光学的传入.自然科学史研究,1983,4(4):381—388.

王冰.明清时期(1610—1910)物理学译著书目考.中国科技史料,1986,7(5):3—20.

王冰.近代早期中国和日本之间的物理学交流.自然科学史研究,1996,15(3):227—233.

王继如.高远的学术视野,缜密的考据功夫——孙诒让《札迻》读后.古籍整理研究学刊,2002(1):29—32.

王珏,李海静,罗见今.乌镇"张宝源"银楼银饰制作工艺调查.广西民族大学学报(自然科学版),2008,14(1):32—37.

王锦光,闻人军.中国早期蒸气机和火轮船的研制.中国科技史料,1981,2(2):21—30.

王锦光,余善玲.张福僖和《光论》.自然科学史研究,1984,3(2):189—193.

王立群.近代上海口岸知识分子的兴起——以墨海书馆的中国文人为例.清史研究,2003(3):97—106.

王淼,李海静,王珏.对"丰同裕"蓝印花布制作工艺的考察.哈尔滨工业大学学报(社会科学版),2009,11(3):41—45.

王淼,罗见今.晚清生物学医学近代化述要.哈尔滨工业大学学报(社会科学版),2008,10(5):11—21.

王青建.《古筹算考释》研究.自然科学史研究,1998,17(2):111—118.

王全来.杨兆鋆"平圆容切"问题研究.西北大学学报(自然科学版),2005,35(6):835—839.

王全来.对杨兆鋆关于"双曲线焦点位置作图问题"的研究.广西民族学院

学报(自然科学版),2006,12(3):47—51.

王荣彬,郭世荣.戴煦、项名达、夏鸾翔对迭代法的研究.自然科学史研究, 1992,11(3):209—216.

王扬宗.江南制造局翻译馆史略.中国科技史料,1988,9(3):65—74.

王扬宗.晚清科学译著杂考.中国科技史料,1994,15(4):32—40.

王熠.详于训诂,言必有据——《研经言》特色谈.中医文献杂志,2000(1):7.

王义成,曹烨民,赵兆琳.莫枚士《研经言》及其学术价值.中国医药学报, 1998,13(6):13—14.

王渝生.李善兰:中国近代科学的先驱者.自然辩证法通讯,1983,5(5): 59—72.

汪林茂.从传统到近代——晚清浙江学术的变迁.浙江大学学报(人文社会科学版),2004,34(5):44—53.

汪子春.我国传播近代植物学知识的第一部译著《植物学》.自然科学史研究,1984,3(1):90—96.

吴裕宾.《中西算学大成》的编纂.中国科技史料,1992,13(2):91—94.

吴裕宾,朱家生.刘彝程的数学教学与研究.扬州师院学报(自然科学版), 1990,10(4):33—40.

萧天水.邵兰荪治热病方笺选析.江苏中医,1995,16(3):39.

谢振声.近代化学史上值得纪念的学者——虞和钦.中国科技史料,2004, 25(3):209—215.

谢振声.设在江北岸的华花圣经书房——外国人在中国大陆经营印刷企业之始.出版史料,2004(2):92—94.

熊月之.1842年至1860年西学在中国的传播.历史研究,1994(4):63—81.

徐华焜.周郇和《电学纲目》.杭州大学学报(哲学社会科学版),1988,15 (1):52—56.

许建平.浙江近代最早的高等学校——求是书院.杭州大学学报(哲学社会科学版),1987,17(2):111—121.

严敦杰.欧几里得几何原本元代输入中国说.东方杂志,1943,39(13): 35—36.

叶晓青.约翰·赫歇尔的《谈天》——记我国翻译出版的第一部近代天文学著作.中国科技史料,1983,4(1):85—87.

叶永烈.浙江科学精英.杭州:浙江科学技术出版社,1987.

仪德刚,李海静.杭州"王星记"扇子制作工艺初步调查.中国科技史杂志, 2007,29(1):50—59.

余瀛鳌. 切合临床实用的《存存斋医话稿》. 浙江中医杂志,1983,18(6):267—269.

张奠宙.《代微积拾级》的原书和原作者. 中国科技史料,1992,13(2):86—90.

张磊. 中国最早的西医医院——华美医院. 档案与史学,1998(2):72—73.

章用.《垛积比类》疏证. 科学,1939,23(11):647—663.

赵洪钧. 中西医汇通思想初考. 中华医史杂志,1986,16(3):145—147.

郑生勇. 教会学校对浙江教育近代化的影响. 浙江社会科学,2004(3):184—187.

中国第一历史档案馆. 清末金韵梅任教北洋女医学堂史料. 历史档案,1999(4):63—77.

周文宣. 陈虬的教育思想和实践. 贵州文史丛刊,2002(4):27—30.

朱先立.《农学报》主要篇目索引. 中国科技史料,1986,7(2):29—36.

朱先立. 我国第一种专业性科技期刊——《农学报》. 中国科技史料,1986,7(2):18—25.

朱现平.《医方汇编》(中译本)与中西医会通. 中华医史杂志,1997,27(3):156—159.

英文论著

Bennett, Adrian Arthur. *John Fryer: The Introduction of Western Science and Technology into Nineteenth-century China*. Cambridge, Mass.: East Asian Research Center, Harvard University; distributed by Harvard University Press, 1967.

Buck, Peter. *American Science and Modern China*, 1876—1936. Cambridge, Eng.: Cambridge University Press, 1980.

Elman, Benjamin A. *On Their Own Terms: Science in China*, 1550—1900. Cambridge, Mass.: Harvard University Press, 2005.

Elman, Benjamin A. *A Cultural History of Modern Science in China*. Cambridge, Mass.; London: Harvard University Press, 2006.

Horng Wanshen (洪万生). *Li Shanlan: The Impact of Western Mathematics in China during the Late 19th Century*. Unpublished dissertation submitted to the Graduate Faculty in History for the degree of Doctor in Philosophy, The City University of New York, 1991.

Kim, Yung Sik and Francesca Bray eds. *Current Perspectives in the History of Science in East Asia*. Seoul: Seoul National University Press, 1999.

Lackner, Michael, Iwo Amelung and Joachim Kurtz eds. *New Terms for New Ideas: Western Knowledge and Lexical Change in Late Imperial China*. Leiden, Neth. : E. J. Brill, 2001.

Martzloff, Jean-Claude. [translator, Stephen S. Wilson]. *A History of Chinese Mathematics*. Berlin: Springer, 2006.

Needham, Joseph. *Science and Civilisation in China*, vol. 3, Mathematics and the sciences of the heavens and the earth. Cambridge, Eng. : Cambridge University Press, 1959.

Needham, Joseph. *Science and Civilisation in China*, vol. 4, Part Ⅱ: Mechanical Engineering. Cambridge, Eng. : Cambridge University Press, 1965.

Swetz, Frank J. *Mathematics Education in China: Its Growth and Development*. Cambridge, Mass. : MIT Press, 1974.

Tian Miao(田森). The Westrnization of Chinese Mathematics—A Case Study on the Development of the Duoji Method. *East Asian Science, Technology, and Medicine*, 2003(20):45-72.

Wong, K·Chimin and Wu Lien-Teh. *History of Chinese Medicine: Being a Chronicle of Medical Happenings in China from Ancient Times to the Present Period*. Shanghai: National Quarantine Service, 1936.

Wylie, Alexander. *Notes on Chinese Literature: With Introductory Remarks on the Progressive Advancement of the Art; and a List of Translations from the Chinese into Various European Languages*. Shanghai: American Presbyterian Mission Press; London: Trübner &. Co. , 1867.

Wylie, Alexander. *Chinese Researches*, 1897.

附　录

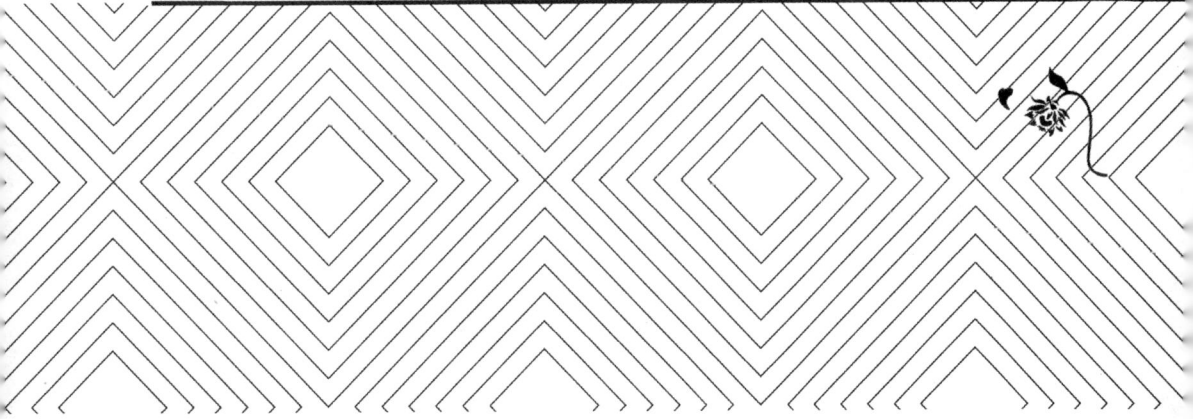

晚清浙江主要科技人物及其活动简表[1]

编号	姓名	字号	籍贯	生年	卒年	主要学科、著述和活动
1	项名达 原名万准	字步莱 号梅侣	钱塘(今浙江杭州)	1789	1850	数学。著有《象数一原》等。
2	张福僖	字南坪 号仲子	乌程(今浙江湖州)	?	1862	天学、物理学。著有《彗星考略》、《日月交食考》等。译有《光论》等。
3	徐有壬	字君青 一作钧卿	乌程(今浙江湖州)	1800	1860	数学。著有《务民义斋算学》。
4	龚振麟		长洲(今江苏苏州)	约1800	约1867	火炮技术。曾任嘉兴县丞,并于鸦片战争期间在宁波、杭州、镇海等地铸炮,著有《铸炮铁模图说》等。
5	陆以湉	字敬安 号定圃	浙江桐乡	1802	1865	医学。著有《冷庐医话》。
6	戴 煦	字鄂士 号鹤墅 又号仲乙	钱塘(今浙江杭州)	1805	1860	数学、机械学。著有《对数简法》、《外切密率》、《假数测圆》等。

---

[1] 此表入选的人物,主要是晚清时期在浙江科技发展过程中作出贡献的浙江人士以及少量省外人士和来华传教士。对于该时期在省外科技领域作出贡献的浙籍学者,也择要收录在内。此表中的相关信息,主要来源于《畴人传三编》、《浙江历代名人录》、《中国历代科技人物生卒年表》、《浙江通史》以及本书引用的其他论著,为节省篇幅,未一一注明出处。

续表

编号	姓名	字号	籍贯	生年	卒年	主要学科、著述和活动
7	吴尚先 原名樽 又名安业	字师机 杖仙 别号 潜玉居士	钱塘(今浙江杭州)	1806	1886	医学,精于外科。著有《理瀹骈文》。
8	王士雄	字孟英 又字篯龙 晚字梦隐 自号 半痴山人 又号 随息居士 潜斋 晚号 睡乡散人	盐官(今浙江海宁盐官镇)	1808	1868	医学、营养学。著有《温热经纬》。
9	李善兰 原名心兰	字竟芳 号秋纫 别号壬叔	浙江海宁	1811	1882	数学、天文学、力学、植物学等。著有《则古昔斋算学》,译书多种。
10	左宗棠	字季高	湖南湘阴	1812	1885	1864 年 10 月在杭州试造蒸汽船。
11	汪曰桢	字刚本 号谢城 又号薪莆 荔墙蹇士	乌程(今浙江湖州)	1813	1881	历法、数学、医学、农学。著有《历代长术辑要》等。
12	董毓琦	字子珊	浙江临海	约 1815	约 1880	数学、天文学。试制内燃机轮船。
13	黄炳垕	字蔚亭	浙江余姚	1815	1893	数学、测绘学。
14	张斯桂	字景颜 号鲁生	宁波	1817	1888	近代中国引进的第一艘轮船"宝顺号"船长。
15	俞樾	字荫甫 号曲园	浙江德清	1821	1907	医学。著《素问四十八条》等。
16	凌奂 原名维正	字晓五 又字晓邬 晚号 折肱老人	归安(今浙江湖州)	1822	1893	医学。著《本草害利》等。

编号	姓名	字号	籍贯	生年	卒年	主要学科、著述和活动
17	胡雪岩	字光墉	原籍安徽绩溪,寄籍浙江杭州	1823	1885	医学。创办杭州胡庆余堂。
18	赵彦晖 原名光燮	字晴初 晚号 存存老人 六三老人 补寿老人	会稽(今浙江上虞)	1823	1895	医学。著《存存斋医话稿》等。
19	夏鸾翔	字紫笙	钱塘(今浙江杭州)	1825	1864	数学。著《万象一原》,后人辑《夏氏算书》。
20	陈维祺	字仲周	浙江嘉善(寓居上海)	?	?	数学。编纂《中西算学大成》。
21	王西清		鄞县(今浙江宁波鄞州区)	?	?	编辑《西学大成》。
22	徐树勋		乌程(今浙江湖州)	?	?	数学。编辑《算学丛书》。
23	姚　仁	号梦兰	永泰(今浙江余杭)	1827	1897	医学。
24	徐树兰	字仲凡 号检庵	浙江绍兴	1837	1902	农学。1896年在上海发起并成立农学会。1897年创办《农学报》。
25	严信厚	字筱舫	浙江慈溪	1838	1907	清实业家,创办宁波通元源纱厂等。
26	劳乃宣	字季瑄 号玉初	浙江桐乡	1843	1921	数学、教育。著有《古筹算考释》等。
27	舒高第	字德卿	浙江慈溪	1844	1919	科学翻译。译书多种。
28	诸可宝	字迟鞠 号璞斋	钱塘(今浙江杭州)	1845	1903	数学。编撰《畴人传三编》7卷。

续表

编号	姓名	字号	籍贯	生年	卒年	主要学科、著述和活动
29	孙诒让	字仲容 号籀廎 又号籀膏	浙江瑞安	1848	1908	医学、科学教育。著有《札迻》等。创办瑞安学计馆、永嘉蚕学馆等。
30	洪炳文	字博卿 号栋园居士	浙江瑞安	1848	1908	自然科学、农学。著有《空中飞行原理》等。
31	周郇	初名郇雨 字叔篔 号黍香	浙江临海	1850	1882	科学翻译。与傅兰雅合作翻译《电学纲目》，1879 年由江南制造局翻译馆刊行。
32	郑昌棪		浙江海盐	？	？	科学翻译。在江南制造局翻译馆译书多种。
33	王汝骐		乌程（今浙江湖州）	？	？	科学翻译。在江南制造局翻译馆译书多种。
34	陈 虬	字志三 又字葆善 栗庵 号蛰庐	浙江瑞安	1851	1904	医学。著有《痘疫霍乱答问》。
35	杨兆鋆	字诚之 号须圃	乌程（今浙江湖州）	1854	？	数学。著有《须蔓精庐算学》。
36	黄绍箕	字仲弢 号鲜庵	浙江瑞安	1854	1907	农学。1898 年发起并成立务农会瑞安支会。
37	黄绍第	字叔颂 号缦庵	浙江瑞安	1855	1914	农学。1898 年发起并成立务农会瑞安支会。
38	莫枚士	字文泉	归安（今浙江湖州）	1862	1933	医学。著有《研经言》等。
39	黄庆澄	字钦教 号愚初 亦作源初 晚号 寿昌主人	平阳（今浙江苍南）	1863	1904	数学传播。1897 年在温州创办《算学报》。
40	金韵梅	又名雅妹	浙江宁波	1864	1934	医学。浙江第一位女留学生。

续表

编号	姓名	字号	籍贯	生年	卒年	主要学科、著述和活动
41	邵兰荪	字兰生	浙江绍兴	1864	1922	医学。
42	虞辉祖		浙江镇海	1864	1921	科学传播。1901年,与虞和钦等共同创办上海科学仪器馆,并编辑出版《科学世界》杂志。
43	罗振玉	字叔蕴号雪棠	浙江上虞	1866	1940	农学。1896年在上海发起并成立农学会,编辑出版《农学报》和《农学丛书》。
44	刘廷桢	字铭之	浙江慈溪	?	?	医学。著有《中西骨骼辨证》1卷,译有《医方汇编》。
45	蔡元培	号子民字鸿卿	浙江绍兴	1868	1940	教育管理、医学。1898年任绍兴中西学堂监督。
46	章太炎	名炳麟字枚叔	浙江余杭	1869	1936	科学思想。著有《訄书》等。
47	方克猷	字子壮号凤池	浙江杭州	1870	1907	数学。著有《方子壮数学》。
48	杜亚泉原名炜孙	字秋帆笔名伧父	会稽(今浙江上虞)	1873	1933	化学、科学教育、科学传播。创办亚泉学馆,编辑出版《亚泉杂志》。编译《化学新教科书》。
49	谢洪赉		山阴(今浙江绍兴)	1873	1916	数学。与潘慎文合译《代形合参》、《八线备旨》等。
50	王国维	字静安又字伯隅号观堂	浙江海宁	1877	1927	科学思想。著有《辨学》等。
51	樊炳清	字少泉又字抗文	山阴(今绍兴)	1877	1931?	翻译,译书多种,辑译《科学丛书》。

续表

编号	姓名	字号	籍贯	生年	卒年	主要学科、著述和活动
52	虞和钦	字自勋 仕名铭新	浙江镇海	1879	1944	化学、地质学。著有《有机化学命名草》。
53	吴莲艇		鄞县(今浙江宁波鄞州区)	1880	1940	医学。1909年在慈溪创办保黎医院。
54	周树人	笔名鲁迅	浙江绍兴	1881	1936	地质学、自然科学。著有《中国地质略论》、《说钼》、《中国矿产志》、《科学史教篇》等。
55	胡德迈 (Thomas Hall Hudson)		英国	1800	1876	传教和编译活动。编译《指南针》。
56	玛高温 (Daniel Jerome Mac Gowan)		美国	1814	1893	医学、自然科学。译著有《博物通书》。
57	祎理哲 (Richard Quanterman Way)		美国	1819	1895	翻译活动。编译《地球说略》。
58	麦嘉缔 一作麦嘉谛 (Divie Bethune McCartee)		美国	1820	1900	医学、博物学。编著《平安通书》等。
59	戴德生 (James Hudson Talyor)		英国	1832	1905	曾在宁波、杭州等地开设医院,开展医学工作。

大事记[1]

1840 年(道光二十年)

徐有壬撰成《测圆密率》。

1842 年(道光二十二年)

8 月,英政府迫使清廷在南京签订《南京条约》,开放宁波等五港为通商口岸。

龚振麟写成《铸炮铁模图说》。

1843 年(道光二十三年)

项名达撰成《三角和较术》。

11 月,美国浸礼会传教医生玛高温到达宁波。

1844 年(道光二十四年)

浙江第一所洋学堂、中国第一所女子学堂宁波女塾在宁波创建,创建者为英国东方妇女教育促进会派遣的爱尔德赛女士。

宁波开埠。

7 月 3 日,中美《望厦条约》签订。其中规定:美国人可在通商口岸"租地自行建楼,并设立医院"。

1845 年(道光二十五年)

美国基督教长老会在宁波开设华花圣经书房,出版印刷多部科技译著。

---

[1] 本大事记择要述及晚清期间(1840—1911)浙江发生的重要科技活动和事件,以及浙籍学者在国内其他地区和国外完成的科技活动。本大事记的编写参考了《中国科学技术史(年表卷)》、《浙江省科学技术志》、《浙江通史(清代卷,中、下册)》等著作及其他相关论文。为减少篇幅,均未注明出处。

浙江第一所男子洋学堂崇信义塾在宁波创建,创建者为美国基督教长老会传教士麦嘉缔。

项名达撰成《开诸乘方捷术》。

戴煦《四元玉鉴细草》撰成。

李善兰撰成《方圆阐幽》、《对数探源》和《四元解》等数学著作。

戴煦完成其名著《对数简法》。

1846 年(道光二十六年)

戴煦著成《续对数简法》。

约于是年,桐乡"丰同裕"染坊创建。另有 1861 年创建的说法。

1848 年(道光二十八年)

美国北长老会祎理哲撰《地球说略》并在宁波华花圣经书房刊行。

1849 年(道光二十九年)

美国传教士哈巴安德在宁波华花圣经书房出版《天文问答》。

英国传教士胡德迈在宁波华花圣经书房出版《指南针》。

项名达撰成《象数一原》。

1850 年(道光三十年)

美国传教士麦嘉缔于是年起到 1853 年编撰《平安通书》,并在宁波华花圣经书房出版。

1851 年(咸丰元年)

美国医师传教士玛高温编译《博物通书》(又名《电气通标》)在宁波华花圣经书房出版。

1852 年(咸丰二年)

大约在 6—7 月份,李善兰来到英国伦敦布道会传教士麦都思布道的教堂,向他出示了《对数探源》等其自著的数学著作。此后到 1859 年间,他与英国传教士伟烈亚力等合译了欧几里得《几何原本》后 9 卷、《代微积拾级》、《代数学》等著作。此前的 1843 年,麦都思在上海创办墨海书馆。

玛高温编译的《日食图说》在宁波华花圣经书房出版。

1853 年(咸丰三年)

湖州人张福僖与英国传教士艾约瑟合译的《光论》刊行,这是中国近代最早的几何光学译著。

1855 年(咸丰五年)

宁波商人购得"宝顺号"轮船,是近代中国引进的第一艘轮船,其船长是宁波人张斯桂。

1856 年(咸丰六年)

李善兰与伟烈亚力译成《几何原本》后 9 卷。1865 年曾国藩将其与利玛窦、徐光启后译的前 6 卷一起刊刻,《几何原本》终于有了完整的中译本。

1857 年(咸丰七年)

项名达所撰《象数一原》刊行。

1858 年(咸丰八年)

李善兰与英国传教士韦廉臣、艾约瑟合作翻译的《植物学》刊印,这是中国第一部近代植物学译著。

1859 年(咸丰九年)

李善兰与伟烈亚力合译《重学》20 卷刊行,是中国近代科技史上第一部系统介绍西方经典力学理论体系的译著。

李善兰与伟烈亚力合译的《代数学》13 卷出版,这是中国第一部符号代数学译著。

李善兰与伟烈亚力合译的《代微积拾级》18 卷刊印,这是中国第一部介绍微积分的译著。

李善兰与伟烈亚力合译的《谈天》18 卷刊印,首次系统地向中国人传播了西方近代天文学知识。

1860 年(咸丰十年)

徐有壬数学著作丛书《务民义斋算学》出版,包括数学著作 7 种 12 卷。

1862 年(同治元年)

乌程汪曰桢撰成《二十四史月日考》50 卷,附《古今推步诸术考》2 卷、《甲子纪元表》1 卷,总共 53 卷。简本《历代长术辑要》10 卷在光绪四年(1878)左右刊行。

凌奂撰成《本草害利》。

1864 年(同治三年)

左宗棠在杭州试行仿造小轮船,但是效果不理想。不久,他奉命调闽镇压太平军在南方的余部,其洋务事业亦随同迁闽。

钱塘人夏鸾翔撰《致曲术》、《致曲术图解》各 1 卷。

吴尚先撰成《理瀹骈文》。

1867 年(同治六年)

李善兰的代表作《则古昔斋算学》刊成。

1868 年(同治七年)

李善兰赴北京任京师同文馆算学教习。他在同文馆任教 14 年,培养出乌程杨兆鋆等清末重要数学家。

1872 年(同治十一年)

李善兰撰《考数根法》,此为我国最早的一部素数论专著。

1873 年(同治十二年)

自是年始,清政府分四批选派幼童赴美留学,每批各 30 人。至 1875 年,浙江省共有 8 名幼童考取并分三批公派赴美学习科技和工商,是浙江最早的官派出国留学生。

1874 年(同治十三年)

胡雪岩在杭州筹设胡庆余堂雪记国药号,1878 年大井巷店屋落成。

1875 年(光绪元年)

杭州"王星记"扇庄创建。

1879 年(光绪五年)

海盐郑昌棪与美国传教士林乐知合译《格致启蒙》4 卷刊行,包括化学、格物学、天文学和地理学各 1 卷。

莫文泉撰成《研经言》4 卷。

1880 年(光绪六年)

陈虬《蛰庐诊录》2 卷撰成。

1881 年(光绪七年)

宁波人金韵梅(又名金雅妹)随传教士麦嘉缔赴美国留学,入纽约医院附属女子医科大学学习。她是浙江第一位女留学生、第一位女大学毕业生。她于 1888 年回国,成为中国第一位女西医。

1883 年(光绪九年)

宁波华美医院、杭州广济医院先后建立,推行西医诊疗和公共卫生等技术。

沪浙闽粤电报线从南浔入浙江,在南浔镇开办了浙江第一个电报局。

是年,浙江巡抚刘秉璋在杭州设立浙江机器局,这是当时浙江最重要的一家洋务企业。

1885 年(光绪十一年)

英国英圣公会梅滕更在杭州创办广济医校。医校中设立普通化学、无机化学、有机化学等实验室,进行化学原理和教学实验。还设有生物实验室。

瑞安人陈虬创办中国第一所中医医院——利济医院,附设近代国内最早的中医学校、浙江最早的专科学校——瑞安利济医学堂。

1886 年(光绪十二年)

诸可宝撰成《畴人传三编》7 卷。

劳乃宣《古筹算考释》刊行。

1887 年(光绪十三年)

慈溪人严信厚在宁波北门外湾头创办国内第一家机器轧花厂——宁波

通久源轧花厂。

1888 年(光绪十四年)

《西学大成》辑集完成,涉及数学、天文学、地理学、历史、军事、化学、矿物、物理等西方近代科学各个领域。

1889 年(光绪十五年)

陈维祺编成《中西算法大成》。该丛书共含 26 种著作,合计 100 卷,包括了当时中国传统数学及传入西方数学知识的主要内容,对当时数学知识的传播起了一定的推动作用。

宁波商人在慈溪开办火柴厂制造火柴。慈溪火柴厂不仅是浙江近代首家民营火柴厂,在全国也是最早的,是中国兴办近代火柴企业的开端。

1892 年(光绪十八年)

杭州创设蒸汽石印局,有机器 2 台,从此浙江有近代民营印刷业。

1893 年(光绪十九年)

谢洪赉与潘慎文合译《代形合参》出版。

1894 年(光绪二十年)

杭州育英学院教习求德生译自罗密士《几何学》的《圆锥曲线》在上海益智书会作为教科书出版。

谢洪赉与潘慎文合译《八线备旨》出版。

1895 年(光绪二十一年)

孙诒让创办瑞安算学书院,第二年易名"学计馆"。

杭州创建世经缫丝厂,从英国、意大利等购置新式机器,生产"西泠牌"生丝。

刘廷桢与梅滕更合作编译《医方汇编》出版。

1896 年(光绪二十二年)

王西清编纂《西学大成》丛书刊印出版。

12 月,上虞人罗振玉、绍兴人徐树兰等 4 人在上海发起成立务农总会(1898 年后改称"农学总会",一般称为"农学会")。

杭州知府林启创建杭州蚕学馆,这是中国第一所近代农业技术学校。

瑞安《利济学堂报》创刊。

1897 年(光绪二十三年)

陈虬纂《元经宝要》刊于《利济堂学报》。

春,绍兴士绅徐树兰创办绍兴中西学堂,此为浙江最早的普通中等学校。

5 月 21 日,廖寿丰、林启在杭州创立浙江求是书院,是日开学。林启为总办,聘美国人王令赓为总教习。这是浙江最早的近代高等学校。

7 月,黄庆澄在温州创办《算学报》,这是中国人创办的最早的数学知识普及刊物。

罗振玉创办的中国最早发行的农业科报刊——《农学报》出版。

杭州通益公纱厂创办。

刘廷桢撰成《中西骨骼辨证》。

永嘉蚕学馆创办。

1898 年(光绪二十四年)

谢洪赉与潘慎文合译《格物质学》出版。

3 月,瑞安人黄绍箕、黄绍第发起成立务农会瑞安支会。黄绍箕、黄绍第担任正、副会长,孙诒让、洪炳文分任部长。

4 月 1 日,杭州蚕学馆开学,开设植物学和动物学课程。在全国率先引进日本优良蚕种和法国的蚕病防治技术。1912 年改为浙江中等蚕桑学校。

杨兆鋆《须蔓精庐算学》撰成,后于 1916 年刊刻。

上虞算学堂创办。

1899 年(光绪二十五年)

孙诒让等创办瑞安化学学堂,开展化学普及和研究活动。

镇海人钟观光、虞和钦等创办从事应用化学研究的团体——镇海四明实学会,并进行黄磷研制实验。次年迁往上海,改建为灵光造磷公司。

罗振玉始将《农学报》刊载的西方农业书籍辑成《农学丛书》,至 1904 年出齐。

章太炎《訄书》出版。

嘉兴士人唐纪勋、祝廷锡等人创办了竹林学稼公社,是浙江最早的农业试验场。

萧山通惠公纱厂建成投产。

瑞安天算学社成立。

徐树勋编纂《算学丛书》出版。

乐清算学馆创办。

1900 年(光绪二十六年)

秋,杜亚泉在上海创办亚泉学馆,招收学生传授理化知识。11 月,创办《亚泉杂志》,刊登理化研究论文,传播理化知识,是中国最早的科学期刊。

陈葆善《燥气总论》撰成。

1901 年(光绪二十七年)

3 月,镇海人虞和钦翻译的《化学周期律》在《亚泉杂志》第 6 期上刊出,这是俄国化学家门捷列夫的化学元素周期律在中国的首次介绍。

镇海人虞辉祖、钟观光、虞和钦在上海创办科学仪器馆,经销从外国进口的各种科学研究和实验的仪器和药料。

虞辉祖、钟观光和虞和钦在上海五马路(今广东路)宝善街开设上海科学仪器馆。这是国人自办的第一家科学仪器馆。

陈葆善《燥气验案》撰成。

1902 年(光绪二十八年)

2 月,杭州巡抚任道镕将求是书院改称为浙江大学堂,将杭州养正书塾改为杭州府中学堂,将钱塘、仁和的崇文、紫阳两个书院改为小学堂。这是清朝浙江地方政府建立新教育体制的开始。

虞和钦发表《中国地质之构造》,这是中国学者撰写的最早有关中国地质的文章之一。

1903 年(光绪二十九年)

2 月,浙江留日同乡会创办《浙江潮》,编辑兼发行者有浙江留日学生孙翼中、王嘉榘、蒋智由、蒋方震等人。

9 月,绅商李厚祐等具呈铁路总公司大臣盛宣怀,禀请设立杭州铁路公司,建造杭城江干至拱宸桥铁路(称江墅线),获得批准。此事件成为收回苏杭甬铁路自办权的开端。

镇海人虞辉祖、钟观光、虞和钦等在上海创办科学仪器馆,并编辑出版《科学世界》杂志,介绍自然科学知识。

10 月,鲁迅在《浙江潮》第 8 期上发表《说铝》一文,是中国较早介绍镭的发现、特性及其意义的文章。

鲁迅撰写《中国地质略论》一文,发表在《浙江潮》第 8 期上,这是中国人写的关于中国地质的最早文章之一。

陈葆善《本草时义》1 卷撰成。

1904 年(光绪三十年)

8 月,汤仰高、严信厚在宁波创办通久源面粉厂。

1905 年(光绪三十一年)

杜亚泉编译《化学新教科书》由商务印书馆出版。

1906 年(光绪三十二年)

10 月,杭城江墅段铁路开工,至次年 8 月建成通车。

周树人与江苏江宁顾琅合著的《中国矿产志》在上海出版,这是我国第一部地质矿产专著。

浙江铁路公司创办电话局,总局设在太平坊浙江兴业银行内。这是电话首次在浙江出现。

1907 年(光绪三十三年)

8 月 23 日,沪杭铁路江墅段通车,设车站于清泰门内。这是浙江有铁路之始。

1908 年(光绪三十四年)

4 月,浙江当局在笕桥建立浙江农事试验场,集科技推广、研究、实验、教育于一体。

8 月,由浙江提学使在全省公开招考、择优选派的翁文灏、钱宝琮等 20 名浙籍学生启程赴欧美留学。这是浙江派遣留学生规范化、制度化的标志。

鲁迅《科学史教篇》发表。

1909 年(宣统元年)

8 月 13 日,浙路杭嘉线与苏路沪嘉线在枫泾对接,是日沪杭线通车。

8 月,清政府首次举行选派庚款留美学生考试,浙江的王琏等 8 人被录取。1910 年、1911 年又举行了第二次、第三次选派考试,共录取竺可桢、姜立夫等 21 人。

鄞县人吴莲艇在慈溪县城创办保黎医院,这是浙江第一所中国人自办的西医医院。

虞和钦《有机化学命名草》由文明书局出版。

1910 年(宣统二年)

6 月 5 日,浙路南线杭甬段开工,迟至 1937 年才全线竣工通车。

1911 年(宣统三年)

由徐定超呈请,巡抚批准,在杭州设立浙江病院,这是浙江第一所官立近代医院。

章鸿钊完成日本东京帝国大学的毕业论文——《浙江杭属一带地质》,为我国早期区域地质调查报告的范本。

索　引

后　记

本书是"浙江文化研究工程"项目"浙江科学技术史系列研究"单项课题之一"晚清浙江科技史研究"(05WZT002－2)的成果。

在课题研究和书稿写作过程中,自始至终得到"浙江科学技术史系列研究"项目总负责人许为民教授的指导和帮助。黄华新教授、盛晓明教授多次对课题研究工作予以督促和鼓励。何亚平教授、龚缨晏教授、李磊副教授在开题报告会上提出了不少宝贵的意见和建议。龚缨晏教授还向笔者惠赠了有关文献资料。中国科学技术大学科技史与科技考古系石云里教授对课题申报和研究给予了支持和帮助。内蒙古师范大学科学技术史研究院罗见今教授曾邀请笔者参与他和李迪(1927—2006)先生共同主持的教育部重大课题基金资助项目"晚清科学技术研究"(05JJD770018)的研究工作,对我扩大学术视野,深化对晚清科学技术史某些专题问题的认识有很大帮助。罗见今教授关心本课题研究进展情况,曾审读过书稿的大部分内容,并对进一步修改提出宝贵建议。中国水利博物馆在职攻读中国科学技术大学科学技术史专业博士学位研究生李海静提供了第六章的初稿。

由于受到美国梅隆基金(Andrew W. Mellon Foundation Research Fellowship)的资助,我有机会从2008年10月至2009年4月在英国剑桥李约瑟研究所(Needham Research Institute)进行访问研究。本书最后修订工作的主要部分就是在这里完成的。我从李约瑟研究所东亚科学史图书馆(East Asian History of Science Library)以及剑桥大学图书馆(Cambridge University Library)的丰富藏书中为本书补充了不少有用的资料。李约瑟研究所所长古克礼(Christopher Cullen)教授、法国国家科学研究中心

(CNRS)研究员詹嘉玲(Catherine Jami)博士对我多有支持和帮助,并就相关问题进行探讨,使我获益匪浅。东亚科学史图书馆馆长莫菲特(John Moffett)先生和李约瑟研究所行政主管白素珊(Susan Bennett)女士也对我多有帮助。

浙江省文化研究工程指导委员会办公室、浙江省哲学社会发展规划领导小组办公室、浙江大学社会科学研究院、浙江大学人文学院哲学系、浙江大学出版社、浙江大学图书馆、浙江图书馆等单位为课题研究提供了许多支持和帮助,促进了课题的完成。课题评审鉴定专家对本书初稿提出了很好的修订意见和建议,对我的修订工作帮助很大。本书的写作和出版还获得了浙江大学"紫金计划"和"科学技术哲学浙江省重点学科"的资助和支持。浙江大学出版社朱玲女士为本书的编辑和出版做了不少卓有成效的工作。在此谨对上述单位、基金项目和个人表示真诚的感谢。

除此之外,还需要特别感谢那些在本书写作过程中参考的学界前辈和同人的众多研究成果,我从中获益甚多。显然,如果没有这些学术界已有的研究成果供课题研究和写作书稿时参考,完成这样一部著作是难以想象和不可能的。另外,本书初稿完成于 2007 年 3 月,2009 年 2 月完成修订后即提交出版社进入出版流程,因此某些新近研究成果未能在书中予以参考和借鉴。事实上,晚清浙江科技史中还有许多具体问题仍然值得进一步深入研究。从某种意义上说,本书只是个人对晚清浙江科技史的阶段性研究成果,更翔实的历史描述以及更深入的专题探究还有待将来去完成。笔者也希望有更多对晚清浙江科技史感兴趣的研究者加入到研究行列中来,推进这个研究领域不断取得新进展。由于自己学识和水平有限,本书难免存在错误和疏漏之处,敬请学界前辈、同人和读者惠予教正。

王 淼

2013 年 10 月 15 日于浙江大学

哲学系/科技与社会发展研究所

图书在版编目（CIP）数据

中国经济立法史 / 郭建著. -- 北京：新华出版社，2019.1（2025.2重印）

ISBN 978-7-5166-4490-4

Ⅰ.①中… Ⅱ.①郭… Ⅲ.①经济法－立法－法制史－研究－中国 Ⅳ.①D922.290.2

中国版本图书馆CIP数据核字(2019)第027451号

中国经济立法史

作　　者：郭　建

责任编辑：张　程　丁　勇　　　　　　封面设计：今亮后声
责任校对：刘保利

出版发行：新华出版社
地　　址：北京石景山区京原路8号　　　邮　　编：100040
网　　址：http://www.xinhuapub.com
经　　销：新华书店、新华出版社天猫旗舰店、京东旗舰店及各大网店
购书热线：010－63077122　　　　中国新闻书店购书热线：010－63072012
照　　排：臻美书装
印　　刷：大厂回族自治县众邦印务有限公司

成品尺寸：170mm×240mm　1/16
印　　张：23.25　　　　　　　　　　字　　数：345千字
版　　次：2019年3月第一版　　　　　印　　次：2025年2月第二次印刷
书　　号：ISBN　978-7-5166-4490-4
定　　价：68.00元